中原智库丛书·青年系列

人工智能复杂创新机制研究

The Complexity Economics of Artificial Intelligence Innovation

席江浩◎著

经济管理出版社
ECONOMY & MANAGEMENT PUBLISHING HOUSE

图书在版编目（CIP）数据

人工智能复杂创新机制研究 ／ 席江浩著. -- 北京：
经济管理出版社，2024. -- ISBN 978-7-5243-0108-0

Ⅰ．TP18

中国国家版本馆 CIP 数据核字第 2024FU1079 号

组稿编辑：申桂萍
责任编辑：申桂萍
助理编辑：张　艺
责任印制：张莉琼
责任校对：陈　颖

出版发行：经济管理出版社
　　　　　（北京市海淀区北蜂窝 8 号中雅大厦 A 座 11 层　100038）
网　　址：www. E-mp. com. cn
电　　话：（010）51915602
印　　刷：北京晨旭印刷厂
经　　销：新华书店
开　　本：720mm×1000mm/16
印　　张：22
字　　数：436 千字
版　　次：2024 年 12 月第 1 版　　2024 年 12 月第 1 次印刷
书　　号：ISBN 978-7-5243-0108-0
定　　价：128.00 元

前　言

　　市场一直处于变化之中，然而这种变化从何而来、向何处去，并不容易讲得清楚。技术体系的不断发展持续深化了这个本已足够复杂的多层次巨系统，使人们理解经济社会运行更加困难，正如量子理论给经典物理学带来的困扰。随着计算能力的快速提升和各相关学科的飞速发展，更为逼真地模拟具有一定规模的经济社会系统是可实现的。经济学研究可能迎来深刻变革。

　　从钻木取火开始，技术就深入人类社会的变革之中。自第一次工业革命以来，技术带来的人类社会变革更为广泛而深刻。如今我们已经习惯了拥有电视、电话、汽车、轮船，熟练使用各种机器。技术为人类社会创造了不可计量的物质财富，成为人类智慧和文明的核心标志之一。这种成就在人工智能时代更为耀眼。人工智能的发展推动人类社会进入新的纪元，人工智能领域的创新也成为世界各国竞争的焦点。

　　复杂系统的研究思想和方法正深入影响各个学科领域，尤其是在经济学、社会学等的研究中扮演着重要角色。经济学也在不断借鉴其他学科的思想和研究方法而不断演化，出现了生物经济学、经济物理学等。近年来，以圣塔菲学派为代表的复杂科学研究影响持续扩大，复杂经济学的思想和理念不断扩散。本书正是在这样的思想指引下开展的研究，关注新时期以人工智能为代表的新一代通用目的技术对经济社会发展带来的影响。

　　本书第一部分探讨通用目的技术视角的技术创新演化，以分析人工智能所表现出的创新特征等。要做好经济学研究，应该有历史观念，从蒸汽动力到人工智能，通用目的技术历经四代六次变革，其所牵涉技术变革规模和范围不断扩张，进而创造了比过去几千年人类文明史加总起来都要高的生产力。通用目的技术是一类技术，并不因定义而存在，如此归类定义更容易理解技术变革何以能够给人类经济社会发展带来如此深远的改变。第二部分论述复杂系统理论基础和相关文献综述，还介绍了目前研究复杂科学的一些方法，以及关键概念的界定与复杂网络指标的计算。随着人工智能技术的不断渗透，更多人工智能算法技术可能会加快改变经济学研究范式。第三部分从理论上阐释人工智能创新的复杂结构，同时采用复杂网络仿真和系统动力学仿真测度相关要素对人工智能创新涌现的影响。涌现是人工智能创新复杂性的集中体现，探讨涌现问题能够更深入地理解人工智能创新的复杂特征。第四部分基于价值网络并以广东省为例分析了人工智能创新呈现的复杂结构，以及形成创新涌现的内在动力等。广东省是中国人工智能发展的先行区、核心区，在平台生态、新型研发机构等方面发展良好，具有典型性。第五部分主要阐述人工智能创新组织的复杂性，以及平台作为一种创新组织给人工智能创新带来的影响。该部分主要研究了在面临人工智能创新的复杂过程时，中国采取的新型举国体制和其他国家采取的类似于新型举国体制的战略举措，分析了新型研发机构在人工智能创新过程中的重要作用。第六部分是总结，概述了本书所阐释的人工智能复杂创新的基本内涵，并提出了相关政策建议和未来的研究展望。

希望本书对其他研究者有所帮助。

目　录

第一部分　技术创新的演化
——通用目的技术视角

第二部分 复杂创新研究的理论基础和方法

第三部分 人工智能复杂创新的仿真研究

第四部分 人工智能创新的价值网络实证研究
——以广东省为例

第五部分 人工智能复杂创新体系

第六部分　总结

第一部分

技术创新的演化

——通用目的技术视角

第一章 作为通用目的技术的人工智能

本章主要从通用目的技术视角阐释人工智能的技术特性，通过梳理历次工业革命通用目的技术的演变，分析技术、经济和社会之间演化的相互作用，探讨人工智能时代创新复杂性的历史基础。

第一节 人工智能概述

一、人工智能的定义

人工智能是什么，并不容易定义。目前人工智能的概念与最初的人工智能概念差异很大。从想要达到的功能角度而言，人工智能即机器能够完成人类所能完成的几乎所有工作，在效率方面其由于能源利用能力更强而比人类更胜一筹。人工智能技术方法从人与理性以及思想和行为角度而言，存在四种可能组合：类人类行为与图灵测试方法，类人思考与认知建模方法，理性思考与"思维法则"方法，理性方法与理性智能体方法（斯图尔特·罗素、彼得·诺维格，2023）。

图灵测试方法由艾伦·图灵（Alan Turing）提出，用于测试机器能否模仿人类思考。如果测试者通过提问无法判断书面答案是来自机器还是人类，那么机器通过图灵测试。目前的人工智能技术如 ChatGPT 已经十分接近于图灵测试，甚至表现得更好。认知建模方法在于探究人类是如何构建思考的，从而建立一套程序。"思维法则"方法在于构建一套符号，使机器能够理解并执行逻辑。理性智能体方法是通过构建一个智能体群实现人类希望的智能。从方法论和可实现角度而言，理性智能体方法更符合人工智能的发展方向。实际上，人工智能的发展路径是向着四种方法相互融合的趋势前进的。

人工智能涉及庞大的学科门类，包括但不限于哲学、数学、经济学、神经科学、心理学、计算机科学、控制科学与工程、生物学、材料学、系统科学等。关于人本身的研究能够提升人工智能的智能水平，关于物理世界的研究则能够拓展人工智能的能力范围。

二、人工智能的发展历程

（一）人工智能的诞生（1943～1956 年）

普遍认为，沃伦·麦卡洛克和沃尔特·皮茨于 20 世纪 40 年代的研究工作是人工智能发展的起源。他们基于基础生理学知识和大脑神经元的功能、斯图尔特·罗素和阿尔弗雷德·诺斯·怀特海对命题逻辑的形式化分析以及图灵的计算理论，提出了一种人工神经元模型，其中每个神经元的特征是"开"或"关"，并且会因足够数量的相邻神经元受到刺激而切换为"开"。神经元的状态被认为是"事实上等同于提出其充分激活的命题"。1956 年夏天，由美国达特茅斯学院的约翰·麦卡锡（John McCarthy）联合马文·明斯基（Marvin Minsky）、克劳德·香农（Claude Shannon）和纳撒尼尔·罗切斯特（Nathaniel Rochester）召集美国研究学者举办的关于自动机理论、神经网络和智能研究的研讨会，成为人工智能作为一门专门学科诞生的标志。研讨会虽然提出了"理论上可以精确描述学习的每个方面或智能的任何特征，从而可以制造机器来对其进行模拟"这样乐观的预测，但是并没有给人工智能的发展带来实质性的进展。

（二）人工智能的曲折发展（1957～1968 年）

继提出"逻辑理论家"（Logic Theorist）这一数学定理证明系统和通用问题求解器（General Problem Solver）后，纽厄尔和西蒙于 1976 年提出了著名的"物理符号系统假说"（Physical Symbol System Hypothesis），认为物理符号系统具有实施一般智能动作的必要和充分方法。此外，亚瑟·萨缪尔对西洋跳棋的研究算是这一时期重要的一项探索研究工作。通过使用现在称之为强化学习的方法，萨缪尔的程序可以以业余高手的水平进行对抗。人工智能的其他研究方法也获得了发展，线性自适应神经网络和感知机被提出。感知机收敛定理（Perceptron Convergence Theorem）指出，学习算法可以调整感知机的连接强度以拟合任何输入数据（前提是存在这样的拟合）。

麦卡锡为人工智能的发展做出了两项重要贡献：第一，1958 年麦卡锡定义了高级语言 Lisp，成为未来几十年中最重要的人工智能编程语言之一；第二，1963 年麦卡锡在斯坦福大学建立了人工智能实验室。

（三）专家系统的发展（1969～1986 年）

在人工智能研究的前十年，对于提出的问题的求解，使用的是一种通用搜索机制，试图将基本的推理步骤串在一起，找到完整的解。这种方法被称为弱方法（Weak Method），虽然很普适，但是不能扩展到大型或困难的问题实例上。弱方法的替代方案是使用更强大的领域的特定知识，这些知识允许更大规模的推理步骤，并且可以更轻松地处理特定专业领域中发生的典型案例。DENDRAL 系统是这种方法的早期例子。它是在斯坦福大学被开发的，爱德华·费根鲍姆（Edward Feigenbaum，曾是赫伯特·西蒙的学生）、布鲁斯·布坎南（Bruce Buchanan，从哲学家转行的计算机科学家）和乔舒亚·莱德伯格（Joshua Lederberg，诺贝尔生理学或医学奖得主，遗传学家）联手解决了从质谱仪提供的信息推断分子结构的问题。DENDRAL 系统的意义在于它是第一个成功的知识密集型系统，它的专业知识来源于大量专用规则。

1971 年，费根鲍姆和斯坦福大学的其他研究人员开发了启发式编程项目（Heuristic Programming Project），以此来研究专家系统的新方法可以在多大程度上应用到其他领域。第一个成功的商用专家系统 R1 在数字设备公司（Digital Equipment Corporation，DEC）投入使用（McDermott，1982），该系统程序帮助公司配置新计算机系统的订单。截至 1986 年，它每年可为公司节省约 4000 万美元。

由于人工智能在商业应用上的初步成功，世界各国开始展开竞争。1981 年，日本政府宣布了第五代计算机十年计划，按现在的货币系统衡量预算超过 13 亿美元，旨在建造运行 Prolog 的大规模并行智能计算机。美国成立了微电子与计算机技术公司（Microelectronics and Computer Technology Corporation），旨在确保形成国家竞争力的联盟。在英国，阿尔维（Alvey）报告恢复了被莱特希尔报告取消的资助资金。

（四）多方法融合推动的人工智能蓬勃发展（1987 年至今）

1988 年是人工智能与统计学、运筹学、决策论和控制理论等其他领域相联系的重要一年，朱迪亚·珀尔发表的《智能系统中的概率推理》使概率和决策论在人工智能中得到了新的认可。珀尔对于贝叶斯网络的发展形成了一种用于表示不确定的知识的严格而有效的形式体系，以及用于概率推理的实用算法。1988 年的另一个主要成果是理查德·萨顿（Richard Sutton）的工作，他将强化学习（20 世纪 50 年代被用于亚瑟·萨缪尔的西洋跳棋程序中）与运筹学领域开发的马尔可夫决策过程（Markov Decision Process，MDP）联系起来。随后，大量工作将人工智能规划研究与 MDP 联系起来，强化学习在机器人和过程控制方面找到了应用，并获得了深厚的理论基础。

深度学习（Deep Learning）是影响人工智能发展的重要方法，指使用多层简单的、可调整的计算单元的机器学习。早在 20 世纪 70 年代，研究人员就对这类网络进行了实验，并在 20 世纪 90 年代以卷积神经网络的形式在手写数字识别方面取得了一定的成功。2018 年图灵奖得主约书亚·本吉奥（Yoshua Bengio）、杰弗里·辛顿（Geoffrey Hinton）和杨立昆（Yann LeCun）将深度学习（多层神经网络）作为现代计算的关键部分。然而，直到 2011 年，深度学习方法才真正开始流行起来，首先是在语音识别领域，其次是在视觉物体识别领域。

时至今日，随着计算机能力的大幅提升，人工智能已经在很多领域获得应用并取得了巨大成就，如智能语音、自动驾驶、图像识别等。大规模视觉识别挑战（LSVRC）比赛中，人工智能系统对物体检测的错误率从 2010 年的 28.5% 下降到 2017 年的 2.5%，超过了人类的表现。以斯坦福问答数据集（SQuAD）的 F1 分数衡量的问答准确率，2015~2019 年从 60 分提升到 95 分，在 SQuAD 2.0 版本上进展更快，一年内从 62 分提升到 90 分，均超过人类表现。

从人工智能的发展历程可以看出，目前人工智能所使用的技术方法在很多年前就已经展开研究并取得了丰硕成果，只在近些年人工智能才取得长足发展。一项技术的发展并不单纯依赖于该技术本身所需要的研究进展，而是需要与其相关的整个技术体系的发展。人工智能的发展不仅建立在算法算力的突破基础上，还依赖移动互联网、物联网等技术为基础构建的数据生态系统的发展，同时依赖新材料、先进通信技术等技术的突破。与蒸汽动力、电力、互联网所不同的正在于此，通用目的的技术体系化正是当前新的技术变革的显著特征。

三、通用人工智能

通用人工智能（Artificial General Intelligence，AGI）的概念由美国通用智能研究所的本·戈尔策尔（Ben Goertzel）和卡西奥·佩纳钦（Cassio Pennachin）于 2007 年首次提出，即人工智能系统拥有合理程度的自我理解和自主的自我控制属性，有能力在各种语境中解决各种复杂的问题，并能通过学习解决它们在被创造时所不知道的新问题（魏屹东，2024）。事实上，人工智能发展初期，人们就已经展现出了对通用人工智能的乐观预期。1965 年，司马赫（Herbert Simon）在他的《人与管理的自动化形态》一书中写道："20 年内，机器将有能力做任何人类能做的工作。"1970 年的美国 Life 杂志引用了明斯基的话："3 到 8 年内，我们将拥有一台具有普通人通用智能的机器。我的意思是，一台能够阅读莎士比亚、给汽车加油、在办公室里搞小圈子、讲笑话、打架的机器。"

彼得·沃斯（Peter Voss）认为，通用人工智能主要有如下特征：一是自主性。学习既可以通过接触感知数据（无监督）自动进行，也可以通过与环境的双向交互进行，包括探索和实验（自我监督）。二是目标性。学习的方向是自主地实现不同的、新颖的目标和子目标——无论是固定的、外部指定的，还是自我生成的。目标定向还意味着非常有选择性地学习和获取数据（来自包含大量丰富数据的复杂环境）。三是适应性。学习是累积性的、综合性的、情境性的，并能适应不断变化的目标和环境。一般适应性不仅能应对逐渐的变化，还能促进获得全新的能力。通用人工智能可以学习广泛的数据和功能，可以适应不断变化的数据、环境和用途或目标，可以在不改变程序的情况下通过学习实现能力提升，能够自动调整相关参数、快速在新的应用场景进行部署。

一个 AGI 系统可以学习并教会另一个智能系统大量的数据并赋予功能，可以适应不断变化的数据、环境和目标，可以在不改变程序的情况下获得这种能力，而且这种能力是自主学会的，而不是被预先编程的。目前，最接近通用人工智能的就是多模态大模型，如 ChatGPT。然而，ChatGPT 只是实现了通用人工智能一方面的功能，还达不到通用人工智能的要求，即便后期添加了对图像的解读能力。从功能意义上讲，通用人工智能更趋向于人的全面能力，最主要的是根据内容的变化提供对应的回答，实现人在该状况下的应对，并且在准确性方面趋近甚至超过人类。目前很多公司推出的所谓通用人工智能（或者说"大模型"）依然是基于专用人工智能的能力拓展，从单纯的语音识别拓展到语音和图像结合，从文字解读到文字和图片乃至视频的解读，而如何真正意义上全方位理解所面临的事物依然是目前通用人工智能发展所面临的问题。

相较于专用人工智能而言，通用人工智能的发展对于经济社会发展的意义更为深远。首先，通用人工智能在专业领域的能力未必不如专用人工智能，反而可能因为多元技术协同展现出更好的应用效果，如在监控乘客是否处于危险境况时，影像和语音的结合更利于准确判断。其次，通用人工智能具有更全面的学习能力。功能相通是通用目的技术能够跨领域应用的重要基础。通用人工智能在某一领域通过学习获得的能力提升可以迅速迁移到其他领域，如此激励能够迅速提升通用人工智能的能力和水平。最后，广领域的应用范围对于通用人工智能而言都是学习资源，开放式创新能够为通用人工智能提供全面的技术进步支持。如此在广泛联通和应用通用人工智能的情况下，科幻电影里所面临的机器人危机可能不再是想象，而是人类切实可能面临的威胁。然而，目前并不需要担心这些，因为当前人工智能技术与实际意义上的通用人工智能还有很大距离，广泛联通的能源、算力和数据网络还未建立。

第二节　通用目的技术概述

一、通用目的技术的概念和特征

（一）通用目的技术的定义和特征

一些研究者在研究经济增长的过程中发现有一类技术出现之后，经济会进入一段快速增长期，称这类技术为通用目的技术（General Purpose Technologies，GPTs），有时其也被称为使能技术。通用目的技术的提出在一定程度上解释了工业革命的兴起以及对经济社会发展产生的深远影响。Bresnahan 和 Trajtenberg（1995）提出通用目的技术具有三个基本特征：应用领域广泛、具有持续改进可能和能够引发互补性创新。布莱恩·阿瑟在《技术的本质：技术是什么，它是如何进化的》一书中提出新技术的产生来源于两个方面：一是科学研究成果转化；二是旧技术拆解和重组。创新经济学认为，经济的持续增长来源于持续的创新，尤其是技术创新。技术创新从另一方面来讲就是一项新技术的产生。从这个角度而言，通用目的技术通过促进广泛的创新推进经济增长，这个前提是通用目的技术能够被广泛地应用，即应用领域广泛。

Bekar 等（2018）拓展了 Bresnahan 和 Trajtenberg（1995）关于通用目的技术特征的表述，提出通用目的技术具备以下六种特征。

第一，定义和支持它的技术集群的互补性。这些互补性在该集群的各个要素之间是多方面的。例如，计算机被用于开发和生产新的芯片，然后这些芯片被用于增大包括计算机在内的其他数字设备的使用范围和提高生产率。

第二，与它所促成的一系列技术的互补性。通用目的技术展示了技术互补性，超越了不断发展的一系列技术，这些技术通过促成无数新的下游发明和创新来定义和支持这些技术，其中许多在技术上是不可能的，或者在经济上是不可行的。在没有通用目的技术的情况下，这些技术是无法显示出应用价值的。通用目的技术使这些技术能够促进进一步的发明和创新，并影响通用目的技术的演变。例如，电使电子计算机的出现成为可能，而电子计算机又使互联网成为可能。

第三，与一系列技术的互补性。这些技术通常包括那些具有社会、政治和经济变革性的技术。通用目的技术并不能直接进行产业应用，而是需要进行一系列的互补性创新，即通过通用目的技术专用化过程，建立与通用目的技术适配的专用性资产才能够产生实际的应用价值（Carlaw and Lipsey，2002）。随着通用目的技术的使用范围和应用种类的扩大，所涉及的技术对经济结构产生重大影响，而且往往对政治和社会结构也产生重大影响，促进新的技术形成以适应这些改变，为这些结构中的创新创造机会。例如，现代通信技术不仅对许多经济结构产生重大影响，还推动社交媒体的产生和发展，进而改变政治和社会中的传播技术与内容。

第四，没有相近的替代品。通用目的技术与它们的许多或大多数应用程序形成了互补，表现出独特性，即没有其他技术组合能产生通用的效果。没有它，整个系统就无法工作。例如，对于大多数现代技术来说，电是动力部件，如果没有电，大多数技术就无法发挥作用，甚至无法存在。

第五，有广泛的应用。通用目的技术的广泛互补导致其有多种用途（如电力），或单一通用用途本身在大部分或全部经济中有许多应用（如铁路）。

第六，最初是粗糙的，但在复杂中发展。通用目的技术通常以粗糙和不完整的形式开始，初期使用范围很窄。这使任何一项通用目的技术的识别都依赖于一个判断，即该技术何时能够发展出足够的技术互补性，以至于已经具备其他五个特征。通用目的技术的形成是一个发展的过程。例如，电子计算机技术在1950年显然不是通用目的技术，但在1990年显然是通用目的技术。

学者研究认为，电力（Jovanovic and Rousseau，2010）、互联网（Clarke et al.，2015）、人工智能（Brynjolfsson et al.，2021）等均属于通用目的的技术。一项技术是不是通用目的技术并不是在该技术出现时被认定的，而是由在技术发展的过程中表现出的特性所决定的，这个特性具有持续改进的可能。有些技术改进过程缓慢，一旦一项瓶颈取得突破，那么就会迅速发挥其通用目的技术的特性，正如现在的人工智能技术。广泛应用的前提还在于能够与当前各领域的技术进行融合，而融合过程中会激发出新的生产力，即产生互补性创新。技术革命是以若干通用目的技术为主导的技术演化过程，这个过程激发出的各类互补性创新形成新的生产力，推动经济社会快速发展。

但通用目的技术并不会一直激发新的生产力，因为技术来源于知识，即对客观规律的认识，而知识总是有限的。新的知识会激发新的通用目的技术出现，进而引领新一轮的经济增长。

（二）通用目的技术的核心概念：互补性创新

通用目的技术的核心概念是互补性创新。从通用目的技术的演变历程可以看出，通用目的技术发挥作用在于其刺激和推动了更为广泛的技术创新活动，以及配套的生产建设活动。正如卡罗塔·佩罗斯（Carlota Parez）所称，核心投入和补充投入之间的相互关系使得通用目的技术能够不断加深对经济社会的影响。

Helpman 和 Trajtenberg（1996）指出，通用目的技术与应用领域之间的正反馈对技术创新产生积极效应。通用目的技术的这种应用领域广泛、持续改进的特性，使通用目的技术创新更吸引大型企业尤其是平台型企业的兴趣。通用目的技术的持续创新建立在与其他专业技术相结合产生的互补性创新基础上（Carlaw and Lipsey，2002）。

互补性创新的过程就是通用目的技术专用化，指通用目的技术在技术扩散时为适应不同应用场景需求而与不同领域的专用技术融合的过程，这个过程可能会产生新的技术。Astebro 等（2005）分析了计算机辅助设计和数控技术之间的互补性，发现互补技术之间存在应用关联，即一种技术的应用会增大另一种技术的应用概率，两种互补技术往往是同时应用的（Astebro et al.，2005）。Rothaermel 和 Hill（2005）还区分了不同类型互补性资产对行业绩效的影响，发现通用型互补性资产（可以在公开市场上交易的商品型资产）会使行业绩效下降，而专用型互补性资产（对创新商业化至关重要的独特资产）会使行业绩效提高。通用型互补性资产并不依赖于创新，如通用制造设备；专用型互补性资产依赖创新，且需要很长时间才能建立，如企业针对通用目的技术专门开发的某种适配技术或设备（Rothaermel and Hill，2005）。

基于以上文献，互补性创新可以定义为：通用目的技术在某一行业领域应用时，针对其满足场景需求和商业化所进行的一系列技术或制度创新。为满足通用目的技术的应用领域需求，可能会创造出一种新的技术，也可能只是现有技术通过改变应用形式与通用目的技术进行协同。在某一应用领域的互补性创新可能具备移植性（并非所有互补性创新都具备移植性），能够对通用目的技术在其他应用领域的落地产生积极影响。由此，本书把互补性创新分为两类：专用型互补性创新（产生于特定应用领域，且只在该特定应用领域使用）和通用型互补性创新（产生于特定领域，但可以在其他应用领域使用）。

一旦一项技术开始展现出通用目的技术的特征，则这项技术可能具备的广泛应用场景能够通过在发展过程中不断产生的互补性而推动创新涌现。通用性和互补性是通用目的技术推动经济快速增长的两个重要性质。

互补性创新是通用目的技术的核心特征，主要在于通用目的技术在扩散时所表现出的改造原有生产力的能力，而非仅仅是一种工具。电力作为一种通用目的技术，已经与蒸汽动力有很大差别，不仅在于其衍生出了蒸汽动力所没有的电灯、电话、电视机等新的产品，还在于电力为生产过程提供了一种新的方式，而非只是提供动力。人工智能与互联网同样存在巨大差别。人工智能在扩散过程中不断进行技术融合，不仅催生出多种复杂技术，如自动驾驶、无人机蜂群等，还推动更多新技术的产生（如新的材料、新的医疗方法）。无论是应用领域广泛，还是能够不断改进，都需要通用目的技术在扩散过程中不断产生互补性创新。

二、通用目的技术的经济社会影响

通用目的技术的经济影响正如康德拉季耶夫所表达的，能够在长时期（约半个世纪）促进经济快速发展。与此同时，经济的主导产业得到更替，更完善的基础设施、更高效率的生产方式、更舒适的生活方式得到普及。机器的使用使人们脱离重复、繁重的体力劳动，转向更具创造性的智力劳动。

一些经济学家估算英国在 1800~1860 年的国民收入增长率是 1740~1800 年的两倍（Deane and Cole，1962），主要得益于新产业的快速增长。棉纺业占工业增加值的份额从 1770 年的 2.6% 增长到 1801 年的 17%。

在第二次康德拉季耶夫长波中，铁路建设以及由此带来的交通运输业成为拉动经济增长的核心支柱产业。除了蒸汽动力，煤的广泛开采、冶铁业的发展也为新产业的发展提供基础支撑。1846~1848 年，铁路投资约占英国总投资的一半。相比于第一次康德拉季耶夫长波，本次经济增长速度更快。1850~1870 年，世界蒸汽动力从 400 万马力增长到 1850 万马力，铁产量增加 4 倍，工业总产值增长超过两倍（Hobsbawm，1975）。

电力成为第三次康德拉季耶夫长波的主导技术，并继续在接下来的三次长波中扮演重要角色。电力需求的急剧膨胀带来相关基础设施的快速发展，如发电站、输配电线路等。与此同时，一些电力产品开始涌现，电力不仅作为一种动力来源，相比于蒸汽动力，其还在更广泛的领域获得应用。

技术变革所带来的并非简单的经济总量的增长，更重要的是新旧产业交替产生的产业结构性调整。新产业替代旧产业成为经济增长的核心引擎。20 世纪 60 年代末互联网的诞生催生出很多新兴产业，其中半导体行业成为最重要的新兴行业之一。计算机和互联网的应用普及给世界带来的影响无须赘述。美国在该时期的经济增长率一度高达 7.24%。[1]

《创新经济学（第二卷）》中构建了通用目的技术对社会收益影响的简单模型。在不考虑某领域成本削减、产品质量提升或种类增加等其他因素的情况下，定义领域 A 的社会回报增速函数为 $\dot{V}_A(\dot{T}_G, \dot{T}_A, X)$，其中 $\dot{T}_G$ 代表通用目的技术变革的速度，$\dot{T}_A$ 代表领域 A 的技术变革速度，X 表示其他因素。可见，如果对通用目的技术和所有应用领域的技术进行投资，将引起社会收益递增。事实上，通用技术在某个领域发挥作用需要与该领域的特有技术融合（协同发明），

---

[1]　资料来自世界银行网站。

即两类技术的融合增大了 $\dot{T}_G$、$\dot{T}_A$，这个过程会不断加快，继而引起整个经济社会的快速变革。

通用目的技术所带来的经济影响不仅表现为经济更为稳健地增长，还表现为推动产业结构深层次变革，进而影响整个人类文明进程。人工智能的影响是广泛而深刻的，推动产业结构优化升级、加快科学研究、协助快速诊断、提高医疗效率和环保工作效率等。

技术发展带来的变化不仅表现在经济组织上，还表现在推动社会组织的变革上。第一次工业革命伴随着资本主义的兴起，同时发展的还有工人组织和社会主义。第二次工业革命间接推动了苏联的诞生，社会主义进入发展高潮。第三次工业革命促进第三世界广泛联合，很多资本主义国家也开始进行深刻的变革。第四次工业革命能够带来哪些人类文明形态的变革还有待观察。然而，人工智能推动的智能制造的发展可能深刻改变资本和劳动的关系，进而推动又一轮的社会革命。

三、通用目的技术的演变

一些经济学家认为，技术创新或者技术变革的过程是渐进缓慢的。轮船（Gilfillan，1935）、人造丝（Hollander，1965）、输变电（Hughes，1982）的产品和工艺创新被描述为增量改进。熊彼特认为，创新的出现和扩散是一个不均衡过程，有时缓慢，有时激烈。虽然对"革命"的定义众说纷纭，但是现在经济学家和公众都基本承认"技术革命"的存在。然而，即便存在"基本创新"的技术革命，从第一次工业革命以来，技术变革的脉络依然是有迹可循的。技术革命并不会突然爆发，或者说多次技术革命之间存在直接或间接的深度技术关联（见表 1-1）。

表 1-1　六次技术革命

技术革命	新技术和新产业或更新的行业	新或更新的基础设施	技术经济范式创新原则
始于 1771 年的第一次技术革命；发起于英国	机械化棉花工业；熟铁；机器	运河和水道；收费公路；水力（高度改进的水轮）	工厂化生产；机械化；生产率提高，守时与省时；流体运动（适用于水力机械和通过运河和其他水道的运输）；本地网络

续表

技术革命	新技术和新产业或更新的行业	新或更新的基础设施	技术经济范式创新原则
始于 1829 年的第二次技术革命；蒸汽和铁路时代；源于英国，继而扩散至欧洲大陆和美国	蒸汽机和机械（铁制，以煤为燃料）；铁和煤炭开采（在增长中起着核心作用）；铁路建设；机车车辆生产；工业（包括纺织）用蒸汽动力	铁路（蒸汽机的使用）；普遍邮政服务；电报（主要在全国铁路沿线）；大型港口，庞大的仓库和航行世界的轮船；城市煤气	集聚经济/工业城市/国内市场；全国性网络电力中心；规模意味着进步；标准件，机械制造的机器；随处可得的能源（蒸汽）；（机器和运输工具的）相互依赖的运动
始于 1871 年的第三次技术革命；钢铁、电力和重工业时代	廉价钢铁（尤其是酸性转炉生产的钢铁）；钢质船舶蒸汽机的全面发展；重化工业与土木工程；电力设备工业；铜和电缆；罐装和瓶装食品；纸和包装	快速钢制轮船的全球航运（苏伊士运河的使用）；横贯大陆铁路（标准尺寸的廉价钢轨和螺栓的使用）；大桥和隧道；环球电报；电话（主要是全国）；电力网络（照明和工业用）	巨型结构（钢结构）；工厂规模经济；纵向一体化；工业用分布式动力（电）；科学作为生产力；全球网络和帝国（包括卡特尔）；普遍标准化；控制与效率的成本核算；巨大规模的世界市场，即如果是本地的，"小"的就是成功的
始于 1908 年的第四次技术革命；石油、汽车和大规模生产的时代；发源于美国，后扩散至欧洲	大批量生产的汽车；廉价石油和石油燃料；石化（合成）；汽车、运输、拖拉机、飞机、坦克和电力用内燃机；家用电器和冷藏冷冻食品	公路、港口和机场网络；石油管道网络通用电力（工业和家庭）；全球模拟电信（电话、电传和电缆图）有线和无线	大规模生产/大规模市场；规模经济（产品和市场数量）；横向一体化；产品标准化；能源密集型（基于石油的）；合成材料；职能专门化；等级金字塔；中心化，大都市中心、郊区化；国家权力、世界协定和对抗
始于 1971 年的第五次技术革命；信息和电信的时代；发源于美国，后扩散至欧洲和亚洲	信息革命；廉价微电子器件；计算机、软件；电信；控制仪表；计算机辅助生物技术与新材料	世界数字电信（电缆、光纤、无线电和卫星）；互联网/电子邮件和其他电子服务；多源灵活用电网络；高速多式实体运输联系（陆路、空运和水路）	信息密集型（基于微电子的 ICT）；分散集成，网络结构；知识资本，无形增值；异质性、多样性、适应性；市场分割，利基市场的扩散；范围经济、专业化经济与规模经济相结合；全球化，全球与本地的互动；内外合作，即集群；即时联系和行动，即时全球通信
始于 2006 年的第六次技术革命；人工智能时代；发源于美国，后扩散至欧洲和亚洲	生物工程；先进通信技术；数据中台；云计算；智能电子器件	物联网；智能物流系统；远程办公系统；机器人系统	数据作为生产要素；广泛连接的商品网络；市场碎片化；异质、连接、交互；技术资本

资料来源：根据《技术革命与金融资本：泡沫与黄金时代的动力学》拓展制作。

佩罗斯关于技术革命的划分和一般工业革命的划分并不一致，与克里斯·弗里曼（Chris Freeman）和弗朗西斯科·卢桑（Francisco LouÇÃ）关于康德拉季耶夫长波的划分基本一致（见表1-2）。主导历次工业革命的核心技术经过一段时间的增量改进会形成新的技术变革，形成新的经济增长周期，而这种变革可能并不改变原有技术的本质属性。从表1-2可以看出，一场技术变革所带来的经济增长周期大约为半个世纪，上升期和调整期基本平均。

表1-2 技术创新浪潮与康德拉季耶夫长波

技术和组织创新集群	典型创新	经济支柱部门和其他主导部门	核心投入和其他关键投入	交通运输和通信基础设施	管理和组织变革	上升期和调整期
工业机械化（水力）	阿克莱特设在克罗姆福德的工厂（1771年）；亨利·科特的搅拌工艺（1784年）	棉纺织；铁制品；水车；漂白剂	铁；棉花；煤	运河；收费公路；轮船	工厂系统；企业家；合伙制	1780~1815年，1815~1848年
工业和运输机械化（蒸汽）	利物浦—曼彻斯特铁路（1830年）；布鲁奈尔的"伟大西部"大西洋蒸汽船（1838年）	铁路；铁路设备；蒸汽机；机床；碱业	铁；煤	铁路；电报；蒸汽船	合股公司	1848~1873年，1873~1895年
工业、运输和家庭电气化	卡内基的贝西莫钢轨厂（1875年）；爱迪生纽约珍珠发电站（1882年）	电气设备；重型机械；重化工；钢制品	钢；铜；合金	钢轨；钢制舰船；电话	专门人才；管理系统；泰勒主义；巨型企业	1895~1918年，1918~1940年
运输、民用经济和战争动力化、机械化	福特梅兰德公园装配线（1913年）；伯顿热裂化工艺（1913年）	汽车；卡车；拖拉机；坦克；柴油机；飞机；炼油厂	石油；天然气；合成材料	无线电；高速公路；机场；航线	大规模生产消费；福特主义；层级制	1941~1973年，1973~1984年
国民经济计算化	IBM1410和360系列（20世纪60年代）；Intel处理器（1971年）	计算机；软件；电信；设备；生物技术	芯片（集成电路）	互联网	内部网、局域网和全球网	1985~2006年
国民经济数智化	智能手机（1993年）；深度学习（2006年）	云计算；大数据；机器人；智能制造；智能网联汽车	算力；算法；数据	物联网；移动互联网	网络化组织结构；平台	2006年至今

资料来源：《光阴似箭：从工业革命到信息革命》和《F5G：撬动中国经济新动能——千兆固网社会经济效益报告》。

前两次工业革命的主导技术分别是蒸汽动力和电力，继而衍生出蒸汽机、电动机等。技术形态的改变使电力相比于蒸汽动力能够衍生出更多的产品形态，如电灯、电话、电报。电力的广泛普及是互联网产生和扩散的基础。20世纪进入人工智能时代，互联网的广泛应用又成为人工智能普及的重要基础。随着每代通用目的技术的更替，旧时代的支柱产业慢慢被边缘化进而退出舞台，取而代之的是采用新技术的新产业，或者原有产业更新了技术体系从而获得新生。

佩罗斯认为，在每次长波中，单个或关键要素（铁、煤、钢、石油、芯片、云计算）变得十分廉价和容易获得，从而诱发一系列潜在的新的要素组合。她把生产关键要素的部门称为"动力部门"，是每次长波的主要产业部门。以核心投入和某些补充投入为基础的新产业，能够刺激其他新产业的产生，这些新产业（棉纺、蒸汽机、铁路、电力设备、汽车、计算机、机器人）的快速发展和巨大的市场潜力推动经济繁荣发展。

伴随着每代通用目的技术产生的是各类新材料、新能源技术。通用目的技术推动经济快速增长的根本原因并不在于其本身，而是其推动了更为广泛的技术创新，从而为旧时代的旧产业提供了新的生产组织方式。

第一次工业革命的通用技术主要解决大型机器的动力问题。第二次工业革命的通用技术使动力装置小型化，同时催生了电灯、电报、电网、电话等新产品和服务。第三次工业革命的通用技术主要解决以信息为主的生产资源的流动配置问题。第四次工业革命的通用技术除了进一步解决生产资源的配置问题，还产生了新的生产资源，即智能机器。智能机器的产生使取代人的生产劳动成为可能，人的劳动面临由生产劳动向创造劳动的转移。可以看出，四次工业革命的通用技术具有层递关系，尤其是后三次工业革命。没有第二次工业革命开始的电力的大范围普及和应用，就不可能产生互联网技术。没有互联网时代积累的大量数据和信息基础设施，人工智能技术就很难得到快速发展。从第一次工业革命到第四次工业革命，主导通用技术创新开始呈现越来越明显的分层，即直接来源于对主导通用技术的创新越来越难以直接运用于生产，同时其创新越来越依赖于基础科学研究。

以人工智能为核心形成的第四次工业革命的复杂技术系统与第三次工业革命形成的技术系统的主要区别表现在三个方面：一是人工智能对物质生产方式产生深刻影响。历次工业革命都集中表现在技术对人类社会物质生产方式的变革上，蒸汽动力、电力、互联网等前三次工业革命的代表技术均深刻改变了物质生产方式。然而，人工智能不再仅仅以拓展人类劳动能力的方式改变物质生产方式，而是在更多领域取代了人类劳动，这引起社会对劳动替代的担忧（郭凯明，2019）。人工智能使经济学中作为经济增长的三个核心要素即劳动、资本、技术的相对位置发生重要变化，同时技术与资本深刻绑定，即劳动和资本之间的生产关系将发生变革，这将是引起社会深度变革的重要基础因素。二是人工智能的影响更为广泛。无论是生产领域还是消费领域，人工智能均发挥重要作用，这是以往历代工业革命的代表技术难以企及的（余东华、李云汉，2021）。人工智能高度嵌入经济社会系统，其本身逐渐演化为大型复杂技术系统。三是人工智能的影响与作用方式更为复杂。人工智能不仅参与改造物质生产的能源、动力、制造系统等，还更广泛地参与改造了社会系统。人工智能的影响并不仅直接体现在通过产生新的生产工具推动生产力发展，还在于改造产生新的生产工具的过程（de Andrades et al.，2013）。人工智能对经济社会发展的影响更加隐蔽，提升了技术、市场、社会三者之间关系的复杂程度，继而旨在使提升技术创新效率的创新组织的变革复杂多元。历史上没有哪类技术比人工智能更依赖通过学习获得进步，进而人工智能的创新组织形式一直处于动态变化之中。

本章小结

人工智能是新一代通用目的技术，已经成为学者们的普遍看法。从通用目的技术的演变来看，人工智能正在强化通用目的技术概念对经济社会发展的影响。事实上，拥有通用目的技术特征的并不仅限于人工智能，从通用目的技术的概念和特征出发，纳米技术（Nikulainen and Palmberg，2010；Pandza et al.，2011）和区块链（Unalan and Ozcan，2020）都可以被视为通用目的技术，然而截至目前只有人工智能最大限度地发挥了通用目的技术所宣称的作用和影响。人工智能更像是一个"技术整合者"，把很多技术融合在一起为自身功能的实现提供帮助。

第二章 技术演化和经济社会发展

本章主要探讨科学和技术之间关系的演变，以及其对经济社会发展的影响。技术创新模式的演变侧面反映了科学范式的演变，同时是科学和技术之间关系的演变。科学改变了人们认知世界的方式，技术建构了社会的物质基础，科学和技术的融合深远影响了创新方式和经济社会发展。

第一节 技术在新生和融合中不断发展

一、不同技术的融合

自钻木取火开始，人类有意识地利用工具为自己服务，技术便潜入社会发展的方方面面。物资结余推动人类思考资源的分配，从而产生了经济的概念。一切都从技术开始。我们今天所说的技术可能更多的是指那些普通人不能掌握的专业技能，但并不能说我们日常使用的很多工具和方法不是技术。布莱恩·阿瑟在《技术的本质：技术是什么，它是如何进化的》一书中将技术定义为"实现人的目的的一种手段，实践和元器件的集成，可供使用的装置和工程实践的集合"。从这个角度而言，人类社会就建构在种类繁杂的技术大厦之上。

在谈到技术的进步时，布莱恩·阿瑟提出了"技术的循环"概念：技术总是进行这样的循环，为解决老问题而采用新技术，新技术又产生新问题，新问题又需要新的技术解决。这里新技术产生的新问题可能并不来自技术本身，追求效率是技术的核心，而效率总有办法提高，人总不满足。

苏联曾兴起一门学科，专门研究技术的拆解和重组以形成新的技术，叫作发明问题解决理论（TRIZ）。这项由根里奇·斯拉维奇·阿奇舒勒于 20 世纪 40 年代创立的发明问题解决理论起初并不为人所知，直到苏联解体，关于 TRIZ 的相关内容才被披露出来。TRIZ 认为创新有法可依。正如布莱恩·阿瑟将新技术分为两个来源：科学发现的基础创新和旧技术的重组。旧技术如何重组才能形成一项新的技术必然有规律，阿奇舒勒及其研究伙伴正是研究了 250 万份专利才发现了这种规律，创立了 TRIZ。技术的重组只有在新成员加入时才具有本质上的"新意义"。我们日常会经常用到技术重组，正如我们在使用一项工具无法解决问题时往往会考虑加入另一项工具，这种工作人类轻车熟路。这是技术演进的一个过程，是一种增量创新。而能够改变实际的技术往往是具有颠覆性的，需要有全新的技术元素加入，这就需要科学研究的参与。

那么，通用目的技术在技术的发展过程中扮演了什么样的角色？通用目的技术有三个基本特征，即应用领域广泛、能够持续改进、产生互补性创新。潜在的广泛应用场景促使具有创新精神的企业家关注这类技术的发展，同时资本也想要从未来的增长中分一杯羹。

对于蒸汽动力而言，电力是新生的技术；对于电力而言，互联网是新生的技术。新生技术往往来源于科学的发现，这在第三次康德拉季耶夫长波之后的技术革命中体现得更为明显。从技术革命的脉络中不难发现，每一次技术革命的主导技术并不是一开始就具备革命的能力。比如电力，只在交流电被发明并显示出其在远距离传输的强大优势时，电力设施才作为一种新的基础设施掀起了革命狂潮。

创新之所以重要在于其提供了一种新的资源配置方式，从而能够从单位投入中获取更多价值。从蒸汽动力到电力，完美地解释了技术创新所带来的资源配置优势。在摆脱煤气资源约束的同时，为工厂机器提供动力的电力设备可以做得更小，不仅节省占地面积，而且能够根据生产需要任意配置电力设备。当电力设备规模化之后，电力成本也快速降低。

二、科学和技术的相互作用

现代技术革命不仅是技术方面的革命，还是科学方面的革命，准确而言，应该是科学技术革命。列·索·勃利亚赫曼认为，现代科学技术革命与以往科学技术革命有三大重要区别：一是科学和技术之间的关系有了根本变化。发明在科学中起主导性、决定性作用的同时，两者是同时实现，并且相互作用的。二是影响规模和速度是空前的，且相互联系。这种变化涉及生产力的所有要素。三是现代科学技术革命发生在世界两大社会经济体系对立的条件下。现在很多研究学者把美国在"二战"以后的技术繁荣和经济发展归功为范内瓦·布什（Vannevar Bush）在 1945 年提出的《科学：无尽的前沿》中的科学技术政策。根据这一政策美国不断加大对基础研究的投入。司托克斯把这种创新模式归结为"基础研究—应用研究—产业应用"的线性创新模式。可见，无论意识形态如何，学者们均认识到了科学的重要性以及科学和技术之间的相互作用。

在商业繁荣的时代，新产业、新业态层出不穷，一项科学发现总可以找到自己的用武之地，即便在以前的年代科学研究并没有如今这样种类繁多而广泛。随着技术工具在科学研究过程中不断渗透，当研究队伍不断扩大、学科高度细分时，科学研究与商业应用的距离相应更远。当今世界并没有那么和平，国际竞争越加激烈。很多国家开始思考如何不浪费科学研究的精力和资金，使其尽可能为自己所用。融合科学研究和技术创新的创新组织开始在各国出现并发挥重要作用。

科学和技术的融合是技术发展到一定阶段的必然趋势，是人类逐渐深化对物理世界认识的必然结果。人类对美好生活的向往是始终如一的，即使不同群体对"美好"的定义可能并不相通。当技术进步能够提供的基本生活必需品充足时，人就能够从繁重的体力劳动中解放出来，投入到创造性劳动中。这种变迁同时会反映到社会变革之中。

马克思认为，创造性劳动是人的价值的集中体现。求知是人类始终如一的追求，求知的结果必然需要反映到行动上，即"实践是检验真理的唯一标准"。佩罗斯在《技术革命与金融资本：泡沫与黄金时代的动力学》一书中认为，金融资本在推动技术变革的过程中发挥重要作用，诚然如是。在现代经济体制下，资本在分配经济利益的过程中依然处于强势地位，这种强势反映在经济社会的方方面面。

从牛顿力学到量子力学，短短数百年，科学研究发生了巨大变化，很大一部分功劳应该归于技术进步所带来的实验技术的提高。我们能够利用冷冻电镜解析纳米级的分子结构，同时能够使用量子计算机大幅度提升计算能力。如今科学和技术依然有分界线，然而这种界限已经越来越模糊。人类已经能够越来越高效地利用所知创造工具为自己服务。

第二节　技术经济范式的演化

范式研究旨在揭示事物本身的运行发展规律。库恩（Kuhn）提出了科学发展的范式理论，把科学视为由"科学共同体"按照一套共有"范式"所进行的专业活动。此处"范式"指在某一学科领域内被人们所共同接受、使用并作为思想交流的一整套概念体系和分析方法。在此基础上，1982年，乔瓦尼·多西（Giovanni Dosi）提出了"技术范式"的概念，其表示指引个别技术、产品和产业发展轨道的逻辑。佩罗斯将"技术—经济范式"解释为一种最佳惯行模式，是由一套通用的、同类型的技术和组织原则所构成，这些原则代表着一场特定的技术革命得以运用的最有效方式以及利用这场革命重振经济并使之实现现代化的最有效方式。我们将技术经济范式变革的内容进行总结，具体如表 2-1 所示。

表 2-1　技术经济范式变革

福特主义（旧）	信息与通信技术（新）
能源集约	信息集约
"制图"办公室的设计和控制	计算机辅助设计
序列设计和生产	同时控制
标准化	定制
稳定的产品集	快速变化的产品集
专用厂和设备	灵活的生产系统
自动化	系统化
单一企业	网络
层级结构	扁平结构
分部门	一体化
产品即服务	服务即产品
集权	分权
专业技能	多样化技能
有时政府控制	政府提供信息，协作与管制
所有权	协作和管制
计划	想象

克里斯·弗里曼和弗朗西斯科·卢桑在《光阴似箭：从工业革命到信息革命》一书中分析了前五次康德拉季耶夫长波技术经济范式的变化。

在第一次康德拉季耶夫长波中，农业开始变成资本主义生产方式组织起来的产业，即转变为佃农雇佣劳动力为市场生产商品的产业。以纺织业和冶铁业为主的新产业在经历一段时间高速增长之后发展开始放缓，制陶业、交通运输业等得到快速发展。一些企业家开始思考如何管理企业，认为生产具有不断改进的潜力。加强对工人的管理成为很多企业家提升生产效率的重要方式。

第二次康德拉季耶夫长波中电力和铁路的普及使世界经济获得了比第一次长波更有力的增长。企业规模开始加快扩张。在很多国家，铁路和电力由于其重要的商业价值和军事价值而成为国家的主导产业。企业规模的扩张意味着企业在管理方面需要做出改变，企业家需要把权力下放，成为后来层级制管理结构的先驱。在产业结构变化和技术变迁的双重压力下，新的工艺和车间管理体系开始出现。电力设备、石油和化学制品等新兴产业需要专业经理和熟练工人。

在第三次康德拉季耶夫长波中，企业规模扩张的趋势并没有停止，反而出现了跨国企业和垄断企业。依靠企业家的个人能力管理庞大的企业已经不可能了，专业的管理团队开始登上历史舞台。在大多数制造业企业中，旧体系主要将车间管理的责任转包或委托给高级领班或工头，新体系则建立在专业管理人团队的部门结构基础上。金融与工业的结合更加深入，使卡特尔企业成为可能。行业集中度不断提高成为该时期大多数行业的基本趋势。与此同时，新技术、新能源为成千上万家中小企业的繁荣提供了机遇，它们在木材、设备、动力工具和其他机械产品等行业发展起来。能源动力的电气化使部署动力设备更为灵活，工业区布局不再限于有水、有煤的地区，新的工业区开始兴起。钢的使用推动航运业的兴起，滨海地区获得更为有力的发展条件。官僚制和泰勒主义开始兴起，层级制管理结构成为规模庞大的企业系统沿用至今的管理结构。

出现网络化结构组织成为第四次康德拉季耶夫长波的显著特征。曼纽尔·卡斯特（Manuel Castells）在其《信息时代三部曲：经济、社会与文化》一书中认为，在信息社会，经济组织的基本单元不再是企业家、家庭、企业或国家，而是由许多不同主体构成的网络。跨国企业的行事规则不再是身体力行，而是资本控制，通过投资构建庞大的商业帝国。互联网的快速发展推动经济全球化进程，国际贸易空前繁荣。与此同时，基础研究机构开始参与企业的创新过程。

芯片成为当今科技革命最重要的基础设施，成为形成庞大网络的基本单元。网络化特征更加明显，不仅表现在企业组织结构中，还在社会事务中有重要体现。通过网络参与社会事务已经成为一种重要趋向。科学与技术的深度融合成为该时期技术创新的重要特征，继而包含高校、科研机构、企业等多种机构在内的新型研发机构成为创新组织演变的显著特征，这在后文中将详细阐述。

第三节　技术创新模式的演变

一、从"自由探索"到"计划组织"

Bush（1945）在《科学：无尽的前沿》（*Science：The Endless Frontier*）的报告中将基础研究称为技术创新的根本动力。经济合作与发展组织（OECD）将基础研究定义为"为获取以现象和观察事实为基础的新知识而进行的实验或理论工作",这一定义表达了对布什将基础研究和应用研究分离的支持。在基础研究支持下,"二战"后美国经历了较长时间的技术进步和经济增长。然而,布什提出的"基础研究—应用研究—产业应用"的线性创新范式不乏批评(Rosenberg,1991)。产业应用过程是产品创新过程,产品是最终创新的体现(路风,2018)。批评者认为布什忽视了应用研究对基础研究的推动作用,科学研究和技术创新之间存在相互作用关系(Ehrenreich,1995);在实际过程中很难将基础研究和应用研究进行严格区分;布什称"好奇心"驱动的基础研究并不能保证研究成果能够给社会带来实际益处,这种方式的基础研究往往容易脱离产业实际发展的需要(David,1986)。布什在书中表达了这样一个信念:"一个在基础研究领域依赖他人的国家,将减缓它的工业发展速度,并在国际贸易竞争中处于劣势。"日本在20世纪90年代的经济发展对这个说法提出了质疑,同时美国在"一战"和"二战"之间的快速发展也并不完全遵循这样的逻辑。鉴于此,学者分别提出"战略研究""定向基础研究""有计划的基础研究""巴斯德象限"等概念,呼吁人们关注基础研究和应用研究之间的交互关系。

不可否认的是,缺乏基础研究会给一个国家和地区的长远发展带来困难。日本在20世纪的快速发展虽然得益于对欧美基础研究成果的有效应用,但是日本在基础研究领域也进行了大量投入(李红林、曾国屏,2008),并取得了较大成就。以关注原创性基础研究的诺贝尔自然科学奖为例,自2000年以来共有约20位日本籍科学家获得诺贝尔自然科学奖(周程,2016)。驱动基础研究的动力是多方面的,"好奇心"只是其中的一项重要因素,巴斯德象限所阐述的应用研究驱动同样是一种重要路径。在应用研究解决问题过程中进行的理论提炼和总结是基础研究阐发的重要源头。

是"自由探索"还是"计划组织",关键在于最终能够实现的创新转化。在投入相同研究资源的情况下,令"自由探索"式基础研究获得重大发现的概率为 P_f,有效进行技术转化的概率为 P_{ft}[①],有应用目的的基础研究获得同等重大发现的概率为 P_p,有效进行技术转化的概率为 P_{pt},$P_f > P_p$,$P_{pt} > P_{ft}$[②],假如 $P_f \times P_{ft} > P_p \times P_{pt}$,则选择"自由探索"式的基础研究更有效。然而,这是在保证研究成果只在本国进行流动的情况下。事实上,伴随经济全球化的发展,很多基础研究成果通过论文的形式对外公开,其他国家能够通过知识检索获取最新的研究发现并

---

① 有效的技术转化包含企业对该项研究成果的知识搜索和匹配过程,即便基础研究有了重大发现,企业也可能无法及时获取,存在一个匹配概率和过程。

② 因为带有应用目的,有应用目的的基础研究成果可以直接被特定企业获取并进行技术转化,所以 $P_{pt} > P_{ft}$。

进行技术转化。这种知识利用方式是美国在 20 世纪二三十年代、日本在 20 世纪八九十年代经济迅速崛起的重要原因之一。"自由探索"式的基础研究成果极有可能被其他国家获取进而提升其技术能力。在大国竞争背景下，相比于获得重大发现，提升从重大发现到实际创新的效率更能为国家赢得竞争。同时，"自由探索"式的基础研究还忽略了不同研究之间的协同作用，以及应用研究对基础研究的启发。基础研究的成果是否有效需要经过大量的实践检验，应用研究提供了广阔的检验基础研究成果的场景，并能够为基础研究提供更深入的研究方向，进而提升基础研究的效率。

历史上，美国也并未一直奉行所谓的线性技术创新模式。1957 年 10 月，苏联发射世界第一颗人造地球卫星，刺激美国建立加快技术突破的创新体系，摆脱分散的、自由探索的研究体制，成立高等研究计划署（后改称"国防部高级研究计划署"，即 Defense Advanced Research Projects Agency，DARPA）。DARPA 建立了战略技术创新导向的新型技术创新模式，加强基础研究和应用研究之间的联系，是美国以国家力量促进创新的主要标志，是当时以战略基础研究驱动的技术创新模式（路风、何鹏宇，2021）。与此同时，美国国家能源局实验室体系开始建立这种技术创新模式，对促进美国的技术进步发挥了重要作用（刘云、翟晓荣，2022）。

与亚当·斯密认为的市场是一只"看不见的手"能够有效配置资源从而为全社会带来福利类似，布什认为"好奇心"驱动的基础研究能够促进技术创新。但周期性的经济危机表明存在市场失灵，政府对市场的调节作用不可忽视。美国战后经济的快速发展表明了"好奇心"驱动的基础研究对技术创新具有巨大推动作用，但不可否认这种创新模式在数字经济时代面临严峻挑战。国家间技术竞争的加剧给这种线性技术创新范式带来更多质疑。随着技术进步，从科学发现到技术创新的时间滞后越来越短（Sahal，1983），应用研究与基础研究深度融合。人类对自然原理探索得越深入，人类能够利用的技术越精微。技术的进步给基础研究提供了有力支持①。从宏观尺度到微观尺度，技术被划分得越加精细，进而越接近于对自然原理最本质的应用。基础研究成果被利用转化的效率越来越高。基础研究和应用研究之间的界限变得模糊。

二、非线性技术创新模式

相比于布什阐述的线性技术创新模式，Kline 和 Rosenberg（2010）提出一种

---

① 随着人类对自然规律认识的加深，人类可利用的自然事物越来越丰富。如一开始煤炭只能被作为燃料直接使用，随着人类提纯技术的提升，煤炭除了可以被提炼为煤油、煤气等以提高资源利用效率，还可以被提炼为沥青以及苯、甲苯等基础化工品。

非线性技术创新模式，即"链式模型"，认为在基础研究、应用研究和产品创新之间存在多条反馈路径，技术创新并不一定遵循唯一的线性路径。如图 2-1 所示，R 代表基础研究，K 代表知识，C 代表创新过程①，D 代表应用研究，f 代表一般反馈，F 代表较为重要的反馈，1、2、3 分别代表创新到知识、知识到创新、知识到基础研究的流动路径。I 代表通过仪器、机器、其他工具和技术程序支持科学研究。S 代表支持基础产品领域的科学研究，直接获取信息，监控外部工作，所获得的信息可能适用于整条链的任何地方。在基础研究、应用研究、创新过程中通过知识的流动和反馈存在多种路径，在创新的任何一个阶段均存在不同的流动路径，并且存在哪种流动路径是不确定的。在链式模型中，基础研究、应用研究、产品创新之间存在大量交互和反馈。应用导向的研究过程可能同时涉及基础科学、技术科学和工程科学等领域的研究工作，不仅要实现理论突破，还可能需要在材料、设备、工艺等方面进行技术研究，必须在一种有效的组织下才能完成。

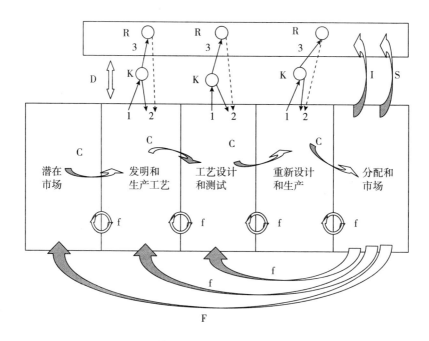

图 2-1　基于信息流动和反馈的链式模型

---

①　此处的创新过程仅包含技术转化和产品化过程，并不代表包含基础研究、应用研究等的整个创新过程。

非线性技术创新模式强调了创新各个阶段之间的反馈对创新的影响，反馈普遍存在于创新过程中。非线性技术创新模式将整个创新过程分为基础研究、应用研究和产品创新三个阶段。基础研究和应用研究之间的相互作用被证实对技术的进步具有重要影响（Chaves and Moro，2007）。在数据要素成为核心创新要素的背景下，产品创新过程形成的以数据为基础的反馈过程对应用研究产生巨大影响。强调反馈对创新过程的影响在以人工智能为代表的新一代通用技术为基础的创新活动中尤其重要。以人工智能为代表的新一代通用技术的进步建立在对反馈的不断学习过程中。

第四节　技术、经济、社会的相互作用

一、技术和经济的相互作用

每一次技术革命都伴随着技术经济范式的变革，不仅对经济发展方式、经济制度等产生重要影响，还对社会、文化、政治制度具有深远影响。正如马克思所讲，生产关系一定要适应生产力的发展。技术经济范式比较容易理解，毕竟技术变革所带来的直接影响就是经济发展，而技术社会所蕴含的意义更加复杂。经济发展始终要服务于人的需求，人的需求又是多方面的。

技术路径的选择依赖于技术的潜在经济表现。资本介入技术的发展过程往往在技术开始表现出一定经济性的时候。实现人们所需求的功能的技术是多路径的。在石油资源日渐紧张、环保问题依然存在的今天，新能源汽车的发展成为大势所趋。新能源汽车包含很多类型，就电池类型而言分为铅酸电池、磷酸铁锂电池、三元锂电池、钠离子电池、镍氢电池、锰酸锂电池等，除此之外还有氢燃料电池。技术路径的选择不仅在于技术本身是否拥有商业前景，还与技术的社会环境、政治环境息息相关。

每次技术革命所依赖的通用目的技术并非只有唯一选择。第二次工业革命面临直流电和交流电的选择，第三次工业革命对互联网传输协议也存在分歧，第四次工业革命中人工智能的技术方法更是交错融合。选择哪一个技术路径并不是一开始就确定了的，而是在时间推移中随着技术环境的变化而变化。技术的经济性可能因为其他技术领域的突破而瞬间改变，正如 CPU 和 GPU 在计算领域的争端。

消费者在选择某项技术承载的产品时必然要考虑其经济性，资本在这个过程

中可能发挥重要作用。规模经济性在第四次工业革命中并不过时，反而更加重要。与以往不同，第四次工业革命的规模经济性主要表现为技术扩张所带来的边际研发成本的降低，物料成本反而是其次的。资本如果在前期以亏损方式扩大市场规模，后期就有可能获得市场优势和规模经济性，进而在整个技术周期获益。实际上，资本在很多领域都是这么做的，如智能手机、新能源汽车等。

二、技术和社会的相互作用

技术和经济之间的相互作用很容易理解，技术和社会之间的相互作用就麻烦得多。探讨技术和社会的相互作用的关键在于通用目的技术的互补性创新往往并不来源于实验室和车间，而是广泛分布在社会上，在广大的用户手中。社会与技术之间的交互方式，或者说来自社会的互补性创新如何反馈于技术创新过程是需要探讨的问题。当然这更可能是一个商业问题，但笔者更倾向于把其看作技术和社会之间交互的一个缩影。

研究经济发展不能摆脱经济发展给社会带来变革的反作用力。技术嵌入社会必然引起社会各方面的变革。互联网的兴起掀起了人们参与公共事务的热情，尤其随着移动互联网来临，每一个人都可以成为媒体人，都可以获得全国乃至全世界的关注。流量所带来的不仅是经济利益，还意味着某种隐形权利。技术作用于社会事务的直接后果可能是人们会有意识地去引导技术的走向，并强化对自身有利的方面。

作为人类实践活动的一种特定形式，技术的性质和意义具有情境性。与传统技术不同，在科学帮助下，现代技术成了一种控制方法，不仅被运用于生产领域，而且被广泛运用于政治、经济、商业等以效率为准则的领域。美国技术研究学者埃鲁尔认为，技术在现代社会具有统摄性力量，在一定意义上，技术决定着科学、经济及文化的走向，技术已成为人类生存的新环境，即形成了"技术社会"。技术与社会之间是相互建构的，技术推动社会变革，反过来社会影响技术的走向（张成岗，2019）。

技术终究会回到造福人类的轨道，而在技术广泛渗透的现代社会，这种愿景并不容易得到有效控制。技术给人类社会带来的影响是多方面的，尤其是在人工智能被大范围应用的今天，随着资本与劳动的关系、发达国家和发展中国家的关系的变化，技术变革所带来的影响必然不同。人类必然需要选择能够带来更稳定、更和平、更和谐的技术类型，而不是纯粹在经济意义或者技术意义上更先进、更好的技术。当然，这并不是本书探讨的重点。我们只需要关注社会对技术创新过程存在重要影响。

本章小结

　　人工智能创新的复杂之处很大程度在于反馈对创新的作用，这是在前几代通用目的技术中并不显见的。反馈来源于经济社会的方方面面，尤其在开源、开放的创新环境下，不仅有来源于创新企业内部和市场的直接反馈，还有来源于个体开发者和广泛潜在创新群体的间接反馈。正如用户创新中所强调的"创新来源于用户使用过程中的微小改善"，这也是互补性创新的基本来源。反馈分为正反馈和负反馈，正如复杂系统存在能量流入和流出一样。正反馈推动规模报酬递增，促进经济和社会共同发展。与此同时，负反馈同样存在并规制人工智能的发展方向。技术和经济社会之间的相互作用，技术和科学之间的深度融合，使人工智能创新在更广的范围内变得更加复杂。

第三章　人工智能时代创新的复杂性

本章简要阐释复杂性的来源，以及人工智能复杂创新的时代背景。很多学者认为创新具有自组织特征，本章再次重申了这一点，并对创新的多层次结构进行了分析。

第一节　理解复杂性

一、微观和宏观的矛盾

之前小学课本上讲到大雁南迁，说一群大雁时而排成"人"字形，时而排成"一"字形。大雁自身知道要排成"人"字形或者"一"字形吗？答案应该是"不知道"，因为大雁不识字。你见过成百上千的蜂鸟群在空中变化出各种形状吗？乔治·帕里西在《随椋鸟飞行——复杂系统的奇境》中对椋鸟群的飞行特征进行了观察研究。鸟阵边缘的密度与中心的密度相比，几乎高了30%。椋鸟越是靠近鸟阵边缘就互相离得越近，越接近中心则离得越远。这种前后距离大而两侧距离小的趋势不仅出现在密集的鸟群（平均距离约为80厘米）中，也出现在稀疏的鸟群（平均距离约为200厘米）中。椋鸟之间的相互作用与其说取决于它们之间的距离，不如说取决于距离最近的鸟之间的联系。一个通俗的解释可能是越处于外围的椋鸟在鸟群调整时所需要做出的努力更多，即很容易偏离鸟群而受到攻击，所以需要保持更近的距离以防止猎食者冲击鸟群。

更平常的了解微观和宏观矛盾的例子是水的沸腾。我们知道在标准大气压下，水在达到100℃时会沸腾，在0℃时会结冰。我们也知道分子的热运动与温度有关，那我们能够通过观察水分子的运动而准确获知水什么时候开始沸腾吗？显然，这并不简单，再如水分子凝结的雪花是规则的花瓣，如同人工雕刻一般，但每一朵雪花的内部结构基本都不是一样的。这些都不由令人感叹。

美国物理学家菲利普·沃伦·安德森（Anderson）（1977年诺贝尔物理学奖得主）在1972年发表了一篇题为《多者异也》（*More is Different*）的文章，他认为，一个系统的成分数量增加，不仅决定了系统的量变，还决定了其质变。Kadanoff（2009）进一步解释了量变导致质变的原因。这篇论文所表达的并非要与Anderson"打擂台"，而是解释只有异质的量变才能导致质变。

还原论认为，只要知道个体与个体之间的基本规律，那么群体就是个体之间相互作用的加总。而事实并非如此，情况比这复杂得多。群体的复杂性并不需要复杂规则才能表现，简单规则一样可以导致复杂性，如椋鸟仅跟随与自身较近的几只同伴，鸟群就可以变幻出各种各样的姿态。在《三体》中，三星系统就很好地证明了这一点，我们可能永远无法准确预测明天太阳是否会照常升起。

二、确定性和不确定性

我们知道规则，却没办法预测未来。在面对微观个体时，我们明确知道它们的相互作用，但面对宏观时依然束手无策。以三体系统为例，我们知道系统的初始状态，为什么不能准确预测系统每一时刻的状态呢？因为个体之间的相互作用使得微小的差距会被不断放大，我们需要不断弥补这种差距。正如我们知道的经典物理定律，其公式最初就那么完美、工整？显然不是，自然界要比这复杂得多。我们允许有误差，而复杂系统不允许，我们永远不知道绝对准确的数值。

物理系统尚且如此，复杂的经济社会系统就更难以预测了。传统经济学家把人视为是理性的，通过纳入成本收益概念推断人的行为，进而预测经济走势。显然这种做法并不完全符合事实，尽管有时候并没出大问题。然而，随着经济社会的发展，情况开始变得复杂，人并不总是理性的，有限理性被提出。也就是说，无论我们提出多么精确的理论，一旦假设这个规则是不变的，那么规则总会失效，因为规则来源于个体和系统的交互，而系统一直在改变。

世界唯一不变的就是世界一直在变。经济系统一直随着技术演化而演化，现代社会构建在复杂技术体系之上。技术构筑了经济基础，经济基础又决定了上层建筑。然而，技术的演化方向并不是确定的，这一点之前已经谈到了，技术、经济和社会是相互建构的过程。人工智能技术的发展可能随时受到来自安全忧虑的威胁，同时也会受到不经意间技术突破的激励。在人与人通过虚拟空间广泛联结的同时，物与物通过物联网也逐渐构建起协同的网络，人与物通过各种泛在网络形成包含层层结构的复杂系统，系统中的微小扰动都有可能给系统带来巨大变化。时间终究会解释一切，却依然没有确切答案。

第二节　复杂创新的时代背景

一、第四次工业革命和技术经济范式转变

当今世界正面临第四次工业革命。第四次工业革命是由人工智能、生命科学、物联网、机器人、新能源、智能制造等一系列创新所带来的物理空间、网络空间和生物空间三者的融合。第四次工业革命相比于前三次工业革命，将给人类发展带来更为深远的影响。人工智能作为第四次工业革命的核心引擎，是新一轮国际技术竞争的焦点。世界发达国家纷纷围绕人工智能出台规划和政策，对人工智能核心技术、顶尖人才、标准规范、产业发展等进行部署。主要科技企业不断加大资金和人才投入，抢占人工智能发展制高点。

2015年，中国科学家首次提出新一代人工智能概念。[①] 潘云鹤院士指出，人工智能2.0是基于重大变化的信息新环境和发展新目标的新一代人工智能（潘云鹤，2016）。其中，信息新环境是指互联网、物联网、大数据和云计算的兴起和发展。新目标是指满足包括智慧城市、智能制造、智慧医疗、智能家居、自动驾驶、智慧教育和智能政务在内的经济社会智能化发展需求。人工智能技术体系呈现复杂化的特点，开始融合更多的技术，同时向多个应用领域进行拓展。

二、新时期国际技术竞争

自2016年起，先后有40余个国家和地区推动人工智能发展上升到国家战略高度。近年来，越来越多的国家认识到人工智能对于提升全球竞争力具有关键作用，纷纷深化人工智能战略。2021年6月，美国参议院投票通过《美国创新与竞争法案》，提出要加强在芯片、人工智能、5G等领域的投资。[②] 2022年2月，美国众议院投票通过《2022年美国竞争法案》。2022年3月，美国参议院通过了

① 自2015年起，中国工程院批准启动了《中国人工智能2.0发展战略研究》重大咨询项目。以潘云鹤院士为代表的中国科学家开始开展"人工智能2.0计划"研究。参见：著名计算机应用专家潘云鹤院士：勇闯无人区［EB/OL］．（2020-07-06）［2023-03-10］．https：//baijiahao.baidu.com/s？id＝1671419210833383735&wfr＝spider&for＝pc。

② 中国国际科技交流中心．美国参议院：颁布《美国创新与竞争法案》［EB/OL］．（2021-11-30）［2022-11-01］．https：//www.ciste.org.cn/gikjwj/zcyd/art/2021/art＿99efcc92857c4d4580e9a7f0d1165d64.html。

以《美国创新与竞争法案》为基础修改的《2022 年美国竞争法案》。① 2022 年 8 月，美国出台《2022 年芯片与科学法案》，提出加强在半导体领域的投资，提升美国的芯片设计和制造能力。三项法案均以中国为竞争对手，以竞争之名行霸权之实。美国以保持领先地位为战略目标持续加大对人工智能领域的投入。美国 2021 年人工智能非国防预算增加约 30%，总额达到 15 亿美元。此外，在《美国创新与竞争法案》中，将人工智能、量子计算等列为 2022 财年美国研发预算优先事项，未来对包括人工智能在内的多个领域共投入 1000 亿美元进行研发工作②。美国陆续成立国家人工智能倡议办公室、国家 AI 研究资源工作组等机构，密集出台系列政策，将人工智能提到"未来产业"和"未来技术"的高度，不断巩固和提升美国在人工智能领域的全球竞争力，确保"领头羊"地位。欧盟发布《2030 数字化指南：欧洲数字十年》《升级 2020 新工业战略》等，拟全面重塑数字时代全球影响力，其中将推动人工智能发展列为重要的工作。2021 年 1 月，欧盟发布《工业 5.0：迈向可持续、以人为本、富有韧性的欧洲工业》报告。工业 4.0 范式主要是由新兴技术提高效率和生产力潜力，工业 5.0 则将研究和创新作为向可持续、以人为本和富有韧性的欧洲工业过渡的推动力。无论是工业 4.0 还是工业 5.0，均以持续的技术创新为前提。③ 2022 年 2 月，欧盟委员会通过《欧洲芯片法案》，旨在加强欧盟半导体生态系统。④ 欧盟不断加大对人工智能产业的资金支持力度，大力促进欧洲的数字变革。欧盟有史以来最大的支持研发和创新的项目"地平线欧洲"计划总投资额约 1000 亿欧元，明确将人工智能列入资金支持范围。⑤ 2021 年 11 月，欧盟委员会通过"数字欧洲计划"首个工作计划（2021—2022 年），将投入 14 亿欧元重点支持高性能计算，云、数据与人工智能，网络安全以及高级数字技能等关键方面的能力建设⑥。英国于

①　"2022 年美国竞争法案"以竞争之名行霸权之实［EB/OL］.（2022-05-24）［2022-11-01］. https：//baijiahao. baidu. com/s？id=1733700345744736177&wfr=spider&for=pc.

②　中国信息通信研究院. 人工智能白皮书（2022 年）［EB/OL］.（2002-04-12）［2022-12-23］. http：//www. caict. ac. cn/kxyj/qwfb/bps/202204/t20220412_399752. htm.

③　中国科学院科技战略咨询研究院. 欧盟提出工业 5.0 发展方向及支持措施［EB/OL］.（2021-05-21）［2022-11-01］. www. casisd. cn/zkcg/ydkb/kjzcyzxkb/2021/zczxkb202103/202105/t20210521_6036091. html.

④　澎湃新闻. 欧盟推出《芯片法案》：技术"战略自主"雄心恐遇诸多掣肘［EB/OL］.（2022-02-15）［2022-11-01］. https：//baijiahao. baidu. com/s？id=1724807164464682408&wfr=spider&for=pc.

⑤　全球技术地图. 欧盟科技政策新航标——"地平线"计划［EB/OL］.（2021-06-30）［2023-03-25］. https：//baijiahao. baidu. com/s？id=1703994529718702626&wfr=spider&for=pc.

⑥　科情智库.【科技参考】"数字欧洲计划"2021—2022 年度工作要点［EB/OL］.（2022-05-13）［2023-03-25］. https：//mp. weixin. qq. com/s？_biz=MzI1MDI5ODkwMA==&mid=2247497767&idx=2&sn=d00359adfeb0829f134a9ed61f858789&chksm=e986ef5cdef1664a7710da906a13889176a69ddce14af2b00a8651f528fdf601440202c2f17&scene=27.

2021年9月发布国家级人工智能新十年战略，是继2016年英国政府发布的《机器人和人工智能》《人工智能对未来决策的机会和影响》后推出的又一重要战略，旨在重塑人工智能领域的影响力。据统计，2014～2021年，英国对人工智能的投资已经超过23亿英镑。日本继制定《科学技术创新综合战略2020》之后，于2021年6月发布了"AI战略2021"，致力于推动人工智能领域的创新创造计划，全面建设数字化政府。

三、中国进入高质量发展阶段

改革开放以来，中国通过引进再创新和商业模式创新在技术和经济方面取得了较大发展。随着技术进步的不断加速和经济发展的深入，依赖国外技术的再创新发展模式变得不可持续。2015年中国GDP同比增长率自2000年以来首次下降到6.9%。在保持较长时期高速增长后，中国面临从"中国制造"向"中国创造"的转变，创新成为新的增长引擎。党的十八大明确提出："科技创新是提高社会生产力和综合国力的战略支撑，必须摆在国家发展全局的核心位置。"

党的十九大提出，我国经济已由高速增长阶段转向高质量发展阶段。高质量发展的本质内涵，是以满足人民日益增长的美好生活需要为目标的高效率、公平和绿色可持续的发展。应始终坚持创新驱动发展，坚持创新在推动高质量发展中的核心地位。以人工智能为代表的新一代信息通信技术的创新发展，为中国高质量发展提供了重要历史机遇。

2017年，我国出台了《新一代人工智能发展规划》《促进新一代人工智能产业发展三年行动计划（2018—2020年）》等政策文件，推动人工智能技术研发和产业化发展。《新一代人工智能发展规划》提出，到2025年，"人工智能产业进入全球价值链高端。新一代人工智能在智能制造、智能医疗、智慧城市、智能农业、国防建设等领域得到广泛应用，人工智能核心产业规模超过4000亿元，带动相关产业规模超过5万亿元"。2019年3月19日，中央全面深化改革委员会第七次会议审议通过了《关于促进人工智能和实体经济深度融合的指导意见》，提出要把握新一代人工智能发展的特点，坚持以市场需求为导向，以产业应用为目标，深化改革创新，优化制度环境，激发企业创新活力和内生动力，结合不同行业、不同区域特点，探索创新成果应用转化的路径和方法，构建数据驱动、人机协同、跨界融合、共创分享的智能经济形态。《中共中央关于制定国民经济和社会发展第十四个五年规划和二〇三五年远景目标的建议》指出，要瞄准人工智能等前沿领域，实施一批具有前瞻性、战略性重大科技项目，推动数字经济健康发展。

第四次工业革命对中国而言是一次重大历史机遇。中国经过多年的发展积累，无论是在技术能力上还是在资金实力上都能够在本次工业革命中有所建树，与世界技术先进国家保持同步，甚至领先（王山、陈昌兵，2023）。目前，国内人工智能发展已具备一定的技术和产业基础，在芯片、数据、平台、应用等领域集聚了一批人工智能企业，在部分领域取得领先地位并实现较成熟的市场应用。中国有望凭借国内全产业链优势在以人工智能为代表的新一轮技术竞争中赢得先机（袁振邦、张群群，2021）。

第三节　创新是一个复杂过程

一、创新的层级结构

毋庸置疑，创新是一个复杂过程，具有复杂层次结构。创新之所以形成分层是因为劳动分工和产业细分。总体而言，创新可能存在三个层次的结构：微观、中观和宏观。从微观角度而言，创新存在于个体劳动者在日常工作中对工作的一些微小改进。当这些微小改进被大范围应用进而形成新的规范时，就可能引起产业层面的变革。当某个行业形成了新规范且新规范显示出新竞争力时，新规范就可能在多数行业扩散。这种扩散一旦涉及大多数行业，宏观层面的创新就被迫形成了。一项有效的创新往往是自下而上的。宏观层面的创新往往涉及技术体系的改变和创新组织的革新。微观—中观—宏观的创新结构可以类似理解为，来自车间的创新推动整个生产链的创新，一个生产链的创新推动整个工厂的创新。创新从低层次向高层次传导，然后再由高层次向所有低层次传导。

现代创新范式是网络化的，有些网络是显性的，如共同开发专利形成的网络，有些网络则是隐性的，如人才流动形成的潜在联系。其中牵涉的是不同类型知识的流动。创新层级结构的传导还涉及隐性知识显性化的过程。来自微观主体大量的创新包含丰富的隐性知识，只有在更高层次规范化才能被快速扩散。

创新的微观—中观—宏观层次结构还体现在创新在不同层次系统的影响上。在微观层面，创新只是创新本身，无论是技术创新、产品创新还是组织创新。当创新被更高层次接纳时，在中观视角下，就是创新系统与产业系统形成了耦合，可能还有区域之间创新系统的相互作用。在宏观视角下，创新不再是创新本身，而是更大范围系统演化的扰动力，创新系统、经济系统、社会系统在宏观层面形成了相互作用的系统结构。

二、创新的自组织过程

椋鸟在面临威胁时所表现出的各种形态即是自组织的，没有外界的力量来指挥椋鸟群如何变化形态以躲避鹰隼的袭击。在自组织的群体中，每一个个体都拥有自己的目的而非群体目的。当个体根据环境变化调整自身的行为和状态时，群体的自组织特性就表现出来了。

创新的自组织来源于创新个体对创新本身所能够带来收益的追求。市场竞争是市场对创新进行自组织的关键要素（柳卸林，1993）。创新的自组织在于创新的商业表现所形成的自驱动。一项创新产生时，其他资源要素、人员会自发地汇聚到该创新周围，为其提供需要的一切。市场竞争是创新产生的深层次原因。追求高利润是资本的本质属性，虽然企业家精神对创新十分重要，但是在资本驱动的经济体系下，资本激励的收益追求是创新的原始动力。同时，当一项创新产生并表现出一定潜力时，市场的各方势力均会关注该创新，并争先恐后地要为继续创新提供支持。

创新在产生初期并不一定必然表现出一定的组织形态，正如通用目的技术出现初期并不一定就表现出通用目的技术的相关特征。一切的改变在于创新演化过程中所表现出来的对创新个体和相关主体越来越有利的一面。通用目的技术创新自组织形成存在临界状态，从经济意义上讲，即新技术所能够带来的收益水平至少与旧技术是一致的。如此，创新资源才会逐渐从旧技术体系流向新技术体系。这个过程是自发的，但并不排除外界干扰，如政府推出的各类产业支持政策。

三、横向演化和纵向演化

说到"演化"，可能多数人认为是时间上的动态，而事实上并不仅限于此，空间上的动态表现同样重要。时间上的纵向演化是技术进步的重要基础，正如"站在巨人的肩膀上"。纵向演化使技术在单个领域获得的能力越来越强，即为"技术深化"。空间上的横向演化是技术演化的重要支撑，广领域的异质数据拓展了技术的应用能力。通用目的技术的进化在于同时在时间和空间上进行对比学习，从而增加知识和经验。

中国在近20年间的巨大技术进步侧面验证了空间横向演化的重要性。西方的技术领先主要有益于其拥有长时间的纵向演化，基于自第一次工业革命以来积累的数据和经验，西方关于技术创新的知识和经验十分深厚。然而，这一切随着人工智能时代的来临而得到改变。人工智能强度深化了数据在技术进步中的作用，同时空间的数据积累和时间的数据积累发挥同样重要的作用。人工智能技术在中国快速普及，中国超大市场规模优势在一定程度上弥补了中国在时间积累上的不足。

本章小结

　　科学和技术的深度融合不仅是一项技术发展到一定阶段的自然过程，还与国际发展局势息息相关。在互联网被广泛应用的今天，知识传播速度大幅提升，推动知识共享效率快速提高。无论来自哪里的科学发现，都可能很快被其他地区获知，并投入应用。显然，处于竞争中的两个地区都不希望这种情况出现。那么打通科学研究和技术应用之间的通道，把科学发现留为己用，就成为主要大国的共同选择。中国在人工智能技术领域的快速发展对技术创新的路径和方式提出了挑战，空间积累和时间积累发挥了同等重要的作用。归根结底还是反馈发挥了主要作用，而无论这种反馈是来自纵向的时间跨度还是来自横向的空间跨度。反馈结构的层次化和多元化决定了人工智能创新是一个高度复杂的过程。

第二部分

复杂创新研究的
理论基础和方法

第四章　理论基础和文献综述

本章主要阐释演化经济学、马克思的相关演化思想，以及复杂系统理论、复杂网络理论、通用目的技术理论等，对人工智能研究、数字经济时代创新范式研究、经济学领域涌现研究、复杂创新网络研究、平台研究等进行评述。

第一节　理论基础

一、经济的演化理论

（一）演化经济学派

1. 演化经济学理论概述

演化经济学是理查德·R. 纳尔逊和悉尼·G. 温特对新古典经济学静态研究范式不满，以"演化"观点发展起来的经济学体系（贾根良，2004；Dosi and Nelson，1994）。演化经济学理论关注企业与市场之间交互的动态过程。企业在信息搜寻和行为选择的过程中完成自身的演化（理查德·R. 纳尔逊、悉尼·G. 温特，1997）。演化理论主要解释为何个体存在和消亡以及个体相对位置的变化（梅特卡夫，2007）。演化经济学经常基于以下概念进行演化方面的讨论：一是突变或变异，在某个特殊时点上，变异与一般规律相矛盾，突变则是在连续时间上与发展规律相矛盾。突变是变异的不连续过程。二是适应意味着在某个特定的物种中，各实体之间是按照一种内生的、非任意性的方式相互联系起来的。与之相反，传统观点主张是相互隔离的内生力量在起作用，认为各生物体之间的关系是由不变的质量和力等物理参数决定的。三是选择意味着并不是所有的关系都能持续存在，它是决定一个实体能在未来继续存在或者不存在的一个步骤。物质的创造与消亡不符合牛顿运动定律。选择界定了各单独实体之间联系的"相对存在性"，而这种关系从其他方向来看绝不是任意性的。四是保留是指某事物的持续。

如果不加以特殊限定，这个保留的概念与经典物理学中的连续法则是一样的。与牛顿物理学或热力学中连续的概念所不同的是，达尔文主义所指的保留描述的是有内生起源的持续保留，是从一系列的变化和选择过程开始的，其所描述的是在连续的时期内，为了保持选定的信息载体所需要的力量。如果这种力量没有遭到新的变化和选择的挑战，就可以说这个系统是稳定的。由于模型中已经明确地假定这种挑战存在的可能性，系统的稳定性便一直是受到威胁的，用普里高津、哈肯和陈平所使用的术语来讲，系统是亚稳定的。

显然，演化经济学明显受到了达尔文主义的影响，同时借鉴了生物学、物理学等新发展的观念和思想。达尔文并没有着重强调选择过程的反馈作用，选择并不是完全的单向行为，正如马克思所认为的，"劳动首先是人和自然之间的过程，是人以自身的活动来中介、调整和控制人与自然之间的物质变换的过程"（马克思、恩格斯，2016），将劳动视为人与自然相互作用的中介。

演化思想的三个原则：一是多样性原则，群体中个体之间存在差异；二是遗传原则，个体的行为和属性保持一定的连续性；三是选择原则，个体在与环境的交互过程中选择适应行为，适应的个体继续存在，不适应的个体被淘汰。个体之间因为适应能力的差异而产生相对位置的变化。

演化变迁包含着互相支持的互动和协调思想。迈尔将演化分成一个两阶段的过程：一是某些机制产生了多样性；二是多样性又被用来在相关的个体中产生一种变迁模式（Mayr，1997）。恩德勒和麦克莱伦进一步区分了五种可以界定演化机制的不同过程：第一，在种群的特征池内，通过增加或减少竞争实体或改变现存实体的特征产生差异的过程；第二，限制并指引行为差异的可能模式的过程；第三，改变种群中不同实体的相对频率的过程；第四，决定前述三种过程控制与变迁比率的过程；第五，决定演化变迁的整体方向的过程（Endler and McLellan，1988）。第一类过程涵盖了创新的全部范围，包括激进式创新和渐进式创新，可以由现有企业实现，也可以通过创建新企业实现，同时还包括决定种群中进入和退出比率的过程。在这一类型中，旧行为模式的消失与新行为模式的创造具有相同的重要性。第二类过程指的是行为差异本身是受到控制的，关注它如何集中在技术和组织创新可能的创意空间之中的有限区域内，行为又是怎样不能无限地被修正的。在所有的演化理论中，总是有惯性和约束。第三类过程将我们带到了既有市场条件下的资源配置动态问题上，演化变迁的影响正是通过市场得以传播的。第四类过程和第五类过程涵盖了制度和行为规范的整体框架，而这些制度和规范塑造创新和市场传播变迁的方式。

以纳尔逊和温特为代表的演化经济学派将经济看作一个适应的演化过程（Witt，1997；Nelson and Nelson，2002）。亚当·斯密认为市场通过"看不见的手"协调个人的利己行为，在整个市场的层面上产生了一致的结果，即供给等于需求的市场均衡。在没有任何集中分配或控制的情况下实现的市场协调，常常被认为是一种自组织的经济过程（Kochugovindan and Vriend，1998）。

2. 企业的演化理论

演化经济学将企业视为一个生产性的社会组织单位。如梅特卡夫所言，企业是一个"组织和技术的合成体"。"组织"在这里是与人类行为相联系的，而人类行为被定义为"一套共同组成知识基础的惯例"。从结构上讲，企业展现出了小规模的知识分工和劳动分工的特点。企业的组成部分是个人或由个人组成的群体，他们都是生产性知识的载体。更一般地，企业是由一系列完成特定任务的组成部分之间的关系所构成的域。单个的组成部分必须满足两个基本的功能要求：它必须具备适合完成特定的生产性任务的特定知识，而且它还必须能够将自己的工作与其他部分联系起来。

特定任务的执行与效率这个概念紧密相关，规模经济和资本深化都可以带来效率的提高。无论要达成何种层次的效率目标，生产单位的行为必须与其他单位的行为恰当地结合起来。在市场上，价格机制引导互补性要素进行有效合理的配置。

企业的生产知识基础涉及一个连续的过程。知识必须被创造、被选择性地采用、被学习、被适应并且被保留下来，以便能够在经济活动中被重复使用。企业的演化等同于企业的知识在不断演化。不同生产单位的知识在增长，它们相互联系并有效协调其行为的能力也在不断增长。

企业知识演化轨迹的第一阶段是探索经济机会或寻找有利可图的行为路径。企业家或管理层通过仔细观察企业内部情况，可以探索能够带来并最终发起组织变化的机会。建立在技术"理解体"基础之上的技术创造能力来源于企业的研发部门，但是技术创新活动是与商业部门联系在一起的。商业部门使用自己的选择标准来筛选技术上可行的项目，确定生产结构结果能够经受特定市场环境压力的可能性。在探索阶段，市场往往具有模糊性，其决策和生产活动面临巨大的不确定性。第二阶段涉及选择性知识被采用的社会过程。所有的认知范畴最终都根植于"行为人的集体经验以及行为人所处制度的历史"。在一个为了改善低效率问题而需要积累各种相关知识的环境中，企业家在汇集生产性社会知识和赢得认知领导能力的过程中发挥重要作用。第三阶段是指知识基础的稳定和保留。在使用知识基础的过程中规则被记录下来并被重复使用，成为惯例。社会组织单位的惯例与企业惯例一样，是组织惯例的典型范例。个人惯例是在大脑中稳定形成、作为个人认知和行为模式保留下来的。组织惯例代表着以社会方式组织起来的、共同稳定并共同被保留下来的、个人的惯例或习惯的复合体。

持续做出经济决策是企业的日常事务,如可能决定在内部实施某项生产活动以生产某一产品,也可能决定在市场上购买同样的产品。企业的持续经营是以其知识基础为根本的。它不仅要在操作层面上实现效率和有效性目标,而且在一般层面上也是如此。如果治理结构将注意力集中在操作层面上而忽视了一般层面的需求,则很可能会牺牲企业的长远发展利益。为了在中长期内生存,企业需要有一般性治理结构。这种治理结构的目标就是控制一般性知识基础,关注企业的社会生产知识的创造、学习和持续的采用与稳定。协调是一般性治理结构的一个重要方面,但是与传统的企业理论不同,在企业的演化理论中协调是一个多变的过程,它是沿着前文述及的一般性知识轨迹运动的。一般性治理结构的建设需要企业家或管理层具备企业家远见。企业家或管理层所引进的组织变化的类型对企业生产绩效的改善起着决定性的作用。组织变化包括从企业家控制的治理结构向管理层控制的治理结构的转变,可以视作一般性层面上的变化。

在企业内部,知识是在复杂的、社会性的、高度结构化的网络中进行协调的。协调一般性知识的规划能否取得成功取决于是否能够正确地看出知识的非正式、暗含的特征。知识控制所面临的主要问题,除了企业内部的协调,就是如何将知识保留在企业的边界内。知识在知识网络中被创造、被交换、被保留,这种网络往往会超越企业的法律或经营边界。正因如此,一般性治理结构就是要评估移动和控制企业关于内部与外部整个知识基础的一般性边界的获得和损失。企业的一般性边界可能是模糊的,或是在不断移动中的。当代的企业家已经充分地认识到这个现象,清楚认识到多个企业跨越边界进行知识合作的合理性。

3. 演化经济学的演化观点

(1)经济系统并不能达到均衡状态。

与传统经济学理论不同,演化经济学并不把均衡作为考虑的重点,认为无论是生产和消费都处于动态之中,即便动态均衡也很难达到。均衡是双方达到稳定一致的状态。正如价格作为调节机制一样,生产和消费达到一致时,既不会产生生产过剩也不会存在消费紧张。然而,事实也并非如此,正如经济学中一个经典悖论——"价格升高会增加生产、抑制消费;消费减少会抑制价格升高"所反映的生产和消费都处于动态之中,从来不会产生实际意义上的均衡。

演化经济学认为,经济总是在运动,变化主要是由持续创新驱动的。创新是经济的重要扰动因素,经济增长意味着经济从一个旧状态转向一个新状态。创新成为经济状态转换的核心动力。

(2)经济变迁是一个选择过程。

经济变迁是经济主体适应环境变化的行为选择过程。经济主体之间的相互作用构成了选择环境。演化经济学认为，不仅惯例和能力是企业行为的基础，而且企业也在不断演化和创新（Winter，2006）。经济变迁可以看作经济系统结构的演变过程。个体选择在复杂相互作用下形成宏观层面的结构性变化，构成了经济变迁的基础。

（3）反馈广泛存在于经济活动中。

经济活动中的要素之间并不存在实际意义上的"甲决定乙"，而是反馈作用的存在使得甲乙两者的关系一直处于动态发展过程中。正如传统经济学中生产、价格、消费三者之间的反馈作用使得完全市场机制下生产、价格、消费始终处于动态变化之中，反馈同样存在于经济主体的选择过程中。

（二）马克思的演化观点

1. 关于马克思演化观点的一些评述

很多演化经济学学者认为马克思是演化经济思想的先驱，如纳尔逊和温特、克里斯·弗里曼和弗朗西斯科·卢桑、威廉·M. 杜格和霍华德·J. 谢尔曼等。

纳尔逊和温特在其开创性的著作《经济变迁的演化理论》中指出："马克思的经济理论有许多是演化的。同情马克思的经济学家和有较多正统倾向的经济学家们近来正规表述了马克思的多次尝试，我们认为，他们都被当代正统理论的分析工具紧紧地束缚住了。结果是，他们不能公正地对待马克思关于经济变迁规律的思想。我们自己的某些思想与马克思的思想是很一致的……一个马克思主义者最可能对我们的讨论挑毛病的地方，就是我们不能把关于矛盾和阶级的思想运用于建立我们的实证演化模型和我们的规范分析。我们没有发现这些概念特别有用。"

在《光阴似箭：从工业革命到信息革命》一书中，克里斯·弗里曼和弗朗西斯科·卢桑将马克思的思想理解为演化经济学的观点："为了说明结构不稳定系统的动态稳定性的二重性，必须运用非线性复杂模型……更重要的是，至关重要的不稳定性产生新发展和动态稳定的新阶段：这种形态变异特征是资本主义的奇特力量，它不仅吸引了熊彼特，而且在马克思和恩格斯的《共产党宣言》中被栩栩如生地描述为现代化的步骤。"

以威廉·M. 杜格和霍华德·J. 谢尔曼为代表的学者直接将马克思的唯物史观认定为社会进化论："19 世纪第一位提出进化理论重要性的社会科学家是卡尔·马克思……马克思对社会进化理论的贡献被称为历史唯物主义。他的进化观包含渐进变迁和革命两种观点……马克思的合作者弗里德里希·恩格斯，在 19 世纪 80 年代完成了他关于家庭和进化的著名著作。"

英国学者杰弗里·M. 霍奇逊（2007）根据本体论标准（经济演化过程是否包含着持续的或周期性出现的新现象和创造性）、方法论标准（反还原主义）和隐喻标准（在理论上广泛使用生物学类比），认为马克思经济学不接纳新事象、使用非生物学隐喻，将马克思与艾尔斯、米契尔一起划归于非演化经济学家的阵营。霍奇逊并没有否认马克思关于经济发展的动态观点，只不过马克思所采取的处理方法与演化经济学派不一致。

2. 马克思关于经济发展的演化观点

（1）演化方向并不是完全随机的。

在演化经济学看来，"演化"并没有目标和方向，事物的运动是受偶然性和不确定性支配的，是一个"本质上属于没有明确方向的、非目的论的累积式因果序列的过程"（托尔斯坦·凡勃伦，2008）。在马克思、恩格斯看来，事物的发展是偶然性和必然性的辩证统一，在表面的、大量的、无序的偶然性现象中有其内在的必然性和无法抗拒的规律性，必然性是通过偶然性为自己开辟道路的（马克思、恩格斯，2006）。创新具有偶然性，但持续的研究是创新的必然性来源。演化经济学将演化视为一个随机选择过程，否认了演化主体的主观性。马克思理论认为演化的辩证统一在于方向性和随机性的统一。创新的演化方向必然以市场规则为基础，其动态过程具有阶段的随机性，可能表现为对偶然事件的锁定。然而，这并不能否认创新是按照市场所希望的方向在演化。正如马克思在分析人类社会演化时，以生产力和生产关系的适应作为评判依据，生产关系一定要适应生产力的发展要求，就确定了生产关系的演化方向。

（2）量变和质变之间存在关联。

量变和质变是事物联系和发展所采取的两种状态和形式。量变指事物量的规定性变化，是事物在原有性质基础上的，在度的范围内发生的不显著的变化，包括数量的增减、场所的变动等。质变和量变互为前提、相互规定并向对立面转化，判别量变是否到达质变的标志是"度"，量变超过一定的"度"就会导致质变。只有量变达到一定程度才可能引起质变，质变过程同时是新的量变过程，进而引起新的质变。在复杂系统中，质变往往产生于异质的量变。量变增加了系统内相互作用的复杂程度，从而导致质变。

（3）矛盾是演化的根本动力。

现代系统科学认为，"系统的进化是由涨落的放大导致的"（董春雨、熊华俊，2021）；马克思、恩格斯则认为，矛盾是事物运动的动力。矛盾表示事物自身包含的既对立又统一的关系。马克思将矛盾作为唯物辩证法反映事物对立统一关系的基本范畴（马克思、恩格斯，2006）。矛盾指一切现象和过程都包含着既相互连接、相互依存，又相互排斥、相互对立的方面。矛盾双方既对立又统一。

矛盾贯穿于事物发展的过程始终。矛盾是事物固有的本质属性，是客观存在的，不以人的意志为转移。矛盾是事物发展的源泉和动力。生产和消费之间的矛盾推动经济在动态中发展。企业与环境之间的矛盾推动企业创新。在相互作用和反馈普遍存在的情况下，矛盾并不会因为某一方面的调整而消失，新的矛盾会取代旧的矛盾而继续推动事物的发展。

二、复杂系统理论

（一）复杂系统理论概述

系统是相互联系、相互作用元素之间的有机组合。"复杂系统"这一术语于1999 年 4 月正式出现在美国《科学》杂志出版的"复杂系统"专辑上，编者Richard Callagher 和 Tim Appence 对"复杂系统"做了简单的描述：通过对一个系统分量部分（子系统）的了解，不能对系统的性质作出完全的解释，即系统的整体性质不等于部分性质之和。复杂系统是一类具有复杂结构、具有涌现特性的系统。

复杂适应系统理论是复杂系统理论的一个发展。约翰·H. 霍兰（2019）在《隐秩序：适应性造就复杂性》中对复杂适应系统有比较精炼的阐述："用规则描述的、相互作用主体组成的系统。"复杂适应系统中的主体是具有适应性的主体，适应性指其能够与环境以及其他主体交互作用，通过不断学习改变自身的结构和行为方式，持续获得发展。

霍兰提出，复杂适应系统拥有普遍意义上的四个特性和三个机制。四个特性：一是聚集，可以理解为组织，指系统内个体相互作用形成一类较大的新个体。在复杂系统的演变过程中，较小的、层次较低的形成较大的、层次较高的聚集体是十分关键的步骤，表明系统状态的一个重要变化。二是非线性，系统的演化过程是非线性的。个体与个体、个体与环境之间的交互作用是非线性的，包含大量的反馈。反馈来源于个体的适应性。三是流，个体与个体、个体与环境之间存在各种各样的流的交互，包括物质流、能量流、信息流等。流在经济学上有两个显著的效应：乘数效应和再循环效应。流放大了一定量物质、能量、信息等对整个系统的作用。四是多样性，一方面是指系统中主体的不同，另一方面是指主体之间相互作用的不同。多样性是推动系统偏离非平衡态的重要原因。

三种机制：一是标识，可以理解为规则信号，系统主体通过标识采取行动，标识的作用主要在于实现信息的交流；二是内部模型，各主体拥有自身对系统的反应函数；三是积木，复杂现象是简单积木过程的涌现。总体而言，复杂适应系统和其他系统相比，具有四个独特性质：①自组织；②自适应；③共同演化；④迅速均衡。所有这种特性都通过涌现的方式表现出来（王周焰、王浣尘，

2000）。复杂适应系统关注简单个体之间由于相互作用形成动态过程而形成的涌现现象。过程是非线性的，个体行为的累计加总并不会获得系统状态。

（二）解释和分析复杂系统的相关理论及模型

1. 耗散结构理论

耗散结构理论由俄裔比利时化学家兼物理学家、布鲁塞尔学派的创立者普里高津在《结构、耗散和生命》（1969）一文中正式提出，致力于解释复杂系统的非线性发展过程。普里高津因此于1977年获得诺贝尔化学奖。

耗散结构理论从广义热力学概念出发，基于开放系统与外界进行物质和能量交换的基础提出负熵流的概念，解释了非平衡态通过自组织产生新的有序结构的条件，并以数学分支点理论描述了系统演化的一般模式。普里高津把系统分为三种类型：一是孤立系统，不与外界进行物质和能量的交换；二是封闭系统，只与外界交换能量；三是开放系统，与外界交换物质和能量，是一种动态稳定的有序结构（朱志刚，1989）。

有序现象和无序现象是自然界普遍存在的一对矛盾，两者紧密联系，可以在一定的条件下相互转化。在热力学中，熵 S 作为系统有序程度的度量，熵越大，系统的无序程度越高。玻尔兹曼熵公式如下：

$$S = k \ln W \tag{4-1}$$

其中，k 是玻尔兹曼常数，W 是配容数，指组成系统的分子按不同数目构成各种子系时的分配方式总数。对于经典热力学讨论的孤立系统，恒有 $\dfrac{dS}{dt} > 0$，即非平衡态总是自发趋向平衡态。随着熵的增加，有序状态逐渐转变为无序状态。

对于开放系统而言，系统从无序状态转变为有序状态，熵逐渐降低。一个开放系统在时间间隔 dt 内熵的改变应由两部分组成：

$$dS = d_e S + d_i S \tag{4-2}$$

其中，$d_e S$ 称为熵流，由系统与外界的物质和能量交换产生；$d_i S$ 称为熵源，由系统内部不可逆过程产生。根据热力学第二定律，$d_i S \geq 0$。对于开放系统，$d_e S$ 可正可负，只要有 $d_e S < -d_i S$，就有 $dS = d_e S + d_i S < 0$。非平衡系统可以通过负熵流来减少总熵，达到一种新的有序状态，即耗散结构状态。

布鲁塞尔学派根据李雅普诺夫稳定性理论，以超熵产生为判断依据，偏离平衡呈现出的耗散结构的稳定性特征，打开了研究自组织的缺口。用二分支理论探讨非线性系统对进一步研究自组织机理具有启发性。临界点之后可能出现两个以上的分支解，即系统可能拥有两个以上的新稳态。系统究竟进入哪个新稳态与随机因素有关（黄润荣、任光耀，1988）。

耗散结构是一个开放系统从不稳定走向稳定的有序化自组织结构。这种有序结构不是产生于渐变过程，而是由突变产生。系统一旦达到某一特定的临界值，宏观的有序现象就会突然出现。整个宏观系统的状态突变，可以由一些微小的扰动（物理学上称为"涨落"）引起。

布鲁塞尔学派认为涨落在自组织形成耗散结构的机理中起重要作用。所谓涨落是指在宏观的大系统中，由于微观的无规则运动，系统的某些物理量自发地偏离其统计平均值或最概然状态的现象，涨落是任何一个多粒子系统都客观存在的现象。经典物理学中的涨落是指平衡态的系统仍可能产生离开平衡态的微小偏差。著名的爱因斯坦涨落理论公式给出了在平衡态附近涨落的概率与涨落引起的熵变之间的关系，它证明了随着熵的增加，涨落平均来说是衰减的，即平衡系统中涨落趋于消失，系统仍会趋于平衡。如果在远离平衡区，情况就完全不同，在不稳定状态附近，涨落不是被衰减，而是被放大，从而导致系统从不稳定走向一个新的稳定状态。

2. 协同论

协同学是西德哈肯学派从他们系统的一套激光理论抽象出来并普遍化后形成的一门新学科。1977 年，哈肯出版了专著《协同学》。1983 年，他又出版了专著《高等协同学》。协同学与耗散结构理论研究的对象相同，但出发点和方法不完全相同，各有特色。协同学也具有广泛的适应性，在自然科学和社会科学的很多领域中都有它的足迹，受到很多科学家的重视。哈肯曾因他对激光理论的贡献和创立发展了协同学而荣获 1981 年度美国富兰克林研究院的迈克尔逊奖。

协同学研究自组织的形成和演化。自组织是开放系统在子系统相互作用下宏观尺度上出现新结构。能发生自组织的系统都是由大量子系统组成，子系统之间存在协同作用或合作行为。假设系统的状态空间 $Q = (q_1, q_2, \cdots, q_n)$，系统达到怎样的状态由个体相互作用构成的团簇决定，而不是由个体决定。协同学将个体之间的系统作用视为系统偏离平衡态走向新平衡的重要因素（吴大进，1990）。

协同学认为自组织可能由两方面引起：一是组份数目的改变，系统中控制参数的变动导致系统组份数量的改变，即可知产生自组织；二是瞬变，系统控制参数在临界值附近迅速变化，使系统无法达到一个稳定状态，始终处于一个演化过程，这个过程就是自组织。

（1）组份数量改变产生自组织。

设两个无耦合系统，分别由态矢量 $q^{(1)}$ 和 $q^{(2)}$ 描述。演化方程如下：

$$\frac{\mathrm{d}q^{(1)}}{\mathrm{d}t} = N^{(1)} q^{(1)} \tag{4-3}$$

$$\frac{\mathrm{d}q^{(2)}}{\mathrm{d}t} = N^{(2)} q^{(2)} \tag{4-4}$$

$N^{(1)}$、$N^{(2)}$ 分别是两个系统个体的数量值。假设它们存在各自稳定、分别由 $q^{(1)}$ 和 $q^{(2)}$ 描述的态。假定此态是非活动态，即 $q^{(1)} = 0$ 和 $q^{(2)} = 0$。引入两系统间的耦合，其分别由函数 $K^{(1)}$ 和 $K^{(2)}$ 描述，如此原来组份数量小的两个系统生成一个组份数量增加为 $q^{(1)}+q^{(2)}$ 的新系统，其运动方程为联立方程组：

$$\frac{\mathrm{d}q^{(1)}}{\mathrm{d}t}=N^{(1)}q^{(1)}+K^{(1)}\left(q^{(1)},\ q^{(2)}\right) \tag{4-5}$$

$$\frac{\mathrm{d}q^{(2)}}{\mathrm{d}t}=N^{(2)}q^{(2)}+K^{(2)}\left(q^{(1)},\ q^{(2)}\right) \tag{4-6}$$

写作单一矢量方程，为：

$$\frac{\mathrm{d}q}{\mathrm{d}t}=N(q,\ \alpha) \tag{4-7}$$

其中：

$$q=\begin{pmatrix} q^{(1)} \\ q^{(2)} \end{pmatrix},\ N(q,\ \alpha)=\begin{pmatrix} N^{(1)}+\alpha K^{(1)} \\ N^{(2)}+\alpha K^{(2)} \end{pmatrix} \tag{4-8}$$

系数 α 在 0 到 1 之间取值。α 取非零值，表明总系统组份数增加。α 的变化在一定条件下可以导致 $q_0=0$ 的不稳定性，而出现新的稳定解 $q\neq0$，表示某新类型宏观结构或某活动状态。对于一个网络而言，不同自网络之间的耦合可能引起各种变化。

（2）瞬变产生自组织。

当系统从一个初始无序状态向某一平衡态过渡时，宏观结构可能以自组织的方式形成。假设态矢量为：

$$q(x,\ t)=\mu(t)v(x) \tag{4-9}$$

$\mu(t)$ 表示系统时序状态，$v(x)$ 描述空间序，序参量方程为：

$$\frac{\mathrm{d}\mu}{\mathrm{d}t}=\lambda\mu \tag{4-10}$$

当控制参数 α 在临界值上快速变动时，即 $\lambda<0$ 和 $\lambda>0$ 之间产生快速交替，则出现：

$$q(x,\ t)=e^{\lambda t}v(x) \tag{4-11}$$

瞬变态矢，其描述某种新的非稳态结构。

3. 涌现理论

涌现的概念由来已久，其有一个较为通俗的讲法，即"整体大于部分之和"。涌现的核心特征表现为无法从各个部分的性质推论出整体的性质。杰弗里·戈尔茨坦对涌现给出了较为详细的定义：复杂系统的自组织过程中产生的新颖的、连贯的结构、模式和性质，其共同特征：一是根本的新颖性，系统中以前没有观察到的特征；二是连贯性或相关性，指在一段时间内保持自身的完整整体；三是一个全局或宏观层面的现象，即存在某种整体性的性质；四是它是一个动态过程的产物（演化）；五是它是明示的，可以被感知和观察（Goldstein，

1999）。涌现通常产生于动态系统。涌现的产生有两方面的理论解释：协同论和突现论。协同论认为系统内异质主体之间的协同行为累积造就了涌现，是一个连续过程。突现论认为涌现是一种不连续的剧烈表现（Corning，2012）。

第一个特征阐述了涌现的突变性，人们无法根据还原论从个体以及个体之间的关系作用推理出涌现。第二个特征表明涌现并不是瞬息即逝的现象，在产生之后具有一定的稳定性。第三个特征表明涌现是一个系统现象，而不是局部现象。第四个特征表明涌现的出现并非不可捉摸或者毫无征兆，其产生于动态过程。第五个特征阐释了涌现可被观察和认知，如此研究涌现才成为了可能。戈尔茨坦给出的五个涌现的特征从整体上体现出了涌现的基本性质。

Kim（2006）提出了随附性和不可还原性作为涌现的必要条件。随附性可以理解为依赖，即系统中的主体行为之间的依赖性，如鸟群飞行时一只鸟往往只需要根据自己旁边的几只同伴的位置调整自身的位置。不可还原性指系统的一种性质不能由一种其他性质进行概括。然而，Kim 认为并不是具备这两条性质就可以等同于涌现，涌现还有其他的一些不可测的影响因素，即涌现存在必要的基础条件，但满足基础条件并不意味着涌现。Kim 以某种刺激使受试者疼痛为例，满足刺激条件的受试者 A 感觉疼痛，并不代表满足刺激条件的受试者 B 会感觉疼痛。因为观察到的满足刺激条件的受试者 A 感觉疼痛并不是完全归纳，并不认定刺激和感觉疼痛之间满足因果关系。同样观察涌现的基础条件并不能认定基础条件与涌现之间存在必然的因果关系。然而，这种观察并不是毫无意义的。我们对事物的观察、总结以建立因果关系主要是为了预测未来的发展，但如上文所述，涌现并不是不可预测的。如果涌现现象完全不可预测，那么研究涌现就是没有意义的。虽然涌现研究者认为涌现现象不能如同还原论那样能够从局部推知整体，但是涌现依然能够被进行大致的预测，或者说是能够找到涌现的临界范围，即当我们了解涌现的基础条件时，满足基础条件，涌现就有发生的可能。

4. 平均场理论

平均场理论是将系统对个体的影响进行近似处理的理论。涌现是复杂系统的相变，是系统从一种状态转变为另一种状态。个体与系统之间的交互来源于个体与个体之间交互的叠加，实际上很难对每一个个体与个体之间的相互作用以及交互作用之间的作用进行精确计量，因此一种近似于计算系统对个体作用的理论被提出，称为平均场理论。在物理学和概率论学中，平均场理论又称为 MFT 或自洽场理论，通过研究一个简单得多的模型来表示复杂的高维随机模型的行为，通过对原始模型的自由度取平均值来近似逼近原始模型。这些模型考虑到了许多交互的单个组件。在平均场理论中，所有个体对任一给定个体的影响都近似于所有个体的平均效应，从而使多体问题变为一体问题。

平均场的主要思想是将其他分子加之于某单体的作用代以一个有效场，或者叫有效作用，有时称为分子场近似。这种办法将多体问题转化为近似等效的单体问题。在场论中，哈密顿量可以在场的平均值附近展开，展开项就是涨落。在这种意义下，常称平均场为哈密顿的零阶项。这意味着平均场系统没有涨落，这其实是将大量粒子的相互作用平均的后果。平均场作为零阶项，是研究一阶涨落和二阶涨落的起点（Kadanoff，2009）。

一般而言，维度是决定平均场理论是否有效的重要因素。平均场理论将多体相互作用视作一种有效相互作用，因此，如果系统中的粒子相互作用很多，就是高维度的情形，此时哈密顿量包含长程力，或者系统中个体本身就比较延展，那么平均场理论往往会比较准确。金兹堡判据形式上给出了由于涨落的存在平均场理论的失效程度，这常取决于研究体系的空间维度。

5. 沙堆模型

1987 年，巴克、汤超和威森菲尔德提出，自然界可以自发地自组织向一个临界状态发展，这个临界状态对微扰显示出丰富的反应，并提出一个沙堆模型，用于解释自组织临界性（Bak and Tang，1987）。他们用 50×50 的格子点阵计算证明了计算机沙堆模型会自组织向临界状态发展，得到临界状态下产生雪崩需满足的幂律：

$$D(s) \propto s^{-\gamma} \tag{4-12}$$

其中，s 表示一次雪崩涉及的点阵空间尺寸，$D(s)$ 表示这种尺寸的雪崩出现的概率，$\gamma = 1.1$。阈值附近，沙堆拥有最大的雪崩可能，既可能产生大雪崩，也可能产生小雪崩。低于阈值，沙堆更大可能产生小雪崩。高于阈值，沙堆更可能产生大雪崩。

三、复杂网络理论

（一）复杂网络理论基础

研究者们一直寻求以一种通用的拓扑结构来表示真实世界中的网络系统。网络理论的研究先后经历规则网络、随机网络和复杂网络三个阶段。规则网络指网络中的节点遵循固定的规则进行连接，网络中的节点具有异质的网络性质。随机网络中节点之间的连接是随机的，具有不稳定的性质。复杂网络具有自组织、自相似、吸引子、小世界、无标度等性质，真实世界中的网络大都是复杂网络。复杂网络中的节点的度分布一般具有幂律特征。

复杂网络可以看作由一些具有独立特征且与其他个体相互连接的个体集合，个体是图中的节点，个体之间的连接是图中的边。复杂网络包含两个层面：作为其连接拓扑结构的图和作为一个描述功能和状态的系统。

（二）基本网络模型

1. 规则网络

（1）最近邻耦合网络。

构造方法：每个节点只与它最近的 K 个邻居节点连接。

最近邻耦合网络中每个节点的度均为 K，则度分布为一个 Delta 函数：$P(k)=\delta(k-K)$。最近邻耦合网络的平均聚类系数即每个节点的聚类系数：$C=3(K-2)/[4\times(K-1)]$。网络直径 $D=N/K$，平均路径长度 $L\approx N/(2K)$，N 为节点数量。最近邻耦合网络示意图如图 4-1 所示。

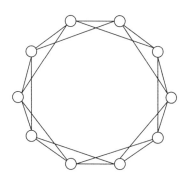

图 4-1 最近邻耦合网络示意图

资料来源：笔者自制。

（2）星形耦合网络。

构造方法：网络有一个中心，其余节点都只与这个中心连接。

中心节点的度为 $N-1$，其他节点的度均为 1，则星形耦合网络度分布为：$P(k)=\left[\dfrac{N-1}{N}\right]\cdot\delta\cdot(k-1)+\left[\dfrac{1}{N}\right]\cdot\delta\cdot(k-N+1)$，$\delta$ 为网络节点度的标准差。平均聚类系数 $C=(N-1)/N$。网络直径 $D=2$。平均路径长度 $L=2-2/N$。星形耦合网络具有稀疏性、集聚性和小世界特性。星形耦合网络示意图如图 4-2 所示。

2. ER 随机网络

（1）具有固定边数的 ER 随机图 $G(N,M)$。

生成规则：第一，初始化，给定 N 个节点和待添加的边数 M；第二，随机连边，随机选取一对没有连边的不同节点添加一条边，重复该步骤，直至 M 对不同的节点之间各添加一条边。

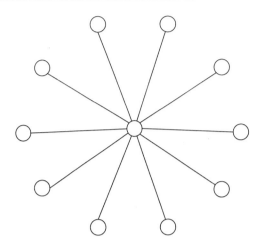

图 4-2 星形耦合网络示意图

资料来源: 笔者自制。

随机图模型并不指随机生成的单个网络, 而是指一簇网络。$G(N, M)$ 的严格定义是所有图 G 上的一个概率分布 $P(G)$: 记具有 N 个节点和 M 条边的简单图的数目为 Ω, 对于任意简单图有 $P(G) = 1/\Omega$, 对于任意其他图有 $P(G) = 0$。

$G(N, M)$ 的直径指该簇网络直径的平均值, 有:

$$\langle D \rangle = \sum_{G} P(G) D(G) = \frac{1}{\Omega} \sum_{G} D(G) \tag{4-13}$$

其中, $D(G)$ 为图 G 的直径。当网络规模变大时, 网络直径就会越来越接近于平均值。

(2) 具有固定连边概率的 ER 随机图 $G(N, p)$。

生成规则: 第一, 初始化, 给定 N 个节点和连边概率 p; 第二, 随机连边, 随机选取一对没有连边的不同节点, 生成一个随机数 $r \in (0, 1)$, 如果 $r < p$, 则在选择的两个节点间添加一条边, 否则跳过, 重复该步骤直至所有节点对都被选择一次。

当 $0 < p < 1$ 时, N 个节点生成的边数 M 服从 $M \in (0, N(N-1)/2)$。不同边数的网络出现的概率与边数本身相关。

3. 小世界网络

Watts 和 Strogatz (1998) 通过对线虫的神经网络、美国西部地区的电网、电影演员的协作网络的分析, 发现这三个网络都具备相似的特点, 即在拥有规则图的高聚集特点的同时, 其平均路径长度均比较小, 他们称这种网络为小世界网络。具备小世界网络特征的动力系统具有更强的内部信息传输效率、同步性。

（1）WS 小世界网络。

构造算法：第一，从规则图开始，考虑含有 N 个点的最近邻耦合网络，围成一个环，其中每个节点与它左右相邻的 $K/2$ 个节点相连，K 是偶数。$N \gg k \gg \ln(N) \gg 1$。第二，随机化重连，以概率 p 随机地重新连接网络中的每一条边，即将边的一端保持不变，而另一端为网络中随机选取的一个节点。任意两个节点之间最多只能有一条边，每个节点不能与其自身相连。

聚类系数是反映网络结构特征的一个重要指标。WS 小世界网络的聚类系数估计值如下：

$$\bar{C}_{ws}(p) \cong \frac{M_0(1-p)^3 + O(1/N)}{K(K-1)/2} \tag{4-14}$$

当重连概率 $p = 0$ 时，每个节点有 K 个邻居，则 K 个邻居节点之间的边数 $M_0 = 3K(K-2)/8$。$\bar{C}_{w_6}(p)$ 是重连概率 p 的单调递减函数，随着随机性的增强，网络的聚类效应在减弱（汪小帆等，2012）。

（2）NW 小世界网络。

构造算法：第一，从规则图开始，考虑含有 D 个点的最近邻耦合网络，围成一个环，其中每个节点与它左右相邻的 $K/2$ 个节点相连，K 是偶数。$D \gg k \gg \ln(D) \gg 1$。第二，随机化加边，以概率 p 在随机选取的一对节点上加上一条边。其中，任意两个不同的节点之间至多只能有一条边，并且每一个节点都不能与其自身相连。

NW 小世界网络的聚类系数估计值如下：

$$\bar{C}_{nw}(p) \cong \frac{3(K-2)}{4(K-1) + 4Kp(p+2)} \tag{4-15}$$

4. 无标度网络

无标度指一个概率分布函数 $F(x)$ 对于任意给定常数 a 存在常数 b 使得 $F(x)$ 满足：

$$F(ax) = bF(x) \tag{4-16}$$

满足 $F(ax) = bF(x)$ 无标度条件的概率分布函数是如下形式的幂律分布函数 $[假定 F(1)F'(1) \neq 0]$：

$$F(x) = F(1)x^{-y}, \ y = -F(1)/F'(1) \tag{4-17}$$

对于多数实际网络，$2 \leqslant y \leqslant 3$。

构造算法：第一，增长，从一个具有 m_0 个节点的网络开始，每次引入一个新的节点，与 m 个已经存在的节点相连，$m \leqslant m_0$。第二，优先连接，一个新节点与一个已经存在的节点 V_i 相连接的概率 P_i 与节点 V_i 的度 k_i 成正比，$P_i = \dfrac{k_i}{\sum_j k_j}$。

度分布如下：

$$P(k) = \frac{\partial P\left(t_i > \dfrac{m^2}{k^2}t\right)}{\partial k} = \frac{2m^2 t}{m_0 + t} \cdot \frac{1}{k^3} \tag{4-18}$$

当 $t \to \infty$ 时，$P(k) = 2m^2/k^3$，符合幂律分布。

（三）衍生网络模型

1. 适应度网络模型

构造算法：第一，增长，从一个具有 m_0 个孤立节点的网络开始，每次引入一个新的节点并且通过 m 条有向边指向 m 个已存在的节点上，$m \leq m_0$。第二，优先连接，一个新节点与一个已经存在的节点 V_i 相连接的概率 P_i 与节点 V_i 的度 k_i 和适应度 η_i 成正比，$P_i = \dfrac{\eta_i k_i}{\sum\limits_j \eta_j k_j}$。

相比于无标度网络，适应度网络在构造算法上为每一个节点加入了一个新的要素，即"适应度"，适应度关系到两个节点之间的连接概率。

2. 自组织层次网络

构造方法：第一，在一个矩阵中随机均匀分布一些点代表网络节点。第二，初始化，给每个节点分配一个定时器，即到达某个时间后，节点才开始活动。第三，节点活动，节点的活动分为发送消息和接收消息。每条消息含有节点 ID 及节点的度等消息。节点的度等参数不仅决定了该节点发出的消息的辐射范围，还决定了该节点能够收到来自多大范围内的消息。第四，每个节点将一定时期内收到的消息用相应的规则计算后选择其中一个消息源与之建立连接。

自组织层次网络中发送和接收消息的规则设定决定了一个节点与其他节点的连接概率，设定节点根据接收的消息以一定概率与发送消息覆盖的节点建立连接，那么在初期随机设定的情况下，随着网络的发展，自组织网络会趋向小世界网络和无标度网络发展，其网络性质与小世界网络和无标度网络相似。

3. SEIR 传染病模型

假设个体存在四种状态，即易感状态（S）、潜伏状态（E）、感染状态（I）、消除状态（R）。易感状态（S）以概率 α 转变为潜伏状态（E），潜伏状态（E）以概率 β 转变为感染状态（I），感染状态（I）以概率 γ 治愈后变为消除状态（R）。在 SEIR 模型基础上，个体感染治愈后会获得免疫而不再被感染。个体 $i，j$ 感染机制为：

$$\begin{cases} S(i)+I(j) \rightarrow \alpha \rightarrow E(i)+I(j) \\ E(i) \rightarrow \beta \rightarrow I(i) \\ I(i) \rightarrow \gamma \rightarrow R(i) \end{cases} \qquad (4-19)$$

设 $s(t)$、$e(t)$、$i(t)$ 和 $r(t)$ 分别标记群体中个体在 t 时刻处于 S 态、E 态、I 态和 R 态的密度，传播动力学的微分方程为：

$$\begin{cases} \dfrac{ds(t)}{dt} = -e(t)s(t) \\[2mm] \dfrac{de(t)}{dt} = \alpha e(t)s(t) - \beta e(t) \\[2mm] \dfrac{di(t)}{dt} = \beta e(t) - \gamma i(t) \\[2mm] \dfrac{dr(t)}{dt} = \gamma i(t) \end{cases} \qquad (4-20)$$

4. 舆论传播模型

假设个体存在三种状态，即知道消息（I）、不知道消息（S）、消息不再被传播（R）。获取一个消息（I），随机从邻居中选择一个进行传播，假如邻居不知道这个消息（S），则该邻居得到消息（I）；如果邻居知道了消息，则失去传播消息的兴趣（R）。传播机制为：

$$\begin{cases} I(i)+S(j) \rightarrow I(i)+I(j) \\ I(i)+I(j) \rightarrow R(i)+I(j) \\ I(i)+R(j) \rightarrow R(i)+R(j) \end{cases} \qquad (4-21)$$

考虑两个由一条边联系的相邻节点 A 与 B，假定节点 A 知道消息并于时间 t 将消息传给节点 B，则在时间 $t+1$，节点 B 将选取一个邻居作为目标来传递消息。由于 A 为 B 的"父"点，A 与 B 的其他邻居所处的地位就将不一样。一旦 A 被选取为 B 传递消息的邻居，按照传播规则，B 将变为 R 态，而当 B 的其他邻居被选取时，B 将根据情况决定是保留在 I 态还是变为 R 态，即 B 变为 R 态的概率小于 1。如果 B 的度为 k，则选择 A 的概率为 $1/k$，而选择其他邻居的概率为 $1-1/k$。各状态数目 $n_{k,S}$、$n_{k,I}$、$n_{k,R}$ 的演化方程如下：

$$n_{k,\,S} = - \sum_{k'} n_{k',\,I}(t) \left(1 - \frac{1}{k'} \right) P(k' \mid k) \frac{n_{k,\,S}(t)}{N_k} \qquad (4-22)$$

$$n_{k,\,R} = n_{k,\,I}(t) \left[\frac{1}{k} + \left(1 - \frac{1}{k} \right) \sum_{k'} P(k' \mid k) \frac{n_{k',\,I}(t) + n_{k',\,R}(t)}{N_{k'}} \right] \qquad (4-23)$$

N_k 表示度数为 k 的节点数，$n_{k,S}(t)$、$n_{k,I}(t)$、$n_{k,R}(t)$ 分别表示时间 t 度数为 k 的点中 S 态、I 态、R 态的节点数。

四、理论评述

复杂适应系统理论和演化理论有相通之处，都将事物视为一个动态变化过程，即与环境进行交互的发展过程。马克思指出，事物的发展始终处于量变和质变的动态变化之中，矛盾是事物发展的核心动力。无论是复杂适应系统理论还是演化理论，都没有将事物的发展视为一个具有能动性的过程。复杂适应系统理论与一般复杂系统理论并没有本质上的不同，只是强调了系统主体与系统之间的适应性互动，更适用于经济学、社会学、生物学等领域。适应视角为我们更清晰地理解企业行为，进而分析市场变化提供了很好的观察方法。将人工智能技术创新的发展过程视为一个企业与环境交互作用的选择适应过程，能够推动聚焦促使企业选择行为变化的核心原因，进而为产业政策提供帮助。

在技术日渐复杂的今天，技术创新越来越被视为一个复杂系统，表现出演化特征。一切事物都处于发展之中，一切事物都处于演化之中，静止是相对的，运动是绝对的。演化经济学的演化思想借鉴生物学上的达尔文主义，对主流经济学的均衡思想提出异议。如果从更广的尺度上寻求演化理论的依据，马克思关于矛盾的思想是一个很好的方向。马克思认为事物在矛盾中发展，是动态的。很多演化经济学家都将马克思视为演化论者。不同的是，马克思认为演化方向并不是完全随机的，而是具有方向性的，是一个有目的的选择过程，具有主观能动性。马克思的具有方向性的演化理论可能更符合经济事实。作为市场主体的企业，在进行选择时并不是无目的的，而是具有方向性，虽然最终结果与预期往往存在偏差，尽管有时很大，但是在更为宏观的尺度上，这种方向性是可以被观察到的。没有方向性，涌现就很难发生。涌现是具有一致性方向的群体协同产生的宏观现象。现有研究对自组织和涌现的研究大多分布在自然科学领域，在社会科学领域尤其是经济学领域还很少。

复杂系统在实际处理与应用中很难用清晰的数学语言进行表达，尤其在社会科学领域，很多因素无法进行精确计量，同时难以明确表述变量之间的函数关系。个体之间的相互作用往往是异质的，个体之间的相互作用之间还存在作用的可能，如果将系统的作用视为系统中所有其他个体对指定个体相互作用的线性总和，也难以精确计量这种作用，更不用说是非线性方式。据此，平均场理论为简化系统对个体的影响作用提供了一种思路。平均场理论将系统的作用视为一种场的作用，其对于系统内每一个个体而言都是一致的。因此，只要能够计量系统对个体的作用来源，即衡量系统对个体的作用，就能够较为容易地计算动态条件下系统与个体之间的相互作用。沙堆模型是相对容易理解的自组织临界研究的一个例子，为我们在使用模拟仿真测度不同指标参数对创新网络发展的影响时提供了一种思考方式。影响人工智能创新演进的要素有很多，不同的要素组合可能产生不同的结果，但都有可能达到一种临界状态。找出相应要素组合的临界状态是分析人工智能创新涌现的关键。

将复杂网络视为复杂系统的一种类型，能够很好地理解复杂网络的动力学。复杂网络的生成规则关键在于节点之间连接概率的计算方法。每一种连接概率都对应网络的一种状态。理解网络的发展，关键在于解析连接概率的变化。复杂网络模型揭示了网络结构对网络内能量流动的影响，进而影响网络的发展。

通用目的技术理论是理解人工智能技术创新的基础。通用目的技术特征是人工智能创新产生涌现的基础前提。通用目的技术理论同时可以被视为人工智能创新的一项规则，这项规则与交互作用高度相关。通用目的技术特征中的互补性创新关键在于创新过程中通用目的技术和产业专用技术之间的融合，即不同创新主体之间的交互作用。互补性创新是对通用目的技术的一种反馈，推动通用目的技术不断改进。这种反馈作用与复杂系统理论中个体之间的相互作用相契合。多元创新主体之间的相互作用推动系统走向涌现。

第二节 文献综述

一、人工智能相关研究

（一）人工智能对经济发展的影响研究

作为继承信息时代通用目的技术的新一代通用目的技术，人工智能技术通过替代部分劳动力优化就业结构，提升劳动生产率（胡拥军、关乐宁，2022；Belorgey et al.，2006）。人工智能在生产领域的应用能够提升劳动生产率，全要素生产率也有所提升（Graetz and Michaels，2015）。劳动生产率的提高意味着人工智能参与生产能够给企业带来超额收益。在生产领域，人工智能应用于故障检测提升了生产效率（Filippetti et al.，2000）。在医疗领域，人工智能在药物研发上的应用提升了获取有效药物的效率（Coelho et al.，2023）。在建筑领域，人工智能的应用提升了在建筑材料配置方面的效率（Cheng et al.，2023）。

人工智能作为一种辅助工具，在巨量数据的支持下，越来越表现出在各个领域的通用能力。通过信息的集成和对比，人工智能可以发现细微的差异，无论是对生产检测还是创新都有巨大帮助。通过深度学习、神经网络、遗传算法等人工智能算法的应用，人工智能在工程设计领域（Lee et al.，2022）、医疗供应链领域（Bag et al.，2023）等均发挥了重要作用。

（二）人工智能对创新影响的研究

人工智能在重塑研究和创新过程。人工智能对海量数据的分析能力能够让研究者不再局限于常规的推导定理式研究，可以基于高维数据发现相关信息，继而加速研究进程。人工智能通过增加单个创新者工作的深度和广度，重塑了整个创新流程，实现了人员、团队和企业的重新配置（Marion and Fixson，2021）。人工智能对于创新人员是一个有效的辅助工具，可以提升创新人员对知识、信息等创新资源的配置能力。人工智能的应用使得企业的组织架构需要重构以适应人工智能的要求，企业需要形成善用人工智能的能力以发挥人工智能对企业业务的提升作用，包括人员、技术和组织等方面的变革。这种变革推动组织创造力的提升（Mikalef and Gupta，2021）。人工智能对算力有极高的要求，数据是当前人工智能技术发展的重要基础，其中专有数据对人工智能企业的发展至关重要（Bessen et al.，2022）。人工智能使数据成为一种有效的创新资源。实践过程是创新的源泉，人工智能可以从大量的、同质的数据中发现有效信息，这是此前人力所难以做到的。

二、数字经济时代的创新范式研究

（一）开放式创新

2016 年，英特尔公司副总裁兼英特尔公司欧洲实验室主任马丁·柯利（Martin Curley）根据对以人工智能为代表的新一代通用目的技术体系的观察，提出了"开放式创新 2.0"的概念。开放式创新 2.0 强调主体之间的复杂互动、创新网络的高度开放。开放式创新生态系统中的企业扩展了组织资源，通过跨组织协作促进系统中资源的流动、聚合和集成，从而提升系统内企业的创新能力（Xie and Wang，2020）。

Dahlander 和 Gann（2010）将开放式创新分为两个维度，即入境与出境和金钱与非金钱。他们所说的金钱是指通过交易获得的即时财务收益，并指出某些互动如专利许可涉及明确的财务部分，其他互动则不涉及。更重要的是，这种分类突出了对内和对外开放式创新之间的区别。West 和 Bogers（2014）根据入站开放式创新的过程对文献进行研究，他们确定了四个阶段：获得外部创新、将创新与内部资源整合、将创新商业化，以及与外部创新者的互动。四个阶段中的每一个阶段都被进一步细分，从而形成了三个层次的广泛分类法，如"获取外部创新"阶段包括搜索、过滤和获取等类别。

（二）用户创新

在现代经济体系中，用户和开放式协作创新已经逐渐取代生产商创新模式，逐渐成为创新体系中的重要部分。这里的"用户"不仅指个体消费者，还包括企业用户。用户创新代表了一种原始的、典型的创新模式：如果一个人遇到了问题，他就会试图解决它。大量文献研究表明，很多领域的重要创新都是由用户完成的。Freeman 等（1968）发现，所获许可最为广泛的化学生产工艺均由用户公司发明创造。Von Hippel（2007）发现，80%最为关键的科学仪器创新和半导体生产领域的绝大多数创新均来源于用户。Shah（2000）发现，在四大体育领域，最具商业价值的设备创新多数由个人用户主导完成。

用户是市场力量的一部分，只有市场才真正知道创新应该走向何方。随着计算机软硬件性能的不断提升以及各大开源社区的建设，用户创新将会在第四次工业革命中发挥重要作用。创新资源的分散化和易于获取，有力推动了人工智能领域用户创新的发展。分属各产业领域的用户在应用人工智能时的需求千差万别，基于这种特点，华为、百度等企业着力开发"大模型"作为一种通用人工智能技术平台，用户可以根据自身的需求在"大模型"的基础上进行重新训练，极大推动了用户创新在人工智能创新发展中的作用，成为人工智能创新涌现的一个重要因素。

（三）数字创新

数字创新被定义为企业或者组织以数字技术为组成部分或支撑部分，对原有产品、流程或商业模式进行改变的过程（Yoo et al.，2012；刘洋等，2020）。数字创新使产业边界、组织边界、部门边界甚至产品边界等变得模糊且重要性降低（Nambisan，2017）。数字创新具有自生长性（Generativity）：自生长性指由于数字技术是动态的、可自我参照的、可延展的、可编辑的，数字创新可以持续地改进、变化（Ciriello et al.，2018）。

数字技术对创新过程有三个方面的改变：第一，数字技术使创新的时间和空间边界变得模糊。例如，Boland 等（2007）发现，3D 技术的使用让不同的参与者在不同时间和地点可以参与创新过程。第二，数字技术让过程创新和产品创新之间的边界变得模糊。第三，数字技术的可重新编程性使在数字过程创新中出现许多衍生创新（Nylén and Holmström，2018）。

三、经济学领域关于自组织和涌现的研究

（一）关于自组织的研究

在宏观领域，亚当·斯密的"看不见的手"是较早的经济学领域关于自组织思想的阐述。在没有一个强有力的中心指挥下，市场自动形成价格机制并以此调节生产和消费。自组织思想被引入了经济学研究的很多领域。在城市发展方面，很多学者将城市的演化视为一个自组织过程（陈彦光，2006）；包括在社会治理方面，自组织被认为是社区治理的一个重要特征（罗家德、李智超，2012）。对于城市这个复杂适应系统，我们很容易理解其自组织特性。国内有学者使用沙堆模型分析了影响供应链管理的质量、可靠性、灵活性、精益和成本五大要素的先后次序（雷星晖、陈萍，2009）。金融学领域是引入自组织思想比较早的领域，如股票价格对需求波动的反应就像相互作用的自旋系统的磁化对磁场波动的反应一样，股票价格是相关的等，这些思想十分契合复杂系统理论关于自组织的论述（Stanley et al.，2002）。

在微观领域，将企业视为一个自组织结构是自组织理论在企业研究中的一个重要应用（徐全军，2003），企业可能在产业、制度、市场、技术等力量作用下形成自组织的持续成长动力（范明、汤学俊，2004）；把企业视为一种市场力量的产物，其发展是一个企业自身与市场交互的动态过程。企业的技术创新过程即一个复杂适应过程（雷静、潘杰义，2009）。外界环境的不断变化迫使企业不断调整应对措施。单个企业施加的措施对环境造成影响，直接或间接影响其他企业[1]。这种影响的累积推动系统的发展和涌现现象的产生。很多学者发现，创新网络具有自组织结构特征（贾根良、刘辉锋，2003；王姝等，2014），多元主体之间的协同推动产业创新网络自组织的形成和发展（程强、石琳娜，2016）。以知识重组为视角的创新研究也将创新视为企业与外界交互的自组织过程（罗文军、顾宝炎，2006）。此外，有学者探讨了外在组织力量在自组织形成过程中的作用（罗家德等，2013）。涨落机制的形成往往需要外界的干扰，组织性力量需要发挥作用。

（二）关于涌现的研究

在文献研究的基础上，Han等（2022）概括了创新生态系统的三类高维特征：一是角色（自组织、非线性、共享愿景）；二是结构（互补性、模块性、耦合性）；三是过程（涌现、共同竞争、共同进化）。创新生态系统中主体之间的相互作用可能推动自组织的产生，进而形成涌现。内外知识的流动和重组过程，能够推动创新集群的涌现（Li，2018）。跨区域的知识流动丰富当地知识库、促进知识融合，是创新涌现的重要基础。创新网络内企业之间的相互学习推动创新行为的涌现（李星、范如国，2013）。李文鹣等（2019）基于二次孵化视角对新兴企业的创新行为进行了研究，认为企业采取加入创新网络的不同策略对创新涌现有重要影响；企业采取知识深度、知识宽度和融合导向三种策略时，新兴产业最终都会实现知识网络涌现，但不同策略下创新网络和知识水平演化规律存在差异。毛荐其和徐艳红（2014）从技术生态视角出发，认为生态内技术之间的相互

---

[1] 比如企业的相关措施会对企业的合作伙伴造成直接影响。间接影响表现在企业的相关措施对系统环境的改变。

作用是创新涌现的重要原因，同时创新涌现受到环境、政策等因素的影响。基于系统动力学模型，刘媛华（2012）测度了创新资源投入水平对系统创新涌现的影响，研究结果表明创新资源投入需要达到一定程度才能推动创新涌现的产生；在有限主体条件下，过多的创新资源投入会造成系统陷入混乱，不利于系统内主体合作创新。

创新政策对推动创新涌现具有重要作用（Hoppmann et al.，2021），创新政策通过推动跨地域跨主体之间的知识流动，推动系统内主体获取和吸收知识能力的提升，促进知识重组。科技企业孵化器对创新涌现具有重要推动作用（吴文清等，2014），孵化器为新创企业之间的合作提供了良好的外在环境，推动创新网络的形成和发展。Li 等（2021）通过对人工智能相关出版物和人工智能专利之间的耦合进行分析，发现人工智能相关出版物与专利之间存在较强动态关系，即科学研究与技术创新之间的交互作用是推动人工智能技术涌现的重要机制。

四、复杂创新网络相关研究

创新的复杂化导致创新网络的兴起。Freeman（1991）提出将创新网络定义为"一种适应系统性创新的基本制度安排，其主要联结机制是以企业为主的创新主体间的合作关系"。随着技术创新的深入，其所要求的创新资源复杂程度日益增加，单个公司很难满足越来越复杂的创新要求，创新网络就此诞生。企业通过创新网络从外部引进创意和技术可以加强企业自身的创新基础，减少产品开发的时间，加快创新速度（Rigby and Zook，2002；Kessler and Chakrabarti，1996）。异质创新主体通过合作共担创新风险，共享创新资源，缩短创新周期，提高创新效率（Pisano，1990）。合作还具有协同效应，不同知识领域的结合常常能够产生全新的技术，获得技术突破（Das and Teng，2000）。

现实世界拥有很多复杂网络，如人际关系网络、交通网络等。多数复杂网络呈现幂律分布特征，即少数处于网络核心的节点拥有较高的度数中心度（Watts and Strogatz，1998）。从复杂网络的形成和发展来看，度数越高的节点越容易连接到新的节点，即存在优势连接。在通用目的的技术的商业化过程中形成的创新网络属于复杂网络，具有明显的无标度网络特征（江可申、田颖杰，2002；高霞、陈凯华，2015）。无论是小世界网络还是无标度网络，都反映了复杂网络度分布以及连接规则的一般特征，度分布具有幂律分布特征，这种特征决定于优先连接规则。

现有研究测度了网络指标对企业创新的影响。很多学者对企业在创新网络中的度数中心性对于企业创新绩效的影响做了研究，度数中心性可以认为是企业在创新网络中的创新伙伴数量（无向非加权网络），度数中心性越大，创新绩效越高（Whittington et al.，2009；刘元芳等，2006）。创新网络中的主体是复杂异质性主体，度数中心性越大的节点能够获取更多的异质信息和资源，从而建立信息优势和资源优势，提升创新绩效。章丹和胡祖光（2013）认为，网络结构洞有利于企业开展探索式技术创新活动，并且信任正向调节这两者间的关系，但是网络结构洞对企业应用式技术创新活动的影响并不显著。李健和余悦（2018）进一步研究证明了占据组织间合作研发网络中的结构洞有利于企业开展探索式创新活动。学者一般认为处于结构洞地位的企业拥有信息优势，从而能够促进企业创新绩效的提高。例如，Yang 等（2010）研究认为处于结构洞地位的企业能够更容易获取异质信息和资源，建立对其他网络主体的控制，提升自身的创新绩效。合作网络的小世界性对企业创新绩效有明显的正向影响（陈子凤、官建成，2009）。企业的聚类系数表示企业和其合作伙伴构成的局域网络的内部沟通效率。聚类系数大预示着企业与其合作伙伴正形成具备小世界特征的创新生态，有利于网络内部的信息交流，形成信息优势，进而提升创新绩效（Schilling and Phelps，2007）。特征向量中心性与创新的核心地位显著正相关（张克群等，2022）。复杂网络具有较高的创新扩散水平，创新扩散速度的变动与网络平均距离变动同步，网络聚类系数决定创新扩散的质量，即创新最终累积采纳者的比例（黄玮强、庄新田，2007）。具有小世界特征的创新网络结构对创新的持续涌现具有重要的推动作用（Gay and Dousset，2005）。

五、平台的研究

关于生态系统有两种观点：一是基于从属关系，将生态系统视为由生态系统网络和平台从属关系定义的相关行动者组成的社区；二是基于结构，将生态系统视为由价值主张定义的活动配置。基于结构观点，Adner（2017）认为生态系统是"由需要相互作用以实现重点价值主张的多边伙伴组合的结盟结构所定义的"。很多研究者将平台视为生态系统，以生态系统的视角对平台进行分析（Wareham et al.，2014）。

作为双方市场的中介，平台激活了很多远离市场的、被遗忘的资产的商业价值，正如 Kenney 和 Zysman（2016）所声称的，不管从技术上讲是不是酒店房间，家中或公寓的空房都可以成为收入来源。产业组织经济学视角认为平台是为双边或多边市场塑造公共交易界面并提供嵌入界面中的产品、服务或技术的经济组织（Weyl，2010；Hagiu，2014）；技术管理视角将平台视为公共技术架构或模块系统的开发者与运营者（Cennamo and Santalo，2013；Gawer and Cusumano，2014）；战略管理视角提出平台是协调安排不同利益群体，成功构建发展平台、承担治理功能并处于平台生态系统中心位置的组织（Eisenmann et al.，2011；

Thomas et al.，2014）。朱晓红等（2019）在总结文献的基础上提出平台有三个方面的主要特征：一是双边/多边市场，即有两个或多个市场群体或利益相关群体参与；二是网络效应，即网络中的一边会因其他边的规模和特征而获益；三是开放性，即平台型企业拥有支持不同市场群体交互以及影响其机会识别的开放性系统。平台所有者的目标是鼓励形成互补的生态系统，在平台上开展他们的业务，从而为用户创造价值（Adner，2017；Jacobides et al.，2018）。从本质上说，平台为各种实体提供了一个共同的基础和场所，使其汇聚在一起为客户创造和交付价值（Gawer，2014），并在这个过程中产生规模经济和创新范围。

随着人工智能创新平台的兴起，平台被赋予更多的内涵。平台不是简单作为双方市场的中介角色，平台更多承担起产品或服务的提供。平台成为技术需求方和技术提供方的交流中介。开放式创新理念的引入使得平台扮演创新资源配置的角色（Nambisan et al.，2018）。技术提供方、技术需求方，以人工智能为代表的通用资产、以产业技术为代表的专用资产，数据、知识、资金，不同主体、不同创新要素通过平台交流，推动平台生态化。

六、创新生态系统的研究

一般概念上的系统是由多个子单元及其相互关系组成的整体。动态开放系统的一个常见特征是通过与环境交互或参与者执行的活动将输入转化为输出（Ackoff，1971）。创新系统被定义为"影响创新发展、传播和使用的所有重要经济、社会、政治、组织、制度和其他因素"（Edquist，1997）。创新系统又被划分为国家创新系统（Lundvall，1992）、区域创新系统（Asheim and Gertler，2005）、产业创新系统（Breschi and Malerba，1997）、企业创新系统（Granstrand，2018）。经济层面理解的生态系统指"一组相互依赖于彼此活动的、相互作用的个体构成的整体"（Jacobides et al.，2018）。Adner（2006）将创新生态系统定义为"企业通过合作安排将其个体产品组合成一个连贯的、面向客户的解决方案"。de Vasconcelos Gomes 等（2018）认为，创新生态系统概念在一定程度上是对先前存在的商业生态系统文献中普遍存在的价值捕获和竞争焦点的反映，创新生态系统的概念强调了价值创造和合作。然而，关注合作并不是创新生态系统的独特点，Moore（1993）在阐述商业生态系统概念时就表达了这点。Carayannis 和 Campbell（2009）认为，21世纪的创新生态系统是一个多层次、多模式、多节点、多主体的系统体系。系统由创新元网络（创新网络和知识集群的网络）和知识元集群（创新网络的集群和知识集群）组成，它们作为构建块，以自指或混沌分形的形式组织知识和创新架构，社会、智力和金融资本存量与流动，以及文化和技术文物与模式，不断共同发展、共同专业化和合作。这些创新网络和知识集群也在不同的体制、政治、技术和社会经济领域内形成、重组和解散，包括政府、大学、工业、非政府组织，并涉及信息和通信技术、生物技术。Rubens等（2011）将创新生态系统定义为"组织间、政治、经济、环境和技术的创新系统，通过这些系统，商业发展的环境得到了催化、持续和支持。创新生态系统的一个重要特点是不断调整协同关系，促进系统在对不断变化的内部和外部力量的敏捷响应中和谐发展"。Nambisan 和 Baron（2013）将创新生态系统解释为"一个松散互联的公司和其他实体网络"，"它们围绕一组共享的技术、知识或技能共同发展能力，并合作或竞争开发新产品和服务。创新生态系统的三个特征是成员之间建立依赖关系（成员的表现和生存与生态系统本身的表现和生存密切相关）、有一套共同的目标和目的（由生态系统层面对独特客户价值主张的关注所形成），以及有一套共同的知识和技能（一套互补的技术和能力）"。在综合考察现有文献的基础上，Granstrand 和 Holgersson（2020）提出了创新生态系统的新定义："创新生态系统是一组不断发展的行动者、活动和产品，以及对行动者或行动者群体的创新表现至关重要的制度和关系，包括补充和替代关系。"创新生态系统包括两个部分：主体和相互作用。围绕共同的价值追求，市场主体彼此建立关系，在一个规则框架下进行创造活动。主体之间的相互作用形成和巩固了完成创造活动所需要的制度环境，而活动结果也作为相互作用的一部分参与下一阶段的创造活动。创新生态系统可以理解为一个相对持续的过程所形成的主体以及主体之间相互作用的集合。

创新生态系统强调了互补资产的重要性和互惠互利关系（McKelvey，2016）。系统内各主体之间的相互作用主要表现为彼此之间依托于互补资产的竞争和合作，这种相互作用随着主体互补资产状态的改变而改变。互补概念是系统形成和发展的核心。

七、文献评述

数字经济时代的开放式创新进入了 2.0 时代，更加开放、更为多元。供应商、制造商、用户、政府、高校、研究院、开发者等借助数字技术构建的网络空间，形成了更为广泛、作用多元的复杂创新系统。虽然很多文献在讨论开放对于创新系统的重要性，但是很少有文献深入研究开放究竟以何种方式影响了创新系统。从复杂系统角度的涨落视角继续深入研究，或许能够对开放在创新系统中的作用获得一些新的见解。

数字经济时代的创新高度依赖于不同创新阶段之间的反馈。数字技术构建的赛博空间（Cyberspace）突破了时间、空间限制，即创新要素能够突破地域等限制自由流动，提升资源配置效率。在工业领域，虚拟制造技术通过将创新在虚拟空间进行测试获得实际应用的效果，降低了产业链创新的成本。无论是创新系统还是整个经济系统，要素流动都是系统演化发展的核心动力。

创新网络方面的很多研究为本书提供了借鉴。对于产业链网络而言，度数中心度大的企业必然占据重要位置，其创新行为将会对整个产业链网络产生重要影响。在创新网络中占据重要位置的企业可能在其所处产业链中同样占据核心地位。网络传输效率的提升意味着创新可以通过网络加快扩散，即创新涌现将要或正在发生。创新涌现的产生意味着创新网络的某些性质也发生了改变。

从生态系统视角可能更容易理解创新涌现的产生。系统冲击所导致的涨落是系统偏离平衡态的重要原因。持续的系统冲击将导致涌现的产生。创新资源的持续流入和流动产生对创新系统的冲击，可能导致创新涌现。平台作为创新生态系统中的核心力量，也是创新资源汇集和重组的重要支撑，对创新涌现发挥着重要作用。平台生态是多元主体交互作用、多种创新要素自由流动形成的复杂生态结构，是创新生态系统的集中反映。以平台生态作为一个重点分析对象，有助于理解人工智能创新涌现的形成。

无论是人工智能还是数字经济时代创新的相关研究，都不足以解释人工智能创新涌现这个高度复杂的主题。创新生态系统、创新网络、平台生态等方面的研究是本书阐述人工智能创新涌现的重要参考。

本章小结

随着科技进步，科学和技术之间的相互影响越加深入，创新过程变得越加复杂。人工智能的快速发展，及其在科技创新领域的广泛应用，深刻改变了创新形式和创新过程。创新具有越来越明显的网络效应。围绕人工智能这一新一代通用目的技术的创新具有明显演化特征，伴随人工智能的技术进步而具有涌现性。复杂系统理论关于个体之间相互作用的研究为研究人工智能时代的复杂创新提供新的视角，复杂网络为研究个体之间相互作用的影响提供新的方法。借助生物学、物理学等相关理论和方法，将人工智能创新视为不断演化的生态系统发展过程展开研究，更能够揭示新时代科技创新的核心特征。

第五章 研究方法、概念界定和指标解释

本章简要介绍研究复杂性科学的一些方法，如计算社会科学、网络科学、人工智能方法等。关注个体之间的相互作用是复杂性科学的核心，继而人工智能的智能体方法和复杂系统的系统仿真方法可以发挥重要作用。相互作用可以以网络形式呈现，复杂网络成为研究各类复杂系统的重要工具。

第一节 研究方法概述

一、计算社会科学

（一）计算社会科学简介

社会科学是一门从认知、决策、行为、团体、组织、社会和世界体系等多个层面对人类行为、社会动态以及社会组织进行考察分析的学科领域。计算社会科学是将社会调查和信息处理方法与高级计算媒介、复杂性科学等学科综合起来形成的一门学科。

自启蒙运动触发了人类对社会进行科学研究以来，社会科学已经发展了三种当代社会科学研究方法：统计学、数学和计算。使用这些研究方法主要是为了描述和归纳（统计）、发展理论研究（数学）以及模拟复杂系统（计算），这些研究方法也被物理科学和生物科学所用。社会统计和数学社会科学是古老的方法，它们有着悠久的历史传统，并且植根于政治算术学的理论和概率论。

计算社会科学是一个较现代的学科，最远可以追溯到 20 世纪中期电脑刚刚被发明的时候。20 世纪 60 年代，社会科学家开始使用电脑进行统计数据分析，当时 SPSS、SAS 等统计分析软件才刚刚开始出现，也正是在这时，出现了计算社会科学的第一代奠基人——Herbert Simon、Karl Wolfgang Deutsch、Harold Guetzkow 和 Thomas Crombie Schelling，他们更偏向于计算社

会科学理论方面的研究。

计算社会科学将社会系统当作信息处理的组织，通过先进的计算方法对社会系统进行综合性的跨学科研究。因此，社会科学中的计算范式有着双重来源：实质性的（作为理论视角）和工具性的（作为一种方法论）。前者所指的信息处理和控制论是基于 Ross Ashby、Norbert Wiener、Claude Shannon 和 Ludwig von Berta-lanffy 早期的研究，后者就是计算社会科学研究方法。

（二）计算社会科学方法

目前，根据使用环境的不同，计算社会科学方法主要分为五类：自动信息提取、社会网络分析、地理空间分析、复杂系统建模、社会仿真模型。每类方法也被系统地划分为多个模型，如计算社会模拟模型包括系统动力学模型、微观分析模型、排队模型、元胞自动机模型、多主体模型、学习和演化模型，还包括一些组合方法，如结合系统动力学和多主体仿真模型的方法。

计算机仿真方法是借助计算机技术，通过设定主体之间的作用关系对事物发展进行仿真模拟，以研究事物发展规律的一种方法。计算机仿真方法能够对非线性的复杂经济现象以及经济系统的演化过程进行建模，为复杂经济学和演化经济学提供强大的研究方法（熊航等，2022）。本书通过建立复杂网络仿真模型和系统动力学仿真模型，对人工智能创新系统的复杂反馈结构、基础研究、政府、核心产业部门等因素进行测度，与其他分析形成相互印证。

二、网络科学

（一）网络科学简介

复杂网络是分析复杂系统的重要基础工具。众多复杂系统的研究对象均可转化为对其个体之间的构成复杂网络的研究。事物之间的联系往往以网络形式呈现。长期以来，生物网络、交通网络、社会网络等是其各自领域的重要研究对象。网络科学主要研究各类网络呈现的共性特征和解构各类网络的普适方法。网络科学中一般大量使用图论、统计力学、博弈论、系统动力学等的概念、理论和方法，是一门多学科交叉的复杂科学。

（二）网络科学研究方法

本书在前述章节对网络结构的一些模型和指标进行了阐释，此处不再赘述。网络科学往往着重于研究个体形成的网络结构，通过指标分析了解不同主体的重要性。同时，在网络中加入流的概念，并测度流在网络中的变化，以研究网络结构，此方面多用于对交通网络的研究。

主要的网络科学研究方法包括：第一，图论和拓扑学方法。网络科学得益于图论和拓扑学等应用数学的发展。图论提供了对网络节点和边进行抽象表示和量化分析的工具，使得我们可以对网络的结构进行定量的描述和比较。拓扑学则关注网络的整体结构和连通性，帮助我们理解网络的稳定性和鲁棒性。第二，统计和模拟方法。使用统计学方法可以研究和分析网络中的现象，如节点的度分布、聚类系数、平均路径长度等。此外，通过计算机模拟，可以构建并测试各种网络模型，从而理解和预测网络的行为。第三，动力学和控制方法。网络科学研究也涉及网络上的动力学行为，如信息传播、同步现象等。通过控制网络的结构或参数，可以影响网络的动力学过程，从而实现对系统功能的控制和优化。

熊彼特认为价值网是指技术、产品、市场、资本和组织等相关基本要素组合后形成的跨时空网络。网络中主体之间要素的流动即是价值的流转。价值网络方法的发展为我们理解技术创新的复杂性提供了很好的工具。自然科学中研究的涌现与经济学领域研究的涌现有很大不同，主要在于个体的异质性差异。后者相比于前者，个体异质性差异更大，相互作用更为复杂，更难以用少量的公式去表达这些复杂作用。以技术合作而建立的创新网络为衡量个体之间的相互作用提供了方法，同时通过网络性质和网络规模的变化可以衡量涌现。复杂网络可以提供更有效的研究人工智能创新的工具。

关系量化分析方法是建立在主体之间关系数据的基础上，通过统计分析不同维度如地区、时间等的数据分布，对事物进行分析的一种方法。关系量化分析方法是在复杂网络分析方法的基础上通过对网络数据进行多维度的统计分析，与复杂网络分析形成相互对照、补充，更深入地解释人工智能创新过程。

（三）网络科学分析工具

常用的网络分析软件主要有 UCINET、Gephi、pajek，R 语言包主要有 igraph 包等，Python 语言包主要有 Networkx 和 igraph 的 Python 包 python-igraph。本书后续章节中形成的网络拓扑结构图就是使用 Gephi 制作而成的，相关网络指标使用 Networkx 计算。

三、人工智能方法

（一）人工智能方法简介

神经网络是模仿人脑计算方式开展的，由简单处理单元构成的大规模并行分布式处理器，具有存储经验知识并使其可用的特性。卷积神经网络、图神经网络等均属于神经网络方法的应用方式。

深度学习是机器学习中一系列技术的组合，其假设具有复杂电路的形式，且其中的连接强度是可调整的。"深度"的含义是指电路通常被设计成多层，意味着从输入到输出的计算路径包含较多计算步骤。深度学习是目前应用广泛的一种人工智能算法之一。

遗传算法（Genetic Algorithm，GA）是一种模拟自然选择和遗传学机制的搜索启发式算法，其借鉴了生物进化过程中的遗传、变异、选择和重组等特性，用于解决优化和搜索问题，基本思想是通过模拟生物进化过程来优化问题解。在每一轮迭代中，算法执行以下步骤：①选择，即根据适应度评估种群中每个个体的质量，并根据这些评估选择优秀的个体进行繁殖；②交叉，即通过模拟生物的繁殖过程，将两个个体的特征（基因）结合起来，产生新的后代；③变异，即以一定的概率随机改变个体的某些基因，以引入新的遗传多样性；④生成新一代种群，即根据选择、交叉和变异操作生成新的种群，然后用新一代种群替换旧一代，开始下一轮迭代。这个过程会不断重复，直到满足某个终止条件。

（二）人工智能方法在经济学研究中的应用

人工智能相关算法不仅在生物学、物理学等领域取得了应用进展，还对经济学的研究方法提供了借鉴。中外学者在应用人工智能方法进行经济学研究方面做了很多工作，如利用神经网络方法预测玉米期货价格（张大斌等，2024）、分析中国省级碳达峰路径（章高敏等，2023）和进行生物燃油技术经济评估（Jeyaseelan et al.，2023），使用遗传算法研究冷链物流（徐泽水等，2024）、投资组合（宋陆军、沙义金，2023）和能源经济（Ghoddusi et al.，2019），采用深度学习方法研究中国科技政策（李牧南等，2024）、宏观经济运行（韩阳，2023）和股票收益（Avramov et al.，2023）等。

对事物发展进行预测是我们研究工作的通常目的。预测工作通常需要把握事物的发展规律，人工智能方法为此提供了新的思路。深度学习虽然可以在较高的准确率上识别图片（可以理解为预测事物），但是其中机理并不是特别清楚。随着可解释人工智能的发展，经济学研究方法可能迎来再一次的变革。

第二节　关键概念界定和复杂网络指标计量

一、关键概念界定

（一）互补性创新

本书将互补性创新定义为：通用目的技术在某一行业领域应用时，针对其满足场景需求和商业化所进行的一系列技术或制度创新。互补性创新分为两类：专用型互补性创新（产生于特定应用领域，且只在该特定应用领域使用）、通用型互补性创新（产生于特定领域，但可以在其他应用领域使用）。对于各类主体技术合作构成的复杂网络而言，一项技术在不同应用领域的使用均会产生互补性创新，如人工智能包括机器人、语音识别、图像识别等核心技术在医疗、教育、交通等领域的应用均需要针对不同应用领域的特征进行针对性开发，就形成了互补性创新。互补性创新在某种程度上可以理解为一项技术针对某一应用领域的二次开发。

（二）产业生态

李晓华和刘峰（2013）定义产业生态系统为由能够对某一产业的发展产生重要影响的各种要素组成的集合及其相互作用关系构成的有机系统。对于企业而言，产业生态是以企业为核心形成的包括政府、科研机构、企业等不同主体在内的、主体之间相互作用的生态系统。利用复杂网络数据，本书提出了对产业生态的一种计量方式，以复杂网络中三角形结构作为产业生态。三角形结构是最小的完全图，图中三个节点之间彼此两两相连，形成信息的完全流动，可以作为一种局部生态结构的计量（见图5-1）。

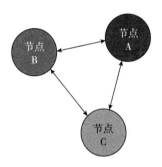

图 5-1　产业生态示意图

资料来源：笔者自制。

根据不同节点属性的分类，可以形成五类产业生态结构，分别是应用研究—产业应用—产业应用（Y—C—C）、应用研究—产业应用—基础研究（Y—C—J）、应用研究—产业应用—应用研究（Y—C—Y）、应用研究—基础研究—应用研究（Y—J—Y）、应用研究—应用研究—应用研究（Y—Y—Y）。

（三）技术成熟度

本书所称的技术成熟度专指人工智能技术成熟度。技术成熟度是指技术能够满足用户使用要求或任务要求，并且设计、制造、试验和使用等过程的可重复性和稳定性都达到满意的程度（马宽等，2016）。作为当前主要的技术成熟度评估方法，技术成熟度源于20世纪70年代美国国家航空航天局（NASA），其首先将其应用于航空航天领域来应对复杂系统的技术风险。技术成熟度曲线源于美国著名信息技术研究与咨询顾问公司高德纳（Gartner），反映某项新技术从诞生到逐渐成熟的动态过程，自1995年以来，该公司每年都会发布新兴技术成熟度曲线报告，其发布的2022年技术成熟度曲线如图5-2所示。

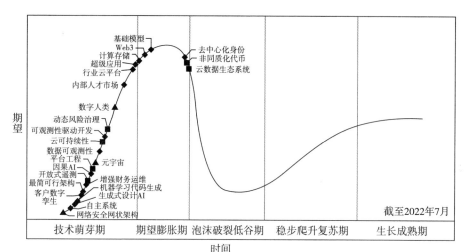

图5-2　2022年技术成熟度曲线

资料来源：Gartner "Hype Cycle for Emerging Technologie，2022"。

从图中可以看出高德纳将技术成熟度曲线分为五个阶段：一是技术萌芽期，即潜在的技术突破即将开始。早期的概念验证报道和媒体关注引发了广泛宣传，通常不存在可用的产品，商业可行性未得到证明。二是期望膨胀期，即早期宣传产生了许多成功案例——通常也伴随着多次失败。某些公司会采取行动，但大多数不会。三是泡沫破裂低谷期，即随着实验和实施失败，人们的兴趣逐渐减弱。技术创造者被抛弃或失败，只有幸存的提供商改进产品，使早期采用者满意，这样投资才会继续。四是稳步爬升复苏期，即有关该技术如何使企业受益的更多实例开始具体化，并获得更广泛的认识。技术提供商推出第二代和第三代产品。更多企业投资试验，保守的公司依然很谨慎。五是生产成熟期，即主流采用开始激增。评估提供商生存能力的标准更加明确。该技术的广泛市场适用性和相关性明显得到回报。

本书所指的技术成熟度在含义上与上述相同，但并不采用通常意义上的九级分类标准对人工智能技术成熟度进行划分。我们最终以产业领域的实际应用效果衡量人工智能技术成熟度，即以创新网络年增技术合作的平均应用领域（技术深度）作为定性衡量人工智能技术成熟度的指标。

（四）技术正反馈

技术反馈指创新在流动过程中生成的互补性创新、数据、新知识等对上游创新产生的反馈作用。人工智能创新的三个核心要素是算力、算法和数据。算法和算力依赖于基础研究的突破，数据来源于人工智能与实体经济融合过程。技术正反馈表现为技术扩散过程中形成的互补性创新、数据、新知识对人工智能创新的推动作用。互补性创新往往产生于人工智能与专用技术的融合，是新的技术重组，激发人工智能创新的深化，是提升人工智能技术成熟度的核心。通过对来自不同产业数据的学习，人工智能可以更适宜产业应用。

（五）商业正反馈

商业反馈指创新在流动过程中创造的商业价值形成的对上游创新的激励反馈，包括资金、成功心理预期、成就感等。商业正反馈在于应用人工智能成功后获得的超额收益对人工智能创新过程的资金激励。企业在通过创新、应用人工智能获得超额收益后，会产生对继续创新、应用人工智能的乐观预期，从而推动企业加大对人工智能创新的投入力度。商业正反馈主要集中表现在收益激励和乐观预期上。

（六）技术深度

本书使用一项技术合作中涉及的技术类别数量作为技术深度的衡量指标。一项技术合作涉及多项技术表明相关企业在逐步加深对人工智能的理解，进而引入多项其他技术以支持人工智能技术研究。人工智能作为通用目的技术，需要多种技术提供互补支持。

1. 节点整体技术深度（CT_f）

它的计算公式如下：

$$CT_f = CT_m \tag{5-1}$$

其中，CT_m 是节点年度新增技术合作中涉及的技术类别数。

2. 网络整体技术深度（IF_f）

它的计算公式如下：

$$IT_f = \sum_i^m (CT_{fi} \cdot W_{fi}) \tag{5-2}$$

其中，CT_{fi} 是节点 i 的整体技术深度；W_{fi} 是节点 i 的计算权重，等于节点 i 在网络中的技术合作数占网络总技术合作数的比重；m 为网络中节点个数。

3. 节点平均技术深度（VCT_f）

它的计算公式如下：

$$VCT_f = \left(\sum_i^m VCT_m \right) / m \tag{5-3}$$

其中，VCT_m 指单项技术合作关系中涉及的技术类别数，m 指年度新增技术关系数。

4. 网络平均技术深度（VIT_f）

它的计算公式如下：

$$VIT_f = \sum_i^m (VCT_{fi} \cdot W_{fi}) \tag{5-4}$$

其中，VCT_{fi} 是节点 i 的平均技术深度；W_{fi} 是节点 i 的计算权重，等于节点 i 在网络中的技术合作数占网络总技术合作数的比重；m 为网络中节点个数。

（七）技术广度

本书使用一项技术合作中涉及的应用领域数量作为技术广度的衡量指标。一项技术合作涉及多项领域表明技术在不断成熟，进而可以在多个领域获得应用。

1. 节点整体技术广度（CT_k）

它的计算公式如下：

$$CT_k = CT_n \tag{5-5}$$

其中，CT_n 是节点年度新增技术合作中涉及的应用领域数。

2. 网络整体技术广度（IT_k）

它的计算公式如下：

$$IT_k = \sum_i^n (CT_{ki} \cdot W_{ki}) \tag{5-6}$$

其中，CT_{ki} 是节点 i 的整体技术广度；W_{ki} 是节点 i 的计算权重，等于节点 i 在网络中的技术合作数占网络总技术合作数的比重；n 为网络中节点个数。

3. 节点平均技术广度（VCT_k）

它的计算公式如下：

$$VCT_k = \left(\sum_i^n VCT_n \right) / n \tag{5-7}$$

其中，VCT_n 指单项技术合作关系中涉及的应用领域数，n 指年度新增技术关系数。

4. 网络平均技术广度（VIT_k）

它的计算公式如下：

$$VIT_k = \sum_i^n (VCT_{ki} \cdot W_{ki}) \tag{5-8}$$

其中，VCT_{ki} 是节点 i 的平均技术广度；W_{ki} 是节点 i 的计算权重，等于节点 i 在网络中的技术合作数占网络总技术合作数的比重；n 为网络中节点个数。

（八）平台技术

操作系统是典型的平台技术。近年来，各大平台研发的大模型如 ChatGPT 也是平台技术。一些文献将此类技术称为"技术平台"（Gawer，2014）。"技术平台"的表述在于强调其平台性质，实际理解可能会与"平台"概念相混淆。本书主张用"平台技术"在于强调其技术属性，是具有平台性质的技术类型。平台技术指由一项或多项根技术融合形成的、面向市场的、可迅速提供解决方案的技术。根技术指作为很多技术的基础支持技术能够衍生出一个或多个技术簇的技术类型。根技术具备形成一个新产业的潜力，具有较为广泛的应用场景。平台技术相对于根技术而言，在商业上更为成熟，是可以直接进行应用的一种根技术或由多种根技术融合形成的技术类型。平台技术加速了以人工智能为代表的新型通用目的技术的扩散速度，一些不具备研究能力或研究能力较低的企业能够低成本地获取和使用人工智能。

二、复杂网络常用统计指标

（一）度数中心度

给定有向网络 G 的邻接矩阵 $A = (a_{ij})_{N \times N}$，则节点 i 的度数中心度 K_i 为：

$$k_i = \sum_{j=1}^{N} a_{ij} + \sum_{j=1}^{N} a_{ji} \qquad (5\text{-}9)$$

其中，$\sum_{j=1}^{N} a_{ij} = k_i^{out}$ 被称为网络的出度，指节点 i 指向其他节点的边的数目。$\sum_{j=1}^{N} a_{ji} = k_i^{in}$ 被称为网络的入度，指从其他节点指向节点 i 的边的数目。网络中所有节点的度数中心度的平均值被称为网络的平均度。平均度反映网络中节点之间连接的频繁程度。

（二）聚类系数

节点 i 的聚类系数用于刻画与节点 i 连接的任意两个节点之间也相互连接的概率。网络中一个度为 k_i 的节点 i 的聚类系数 C_i 被定义为：

$$C_i = \frac{2E_i}{k_i(k_i - 1)} \qquad (5\text{-}10)$$

其中，E_i 是节点 i 的 k_i 个邻节点之间实际存在的边数，也表示样本节点与关系节点之间构成三角形结构的数量。网络的平均聚类系数是所有节点聚类系数的平均值。

（三）平均路径长度

网络的平均路径长度 L 被定义为任意两个节点之间距离的平均值，计算公式如下：

$$L = \frac{2}{N(N-1)} \sum_{i \geqslant j} d_{ij} \qquad (5\text{-}11)$$

其中，d_{ij} 为节点 i 和 j 之间的距离，即两个节点的最短路径上的边数；N 为网络节点数。

（四）网络效率

网络效率用于衡量网络内部信息的传输性能，效率越高的网络传输性能越好（Latora and Marchiori，2001）。网络效率计算公式如下：

$$E = \frac{1}{N(N-1)} \sum_{i \neq j} \frac{1}{d_{ij}} \tag{5-12}$$

其中，d_{ij} 为节点 i 和 j 之间的距离，即两个节点的最短路径上的边数；N 为网络节点数。

（五）同配系数

度相关性描述大的节点与度小的节点之间的关系。如果度值大的节点倾向于和度值大的节点连接，那么网络具有正相关特性，称为同配网络；反之，网络具有负相关性，称为异配网络。

Pearson 系数 r 可以描述网络的度相关性。

$$r = \frac{M^{-1} \sum_{\text{所有}e_{ij}} k_i k_j - \left[M^{-1} \sum_{\text{所有}e_{ij}} \frac{1}{2}(k_i + k_j) \right]^2}{M^{-1} \sum_{\text{所有}e_{ij}} \frac{1}{2}(k_i^2 + k_j^2) - \left[M^{-1} \sum_{\text{所有}e_{ij}} \frac{1}{2}(k_i + k_j) \right]^2} \tag{5-13}$$

其中，k_i，k_j 分别表示边 e_{ij} 的两个节点 v_i、v_j 的度，M 表示网络的总边数。$0 \leqslant |r| \leqslant 1$：$r < 0$ 时，网络负相关；$r > 0$ 时，网络正相关；$r = 0$ 时，网络不相关。

（六）网络结构熵

熵是系统的一种无序的度量。假设网络中节点 v_i 的度为 k_i，定义其重要度 I_i（类似于度中心性）为：

$$I_i = k_i \Big/ \sum_{i=1}^{N} k_i \tag{5-14}$$

定义网络结构熵 E（Costa L F et al.，2007）为：

$$E = - \sum_{i=1}^{N} I_i \ln I_i \tag{5-15}$$

网络结构熵的最小值对应规则网，所有节点的度都相同，$P(k) = 1$，$k = k_i$；$P(k) = 0$，$k \neq k_i$。网络结构熵最大值对应均匀的随机图，$I_i = \frac{1}{N}$，$E_{\max} = \ln N$。

网络标准结构熵（归一化）如下：

$$\hat{E} = \frac{E - E_{\min}}{E_{\max} - E_{\min}} = \frac{-2\sum_{i=1}^{N} I_i \cdot \ln I_i - \ln 4(N-1)}{2\ln N - \ln 4(N-1)} \tag{5-16}$$

网络结构发生重大变化时，网络的熵也会发生明显变化。

（七）社团结构

社团指网络中一部分节点形成的更为紧密的子网络结构。模块度是常用的一种衡量社团划分质量的标准，基本思想是将划分社团后的网络与相应的零模型（null model）进行比较，以度量社团划分的质量。零模型指与该网络有某些相同性质（边数、度分布等）而在其他方面完全随机的随机图模型。最低阶的零模型是与原网络具有相同边数的 ER 随机图模型，其具有均匀分布。由于度分布是网络的重要拓扑性质，且实际网络通常具备非均匀分布，因此目前在分析网络社团结构时，往往将待研究网络与具有相同度序列的随机图做比较。

对于给定网络，采用一种社团划分，所有社团内部边数的总和 Q_{real} 可计算如下：

$$Q_{real} = \frac{1}{2}\sum_{ij} a_{ij}\delta(C_i, C_j) \tag{5-17}$$

其中，$A = (a_{ij})$ 是实际网络的邻接矩阵，C_i 与 C_j 分别表示节点 i 与节点 j 在网络中所属的社团；如果这两个节点属于同一社团，$\delta = 1$；否则 $\delta = 0$。

对于与该网络对应的具有相同规模的零模型，采用相同社区划分方法，所有社团内部边数的总和的期望值 Q_{null} 如下：

$$Q_{null} = \frac{1}{2}\sum_{ij} p_{ij}\delta(C_i, C_j) \tag{5-18}$$

其中，p_{ij} 是零模型中节点 i 与节点 j 之间连边数的期望值。

将一个网络的模块度 Q 定义为该网络的社团内部边数与相应的零模型的社团内部边数之差占整个网络边数 M 的比例，即为：

$$Q = \frac{Q_{real} - Q_{null}}{M} = \frac{1}{2M}\sum_{ij}(a_{ij} - p_{ij})\delta(C_i, C_j) \tag{5-19}$$

理论上，对于与原网络具有相同度序列但不具有度相关性的一个常用零模型，有 $p_{ij} = k_i k_j / (2M)$，k_i、k_j 分别是原网络中节点 i、j 的度，则常用模块度定义为：

$$Q = \frac{1}{2M}\sum_{ij}\left(a_{ij} - \frac{k_i k_j}{2M}\right)\delta(C_i, C_j) = \frac{1}{2M}\sum_{ij} b_{ij}\delta(C_i, C_j) \tag{5-20}$$

其中：

$$b_{ij} = a_{ij} - \frac{k_i k_j}{2M} \tag{5-21}$$

$B=\left(b_{ij}\right)_{N\times N}$ 又被称为模块度矩阵。

给定一个网络，不同社团划分方式所对应的模块度值一般不同。

（八）度分布

度分布是揭示网络结构的重要指标。度分布中 P_k 表示网络中随机选择的节点度为 k 的概率。随机网络的度分布服从二项分布，小世界网络和无标度网络的度分布均服从幂律分布（Barabási et al.，1999）。

幂律分布如下：

$$P_k \sim k^{\gamma} \tag{5-22}$$

其中，γ 被称为度指数。γ 取值一般在 2~3。

本章小结

自亚当·斯密的《国富论》发表以来，经济学研究范式随着时代的变迁一直在变化。19 世纪六七十年代，经济学产生了马克思主义政治经济学以及"边际革命"；20 世纪 30 年代，出现了"凯恩斯革命"；20 世纪 50 年代，诞生了"新古典综合"。过去 40 多年，现代经济学出现了新的范式革命，即"实证革命"（Empirical Revolution），也被称为"可信性革命"（Credibility Revolution）（王美今、林建浩，2012）。实证革命是指经济学以数据作为基础，以计量经济学为主要方法，研究并解释经济变量之间的逻辑关系，特别是因果关系的研究范式革命。Hamermesh（2013）发现，在 1963~2011 年发表在经济学顶级期刊的论文中，20 世纪 80 年代中期以前大部分论文都是理论性的，从 80 年代中期以来，实证研究论文的比例超过了 70%。

大数据技术的发展和人工智能的兴起使经济学家们重新审视经济学的理论基础和研究方法。高频微观行为大数据提供了大量互相关联的经济主体的互动关系如何随时间演变的信息，传统微观调查数据则不包含这些动态信息。市场由各类市场主体组成。通过大量数据我们可以观察到大量微观主体行为，同时能够看到宏观结果，进而更深层次考量经济学相关假设和理论。洪永淼和汪寿阳（2021）认为，大数据技术推动经济学研究范式演化，从模型驱动到数据驱动、从参数不确定性到模型不确定性、从无偏估计到正则化估计、从样本内拟合到样本外预测、从低维建模到高维建模、从低频数据到高频数据、从结构化数据到非结构化数据、从传统结构化数据到新型结构化数据、从人工分析到智能化分析等的转变，表明研究工具和方法正发生深刻变革。

第三部分

人工智能复杂创新的仿真研究

第六章 人工智能创新涌现机制的理论探讨

　　本章主要从通用目的技术理论出发，以复杂系统视角构建人工智能创新涌现机制的分析框架。第一，以通用目的技术理论为基础，将人工智能创新演进过程视为通用目的技术专用化过程，涌现是人工智能创新演进过程中呈现的创新生态系统结构性变化特征。通用目的技术专用化包含两个方面的含义：人工智能专用化和人工智能通用化。无论是人工智能专用化还是人工智能通用化，都旨在推动人工智能技术成熟度的提高。人工智能技术成熟度的提高推动人工智能技术快速扩散。第二，提出复杂反馈结构是人工智能创新涌现的核心。复杂反馈结构主要包含三个方面：一是技术层，基础研究和应用研究的交互反馈；二是产业层，技术创新和技术应用的反馈循环；三是市场层，技术进步、劳动分工和市场规模之间的相互作用。三个层次的反馈结构还包含两类反馈：技术正反馈和商业正反馈。复杂反馈结构促进创新资源的高效流动，系统在创新资源流动冲击下获得持续偏离初始平衡态的动能，逐渐走向涌现。第三，借鉴传统经济学中生产和消费概念，将创新过程视为技术创新和技术应用两个交互过程，构建人工智能创新演进的理论模型。将创新视为知识（技术）的重组，技术创新意味着一项新技术的产生。技术创新只有与产业融合才能实现价值。技术创新和技术应用之间的交互是复杂反馈结构的基础。第四，在理论模型基础上，讨论人工智能创新涌现的临界条件，讨论基础研究、政府政策等方面对人工智能创新涌现的影响，并提出相关推论。第五，提出人工智能创新涌现的四个重要机制，阐释基础研究、开放创新生态系统的多元主体交互、复杂反馈结构、持续的组织制度创新等对人工智能创新涌现的影响。

第一节　人工智能创新涌现过程中的通用目的技术专用化

一、理论逻辑概述

人工智能创新涌现的理论逻辑如图 6-1 所示。

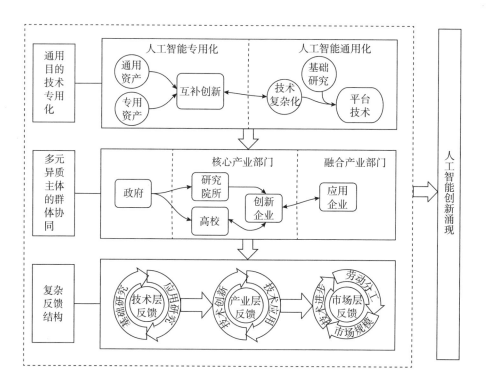

图 6-1　理论逻辑

资料来源：笔者自制。

技术创新是经济增长的核心动力（熊彼特，2009）。以蒸汽动力、电力、互联网等通用目的技术推动形成的创新涌现是历次工业革命时期经济快速增长的核心引擎。人工智能是第四次工业革命的核心技术。人工智能推动形成的创新涌现必将引领新一轮经济增长。人工智能创新涌现是开放环境下多元创新主体的复杂交互作用推动形成的宏观现象，与通用目的技术特征高度相关。作为新一代通用目的技术，人工智能创新演进过程同时是通用目的技术专用化过程。通用目的技术专用化指通用目的技术在与产业融合过程中由互补性创新推动的通用目的技术的演进过程（钟榴等，2020）。通用目的技术专用化过程同时伴随着两个矛盾而统一的演化方向：人工智能专用化和人工智能通用化。人工智能专用化表现为在某个产业领域应用的深入，人工智能通用化表现为在更广泛产业领域的应用能力。人工智能专用化是人工智能通用化的基础，专用化过程为人工智能技术迭代提供大量异质创新资源。通过来自各个产业领域的互补性创新反馈，人工智能才具备通用能力。人工智能通用化能够加速人工智能专用化过程。人工智能通用化建立在对巨量异质创新资源的学习上，通过庞大数据资源的预训练，在实际产业应用时，可能只需要提供较为少量、简单的二次训练就能达到可观的效果（钟义信，2021）。人工智能通用化大大降低了人工智能专用化过程所需要进行的二次训练难度。在应用过程中，人工智能表现出越来越强的通用目的技术特征。人工智能通用化是多种技术融合的过程，建立在算力、算法技术快速进步和数据高度丰富的基础上。

以基础研究和应用研究交互作用为基础的复杂反馈结构是人工智能创新持续涌现的核心。人工智能创新的复杂反馈结构表现为三个层次：一是技术层，基础研究和应用研究的交互反馈；二是产业层，技术创新和技术应用的反馈循环；三是市场层，技术进步、劳动分工和市场规模之间的相互作用。三层次反馈结构中包含两类正反馈：技术正反馈和商业正反馈。复杂反馈结构推动创新资源在系统内部高效率流动，通过不断重组形成新的创新资源，如此不断，以增强系统内的冲击强度，为持续涌现提供动力。市场是检验创新的唯一标准。反馈结构为沟通市场和创新提供了通道。作为通用资产的人工智能和作为专用资产的行业专用技术通过这样一种通道，不断融合、迭代，人工智能技术成熟度不断提高。创新资源的高效率流动推动技术融合，进而推动平台技术的产生，提升人工智能的通用性。与专用资产的融合可提升人工智能的专用性，多元技术融合可提升人工智能的通用性，两者并行不悖，共同推动人工智能的产业应用能力提升。

多元创新主体的复杂交互作用是推动形成复杂反馈结构的重要因素，是涌现的核心。人工智能创新可以划分为两个部门：核心产业部门和融合产业部门。核心产业部门包括高校、科研院所、人工智能创新企业等，融合产业部门是应用人工智能的传统产业部门。核心产业部门对应技术创新，融合产业部门对应技术应用。包含政府、核心产业部门、融合产业部门在内的多元创新主体之间的复杂交互作用推动创新资源的流动、交换、重组，对人工智能创新生态系统形成持续扰动，推动系统涌现。

本节以通用目的技术专用化推动的人工智能创新演进为基础，分析人工智能创新生态系统内部各主体之间的交互作用以及复杂反馈结构的形成，研究人工智能创新涌现。

二、人工智能创新演进分析

人工智能创新演进的反馈结构如图 6-2 所示。

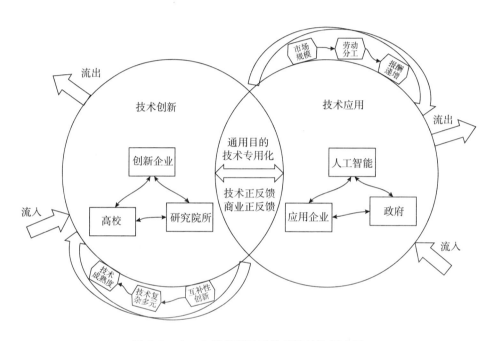

图 6-2 人工智能创新演进的反馈结构示意图

资料来源：笔者自制。

人工智能创新演进建立在多元创新主体的复杂交互作用基础上，是通用目的技术专用化推动的复杂技术发展过程。人工智能与实体经济融合过程中产生的互补性创新是人工智能创新演进的重要动力。创新链各部分之间的交互作用推动创新资源的流动和重组，促进人工智能技术进步（梁丽娜等，2022；赵泽斌等，2019）。人工智能创新演进过程同时表现为人工智能创新生态系统不断发展丰富的过程。

（一）人工智能创新演进是人工智能专用化和人工智能通用化的交互发展过程

人工智能创新演进是通用目的技术专用化过程，是人工智能专用化和人工智能通用化交互发展的过程。通用目的技术具有应用领域广泛、在应用过程中改善、能够引发互补性创新三大特征（Bresnahan and Trajtenberg，1995）。应用领域广泛表明通用目的技术具有规模报酬递增的特性，而规模报酬递增是否能够得到实现关键在于第二个特征，即"在应用过程中改善"。第二个特征表明通用目的技术与应用领域之间的交互反馈作用主要通过第三个特征即"能够引发互补性创新"实现。正如本书前文通用目的技术理论所阐述的，一项技术是否被称为通用目的技术或者表现出通用目的技术特征是在发展过程中检验的（Bekar et al.，2018）。在与应用领域之间交互作用的不断改善下，一些技术才逐渐表现出通用目的技术特征，如人工智能，很难想象20世纪90年代的人工智能技术发展会对经济社会产生如此大的影响。从企业资产角度而言，通用目的技术专用化是通用资产和专用资产融合的过程。通用目的技术属于通用资产，企业自身所拥有的关于某项产品的生产知识属于专用资产，通用资产只有与专用资产结合才能产生价值（Carlaw and Lipsey，2002）。从知识的角度而言，互补性创新的产生在于人工智能技术和产业专用技术两种知识之间的重组（曾德明等，2022）。某一领域的企业通过应用人工智能技术提升自身对关于人工智能这种新技术的知识的理解，在提升企业核心能力的同时，增强了企业吸收与应用新知识的能力。该企业通过产业链或创新网络将这种隐性知识进行传导，有助于提升网络上其他企业对人工智能技术的理解。

人工智能专用化是互补性创新推动的人工智能技术深化过程，表现为在应用领域适应能力的提升。数据是人工智能技术进步的"粮食"（Ma et al.，2020）。大量异质数据能够提升人工智能关于具体产业的理解，这种理解主要表现在对生产动作、异常状况的识别。持续的数据学习推动人工智能越来越容易对某个领域某项问题进行识别和应对。人工智能通用化是互补性创新推动的技术融合过程，表现为平台技术的发展。语音识别、计算机视觉、自然语言处理越来越被集中于一项复杂技术上，由此形成了通用大模型和行业大模型等平台技术。平台技术是专用人工智能向通用人工智能发展的阶段现象。技术平台与平台技术的区别在于，技术平台是一种或多种衍生技术形成的平台，在该平台上用户可以便捷地获取和使用相关技术；平台技术指依托该项技术，用户能够以较低的成本进行改进，进而适应自身的业务需要。平台技术是通用目的技术产品化的重要体现。无论是技术平台还是平台技术都依托于平台，致力于提升人工智能的技术成熟度和演进速度，加速与实体经济的融合（喻国明、苏健威，2023）。平台技术是人工智能技术发展到一定阶段出现的复杂技术体系的系统化、集成化。平台技术提升了人工智能技术的成熟度，是作为通用资产的人工智能和作为专用资产的产业技术融合形成的兼具通用性和专用性的复杂技术。人工智能专用化能够推动人工智能通用化。来自一个产业领域的互补性创新对人工智能技术的提升可能有助于人工智能技术在其他产业领域的应用。原因在于，现在标准化的生产体系使很多产业领域的生产结构具有某种相似性。当人工智能获得足够多产业领域的生产经验时，人工智能技术成熟度足够高，就能够加快人工智能在全产业领域的扩散（王梦迪等，2022）。人工智能通用化目的是促进人工智能专用化。人工智能通用化是通过不同技术之间的协同提升其在很多领域的应用能力。人工智能通用化降低了在具体产业领域应用时的再训练难度，人工智能与应用领域更易进行深度融合。

（二）人工智能创新演进是人工智能创新生态系统不断丰富发展的过程

人工智能创新演进依赖丰富的互补性创新。互补性创新来源于人工智能与实体经济的广泛深度融合，是人工智能创新生态系统多元异质主体复杂交互作用的结果。人工智能创新过程是高度开放的复杂过程，是多种创新资源流动、重组的过程。无论知识是显性的还是隐性的、来自基础研究还是应用研究，其在人工智能创新生态系统中流动、重组，形成更多的创新资源。创新资源在系统主体之间的流动对主体的核心能力、创新预期等产生作用，进而影响整体创新环境。互补性创新推动的人工智能技术进步提升人工智能的收益预期，推动更多主体加入人工智能创新行列，丰富和发展人工智能创新生态系统。更多异质主体意味着更为复杂的相互作用以及更为丰富的创新资源，进而推动人工智能进一步发展。对于开放系统，更多的能量输入和流动推动系统边界不断扩张。

三、人工智能创新涌现的表征分析

（一）涌现现象

基于通用目的技术的创新涌现是历次工业革命时期经济增长的重要动力（钟伟、谢婷，2011）。涌现具有宏观可观测、相对稳定的性质。新技术推动的创新涌现往往具有明显的产业和经济表现。人工智能创新涌现可能表现在如下四个方面：第一，大量人工智能新创企业涌现。随着人工智能技术成熟度越过临界值并不断在实践过程中得到提高，服务于特定产业领域的人工智能创新企业将大量出现。通用性和专用性之间往往是矛盾的，高通用性一般意味着低专用性。提高人工智能的专用性需要依赖专业领域的人工智能创新企业。即便综合平台在不断提升人工智能的易用性，也依然无法取代专用数据带来人工智能专用性的提升。第二，关于人工智能的专利将会涌现。随着中国专利保护制度的不断完善，人工智能创新涌现必然意味着人工智能相关专利的涌现。第三，人工智能创新网络的涌现。以相关主体关于人工智能技术的创新互动构建形成的人工智能创新网络会呈现涌现式发展。随着时间的推移，网络性质可能会发生改变，呈现一种突变特征。第四，人工智能产业将呈现一种非线性发展状况。如前所述，人工智能创新涌现必然意味着人工智能产业的非线性发展。

（二）涌现的持续和中断

从涌现的表现形式上可以将涌现划分为静态涌现和动态涌现（Mitchell，2012）。静态涌现指涌现结构形成之后，保持一定程度的结构不变性，如雪花的形成。动态涌现指涌现表现为动态过程，涌现结构持续发生变化，如水的沸腾。人工智能创新涌现可能表现出一定的持续性，是动态涌现。人工智能创新涌现的可持续关键在于创新和应用之间的正反馈作用是否可持续（Nosil et al.，2017），核心在于来自应用领域的反馈。数据是人工智能创新演进的核心，大部分数据源自产业实践。当创新端无法从应用端获取足够的数据进行学习时，正反馈作用可能面临挑战。将应用端的反馈视为一种输入型的能量冲击，足够的能量冲击才能推动系统持续偏离平衡态，并向新的平衡态发展。那么一旦人工智能与实体经济的融合受阻，创新涌现就可能面临中断的威胁，同时可能通过改变市场预期转向另一种性质的涌现。

四、人工智能创新涌现的影响要素分析

（一）政府

政府掌握大量创新资源，对人工智能创新过程发挥着重要作用。人工智能创新涌现是大量创新资源的流动、重组形成的各类创新的非线性快速增长。政府可能通过两个方面推动人工智能创新涌现。第一，通过推动高校、科研院所等公共研究机构深度参与人工智能创新过程，加快人工智能技术进步。高校、科研院所等公共研究机构的参与能够加快人工智能技术进步，同时降低企业在人工智能创新上的成本，促进企业参与人工智能创新过程。第二，通过财税政策、产业政策等措施推动企业等市场主体参与人工智能创新过程。人工智能作为一项可能对产业发展产生深远影响的新技术，对于市场而言其应用效果是不确定的。作为通用目的技术，人工智能在初期可能并不成熟，在应用过程中不断完善，首先尝试将人工智能应用于产业实践的企业必然面临较大的损失风险。政府可以通过提供相关财税政策为这种潜在风险提供补偿，推动企业参与人工智能创新过程。政府通过财税政策促进企业的创新投入增加，进而增加企业创新活动（赵凯、李磊，2024）。政府对人工智能的支持态度给市场一种积极信号，推动更多企业参与人工智能创新过程（郭玥，2018；高艳慧等，2012）。随着参与人工智能创新的市场主体增多，人工智能加快改善过程、变得更加易用，形成正反馈机制。

（二）基础研究

基础研究是技术创新的动力源泉（Nelson，2006）。人工智能技术进步依赖的算力和算法进步都需要基础研究的支持。同时，基础研究还为解决人工智能在与实体经济融合过程中出现的问题提供支持。数学、神经科学、脑科学甚至生物学、物理学等领域的基础研究成果能够为人工智能算法的进步提供支持。材料科学、量子物理等领域的基础研究能够推动人工智能算力的进步。基础研究推动的量子计算能够在很大程度上缓解人工智能技术进步的算力限制状况，使得人工智能的算法训练能够下沉到更广阔的产业领域，进而加快人工智能技术的进步（张威，2021）。从知识重组的角度而言，基础研究能够产生大量新知识，丰富技术知识体系，夯实技术创新的知识基础。

（三）算力、算法和数据

算力、算法和数据是人工智能技术进步的三个核心要素（滕妍等，2022）。算力的进步推动人工智能可以用更短的时间进行更为复杂的数据训练，加快人工智能技术进步。受限于算力，能够推动人工智能跨越式发展的大模型如 ChatGPT 只可能由少数大型企业掌握，多数企业很难承担高昂的训练成本。算力的不断提升能够使单位算力成本不断下降，推动更多企业深度参与人工智能的创新过程。目前人工智能算法的有效性主要建立在对大量数据的预训练基础上，会耗费大量的算力资源和时间。通用人工智能即便通过小批量数据的学习，依然能够获得良好的应用效果。尤其在工业领域，数据之间存在较大差异，很难获取大量的数据作为预训练基础。算法的进步为解决人工智能在细分领域的良好应用问题提供了可能。数据是人工智能技术进步的核心。通过不断学习实体经济产生的数据，人工智能不断进步。人工智能技术进步推动更多企业参与人工智能创新过程。算力、算法和数据通过推动人工智能不断进步，影响人工智能创新涌现。算力、算法的进步内含于基础研究和应用研究之中，数据的丰富内含于技术应用过程之中。

（四）互补性创新

互补性创新是人工智能在产业应用过程中通用资产和专用资产融合形成的（杨升曦、魏江，2021）。互补性创新既是人工智能创新涌现的重要组成部分，也推动了人工智能涌现的进一步发展。互补性创新是人工智能在适应具体产业应用场景时与产业专用技术融合过程中产生的，是人工智能专对具体产业应用问题形成的一种解决方案，为人工智能提供改进动力（刘刚、刘晨，2020）。作为一种知识的互补性创新能够丰富人工智能的知识体系，更多创新可以通过知识重组产生。互补性创新通过提升人工智能在产业领域的适应性能够加快在产业领域的扩散。互补性创新可能具有一定程度的通用性，即人工智能与某个产业领域的应用场景融合产生的互补性创新可能适用于其他应用场景，如用于智能安防的人脸识别技术可用在自动驾驶对人和物品的识别区分上。

五、涌现机制探讨

（一）基础研究推动核心创新资源持续输入

基础研究是人工智能形成持续创新涌现的动力源泉。技术的进步在于人类在多大尺度上掌握了自然界的原理并进行应用。关于第四次工业革命，人类所掌握应用的技术是纳米级的，能够在电子级进行控制。显然，基于此的技术创新无法通过现有技术的重组和经验积累完成，必须依赖基础研究（Meyer-Krahmer and Schmoch，1998）。人工智能的技术创新严重依赖数学和脑科学（包含认知科学、神经科学等）。数学为人工智能算法提供基础支持（吕陈君、邹晓辉，2020），脑科学为人工智能的发展提供基础理论支持（Zhang et al.，2019；刘哲雨等，2019）。人工智能，简而言之，是使机器系统能够模仿人类思维、行为的技术，涉及听觉、视觉、触觉、认知、思维、计算等一系列学科的研究。人的复杂程度决定了人工智能技术所能达到的复杂程度。在此基础上，基础研究能够不断拓展目前人工智能技术的理论边界，并可能发展出其他的通用目的技术，进而与人工智能技术一同推动创新涌现（Tassey，2005）。基础研究可能推动的其他通用目的技术的产生是其推动人工智能创新涌现的重要因素。

（二）开放环境下多元创新主体非线性交互

涌现通常表现为开放系统由于能量流动的冲击所形成的一种宏观现象。人工智能创新生态系统是高度开放的，多元创新主体之间相互作用并产生大量非线性交互，推动异质创新资源的有序流动，提升创新资源的重组效率。多元创新主体相互作用构成彼此连接的交互创新网络，创新资源在网络上有序流动、重组产生新的创新资源，同时不断增强网络中各创新主体的核心能力（陈伟等，2014）。创新主体核心能力的提升加强彼此间的相互作用，形成正反馈循环，推动创新网络不断演化。

多元创新主体之间的非线性交互不断强化异质创新主体之间的相互作用，提升系统的协同能力，促使个体的行为选择在面临环境变化时具有趋同倾向，并且这种倾向随着交互作用的增强而提升。多元创新主体之间的协同作用包含两个方面：信息协同（马捷等，2018；杜志平、区钰贤，2023）和行为协同（刘和东、陈文潇，2020）。信息协同在于多元创新主体的交互作用推动关于人工智能技术的信息流动和交换，促进创新主体关于人工智能技术的发展预期趋于一致，进而推动创新主体的创新行为之间的协同。行为协同是多元创新主体在信息协同基础上，依据自身核心能力采取的相对互补的创新行为，进而丰富系统中的创新资源（张桂蓉等，2022）。

（三）复杂反馈结构推动人工智能持续演进

通过反馈形成的创新链各部分之间的相互作用是实现人工智能创新涌现的核

心。反馈结构呈现层次化、交互化的特点。层次化表现在人工智能创新的复杂反馈结构表现为三个层次：一是技术层，基础研究和应用研究的交互反馈；二是产业层，技术创新和技术应用的反馈循环；三是市场层，技术进步、劳动分工和市场规模之间的相互作用。技术层是基础研究和应用研究之间的交互所带来的技术创新过程的加速，是人工智能创新复杂反馈结构的基础。科学和技术的深度融合推动基础研究和应用研究加强联系，两者之间的边界在不断消融。对于人工智能技术而言，基础研究是技术进步的动力源泉（Fleming and Sorenson，2004）。应用研究通过提供数据反馈为基础研究提供支持。基础研究能够拓展应用研究边界，丰富应用研究领域的成果。产业层是技术创新端和技术应用端之间的交互，是人工智能创新复杂反馈结构的核心。人工智能与产业领域的融合是技术创新和技术应用的交互过程。人工智能在产业应用过程中会产生大量的互补性创新，这些互补性创新反馈到技术创新端并作为一种创新资源参与人工智能的技术创新过程，能够提升人工智能技术在应用领域的应用能力，即提高技术成熟度，同时推动其他技术参与人工智能的创新过程，引发技术多元化和复杂化。技术成熟度的提高促进人工智能在更广泛产业领域的应用，进一步引发更多的互补性创新，重复上述的创新演进过程。由此在这种技术创新和技术应用之间的反馈循环中，人工智能不断实现技术进步。随着技术的进步，人工智能可以在众多细分领域得到应用，进而催生出一系列服务于特定领域的人工智能创新企业，推动劳动分工。劳动分工的形成得益于市场规模的扩大，进而推动报酬递增的产生。报酬递增是人工智能创新加快发展的核心动力。形成报酬递增关键在于人工智能技术成熟度的提高，其能够推动技术应用达到一种临界状态，越过这个临界状态，大量企业会选择人工智能技术。平台技术的形成和发展加快了这个临界的形成。交互化表现在不同层次反馈结构之间同样存在相互作用。技术层推动的创新迭代是产业层的基础，产业层的反馈结构同时为技术层提供创新资源。市场层反馈结构同时包含了技术层和产业层反馈结构的相关含义。技术进步是技术层反馈结构促进的，市场规模在产业层反馈结构推动下不断扩大。

在三个层次的复杂反馈结构中同时包含两类反馈类型：技术正反馈和商业正反馈。技术正反馈包含数据、知识、互补性创新等。创新来源于知识重组，很多文献探讨了隐性知识对创新的重要作用（Leonard and Sensiper，1998）。在数字经济时代，数据对创新的重要性不言而喻（Bessen et al.，2022）。技术正反馈通过互补性创新提升了新型通用技术的产业适应能力，进而使其向更广泛的产业进行扩散。技术正反馈推动商业正反馈的形成和增强。商业正反馈指技术商业化后获得的资金激励以及创新成功所带来的乐观预期。企业创新行为受到收益预期和收益反馈的影响（Chen，2008）。商业正反馈带来的新技术采用的乐观预期成为推动群体创新选择倾向一致性转移的重要因素，是创新涌现产生的核心要素之一。技术正反馈主要体现在技术层的反馈结构中。商业正反馈主要体现在产业层和市场层的反馈结构中。

（四）组织制度创新推动创新资源持续优化配置

创新资源的持续优化配置推动创新资源高效流动，不断增强反馈结构。创新组织和创新制度等方面的变革对推动人工智能创新持续涌现发挥着重要作用。正如马克思的论述，生产关系一定要适应生产力的发展要求（马克思、恩格斯，2009）。以技术创新作为生产力角色，创新相关的组织和制度变革是生产关系角色，创新组织和制度一定要随着人工智能的发展而不断变化。依赖反馈的创新演进特点，要求人工智能创新生态系统处于动态变化之中，是高度开放、复杂多元的。组织制度创新不断优化创新资源配置，提升创新资源的流动效率，更广范围地发掘创新资源的潜在价值，为人工智能创新演进提供持续支持。

在组织制度创新领域，政府发挥着重要作用。在基础研究领域，政府推动高校等公共研究机构加强"有组织的科研"，建设以应用需求为导向的基础研究体系，促进政产学研深度融合（万劲波等，2021；张政文，2023）。在产业创新领域，政府推动以企业为主导、高校等公共研究机构为支撑的各类新型研发机构发展，推动基础研究、应用研究、产业应用的深度融合，优化畅通创新链（夏太寿等，2014；章芬等，2021）。

第二节　人工智能创新涌现机制的理论假设和推论

一、理论假设

（一）创新部门分类和创新主体分类

1. 关于创新部门的分类

技术创新使得原有技术可能形成多种类型的新技术，如计算机视觉通过训练不同的数据建立不同的算法可以形成图片识别、文字识别、深度伪造技术等多类技术。技术创新不断丰富了原有技术，从这个视角而言，正如传统经济学将经济部门分为生产部门和消费部门，以技术作为产品，创新过程可以分为两类：技术创新（生产）和技术应用（消费）。实际上，传统经济学上存在的生产与消费概念与本书基于技术所称的生产和消费存在较大差异，虽然新技术的应用扩散过程可以理解为相关部门对新技术的消费过程，但是为区别于传统经济学生产和消费的概念，本书分别使用"技术创新"和"技术应用"的概念阐述新技术的生产和消费，相关部门分别为技术创新部门和技术应用部门。技术创新部门进行提供新技术的生产活动，是核心产业部门。技术应用部门进行新技术的应用活动，是融合产业部门。本书以人工智能创新为研究主题，则技术创新部门提供人工智能技术，技术应用部门使用人工智能技术。

从知识视角而言，创新价值链将创新过程分为三个环节或活动：知识生产、知识转化和知识应用（Roper and Arvanitis，2012）。传统上，创新可以分为基础研究、应用研究、产品创新三个阶段（见图6-3）。基础研究生产新的知识，应用研究将新知识转化为新技术，产品创新将新技术转化为新产品，形成整个创新链。然而，无论是知识生产还是知识转化，都是新技术的生产过程。知识的应用指新技术的应用过程。技术应用过程同样存在创新，正如用户创新阐释的。应用过程产生的创新只有反馈到生产过程中才能形成对产业乃至经济社会发展具有重要作用的创新，实现创新的价值。

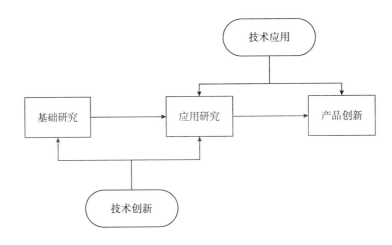

图6-3 创新阶段和分类示意图

资料来源：笔者自制。

技术创新包含基础研究和将基础研究转化为新技术的应用研究部分。技术应用包含将新技术转化为新产品的产品创新过程，同时包含在产品创新过程产生的对新技术进行再开发的应用研究部分中。

（1）技术创新部门。

核心产业部门主要包括两个部分：基础研究和应用研究。基础研究主要由高校和科研院所完成，应用研究主要由企业完成。Bush（1945）在《科学：无尽的前沿》（*Science：The endless frontier*）中提出基础研究是技术创新的根本动力。基础研究的核心力量——高校和科研院所是创新研究中不可忽视的重要力量。

创新是产生新技术的源泉。本书所指的新技术不仅指具有突破性的、崭新的技术类型，还指在现有技术的基础上改进形成的、拥有之前技术所没有的功能和效果的技术。布莱恩·阿瑟在《技术的本质：技术是什么，它是如何进化的》一书中将技术视为"产生于其他技术的组合"。布莱恩·阿瑟将"根本性的新技术"定义为"针对现有目的而采用一个新的或不同原理来实现的技术"。在阐释新技术的产生时，布莱恩·阿瑟（2014）认为新技术来源于两个方面：一是给定的目的和需求，进而发现一个可实现的原理，形成新技术；二是从科学现象中研究如何使用它的原理，形成新技术。两个方面可能存在重叠或者相互作用。显然，布莱恩·阿瑟提出的新技术的两种生成模式正是司托克斯（1999）在《基础科学与技术创新：巴斯德象限》中阐释的基础研究和应用研究的相互作用。根本性新技术来源于发现科学原理并基于科学原理进行技术开发，无论是基于需求还是"好奇心驱动"。一般性新技术来源于现有技术的重组或再开发。按照布莱恩·阿瑟、司托克斯等关于技术的阐释，新技术来源于现有技术的重组或科学原理的阐发。

根本性新技术来源于基础研究的突破，主要依赖于高校和科研院所（Hayter and Link，2018）。高校和科研院所通过与创新企业合作将科学发现转化为新技术，同时从创新企业处获得产业对新技术的需求，开展相应基础研究以产生新的科学发现。在这种交互过程中，新技术被不断创造出来。新技术产生于基础研究和应用研究之间的交互。

一般性新技术来源于通用目的技术专用化过程中通用目的技术与产业专用技术的融合，即人工智能技术在应用过程中以互补性创新方式形成的各类可以实际应用的新技术。例如，同样是计算机视觉技术，在医疗领域的应用和在视频监控领域的应用必然存在较大差异，这种差异构成了新技术的来源，即人工智能技术在任何新领域的应用可能意味着新技术的产生。基于人工智能的新技术（包括根本性和一般性）在人工智能创新过程中不断涌现，区块链、云计算、边缘计算、联邦学习、Web 3.0、虚拟现实等都开始与人工智能核心技术展开活动，生成应用于各类领域的新技术。

（2）技术应用部门。

布莱恩·阿瑟（2014）提出，"技术，是新的技术产品和生产工艺（如早期的汽车）通过被应用和被采用而获得改善，之后再获得进一步的应用和采用，进而创造出正反馈或者收益递增的效用"。不仅是通用目的技术，还有很多技术需要在实践过程中获得改善，变得更加易用。基于人类需求的复杂多元，很多产业领域对技术的需求是多样的，一项单一技术很难完全满足某个产业领域的需求。随着产业发展，产业对新技术的需求是无止境的。技术进步会促进产业对新技术需求的产生，越来越多异质技术会加入，技术重组将变得频繁。规模报酬递增或者说收益递增往往是现代新技术的一项重要经济特征。原材料成本、制造成本并不是现代产品的主要成本项，研发成本成为现代产品的主要成本项，尤其是以人工智能为代表的新一代信息通信技术，软件化是现代产品的重要特征。随着产品规模的增加，产品的平均成本会快速下降，极大地摊平以研发成本为主的固定成本。

产业规模的扩大推动新的分工体系的形成，进而提升新技术条件下的生产效率。有学者研究认为，分工的演进是经济可持续发展的决定性因素（董林辉、段文斌，2006）。只有当产业规模足够大时，报酬递增才可能发生，原因在于现代经济是规模经济。新技术体系在与旧技术体系竞争时，成本是一个重要的考量对象。由于旧技术体系往往具备较为完善的分工体系，因此能够以较低的价格满足市场需求。新技术体系虽然能够以更高的质量满足市场需求，但是这种更高质量对于市场而言并不一定是必要的，或者说只有在一定成本以下是可接受的。新技术面临产业规模扩张的需求，只有产业规模足够大，分工才是经济可行的。

由此而言，劳动分工、技术进步和市场规模之间存在相互作用关系。市场规模是劳动分工的前提。只有市场规模足够大，劳动分工才是有效的。劳动分工是否经济，存在一个市场规模的临界点，这个临界点对于不同产业可能是不同的。在这个临界点以下，劳动分工是不经济的。临界点与劳动分工精细化程度存在重要关联。劳动分工精细化程度指将一个完整的产品生产过程分解成生产步骤进而实行劳动分工的程度。如制作一个木箱，从伐木到完成木箱，一个人完成效率会更高；如果制作十个，可能需要一个人伐木、一个人切割、一个人组装制作；如果制作一万个，那么伐木工序就需要更加细分，如一个人伐木、一个人装车，切割工序、组装工序等亦是如此。随着市场规模的增加，劳动分工精细化程度越来越高。劳动分工精细化程度的提高，可以推动技术进入更加细化的产业领域发挥作用，进而促进技术进步。

新技术的消费部门主体是企业，也包括政府。由于看到新技术对经济增长的作用，同时基于政务工作现代化的需求，政府会很乐意支持新技术的发展。在新技术发展前期，政府往往是积极的响应者，尤其是可能增强国际竞争力的技术类型，如人工智能。政府采用一些能够帮助政府部门开展工作的新技术，这样可以在提升政务效率的同时，支持创新企业的技术创新。同时，政府掌握了大量的非公开信息数据，可以推动人工智能技术的迭代，促使人工智能技术更适应市场需求。政府的积极态度首先推动了国有企业对新技术的采用。国有企业的参与更加深刻地改变了新技术的处境（冯根福等，2021）。国有企业在国民经济体系中拥有重要地位，尤其在很多重要产业领域，如电信、能源、交通等。国有企业对产业链产生重要影响，会推动新技术沿着产业链进行传导。

在政府和国有企业对新技术的支持下，人工智能技术在获得算力支持的情况下，大量人才和资源也会涌入，算法得到提升、数据得到丰富，人工智能技术获得演进的动力。人工智能技术成熟度的提高会进一步推动融合产业部门的企业采用人工智能技术，进一步丰富数据资源。人工智能技术与各类产业专用技术融合形成大量互补性创新，进而对人工智能技术提出更多新的需求。这些需求传导到技术创新端，会促进一系列新技术的产生。大量企业的涌入意味着市场规模的扩大，同时人工智能与不同产业专用技术的融合形成大量新技术，意味着新产业领域的形成。技术创新端会面临劳动分工的精细化，一些针对特定领域的人工智能新技术的生产企业会大量出现。无论是技术生产端还是技术应用端，随着市场规模的扩大，劳动分工会更加精细。技术应用端方面，随着新技术对传统产业的改造，一些新产业可能随之出现。技术生产端方面，为满足来自不同领域的新技术需求，一些针对细分市场领域的技术创新企业开始出现。技术创新的成本在不断被摊平，规模报酬递增开始出现。

2. 关于创新主体的分类

克里斯·弗里曼提出的国家创新系统指出，政府在创新过程中的重要作用（Freeman，2001）。随着技术的进步，尤其是自 Bush（1945）提出科学研究是技术创新的核心动力以来，越来越多的证据表明研究机构对创新具有重要推动作用（Comer et al.，1980）。Etzkowitz 和 Leydesdorff（2000）提出的三螺旋理论指出，以大学为代表的研究机构、以企业为代表的市场主体、以政府为核心的公共力量，三者之间的协同作用对创新发展产生巨大推动作用。由此观之，创新主体主要可以分为三类：高校和科研院所、企业、政府。相比于大学，科研院所在将技术推向市场方面发挥更大的作用（Giannopoulou et al.，2019）。虽然科研院所在技术转化方面与高校存在差别，但是这种差别并不容易区分，在本书研究中也无必要区分。

归纳而言，创新主体可以分为四类，即高校和科研院所、创新企业、应用企业、政府，四者构成的创新系统成为创新产生和发展的源泉。高校和科研院所是创新的研究部门，创新企业是创新的技术部门，应用企业是创新的产品部门。高校和科研院所以及创新企业构成核心产业部门，是新技术的生产者；应用企业构成融合产业部门，是新技术的应用者。政府推动新技术的产生和应用，通过应用新技术推进新技术的创新过程。

（二）选择过程假设

创新的发展过程是一个选择过程。在一个选择过程中，不同个体的增长率是由一个给定环境中的个体群成员之间的互动所互相决定的。系统主体的选择与其目标相关，系统主体的目标往往随着环境的改变而变化。互相决定是关键所在，任何个体的适应性不仅是它自身特征和行为的函数，而且是它在个体群中的所有竞争对手的特征和行为的函数（Byerly and Michod，1991）。采用或不采用创新的决定可能涉及消费者偏好、政府政策和从宏观经济条件到单个公司领导能力等一系列广泛的市场因素（理查德·R. 纳尔逊、悉尼·G. 温特，1997）。本部分内容主要为本书后续章节关于仿真模型的设定提供理论支撑。

1. 主体目标假设

（1）政府的目标。

"创新是经济发展的核心动力"成为市场共识，政府的核心目标就是推动各种形式的创新。在创新系统中，政府并不关心某个个体的创新增长，而是关心整个系统的创新增长和创新收益。政府不仅要促进新技术的生产，还要促进新技术的应用。无论新技术的生产还是新技术的应用，都需要政府开展大量工作，这些都需要大量资金支持。政府的资金主要来自企业税收，更确切地说，来自技术应用。当系统中创新和创新收益实现增长时，政府的税收会同步增加。总体而言，税收、创新、创新收益三个目标具有一致性。

（2）高校和科研院所的目标。

在创新系统中，高校和科研院所的目标在于生产足够多的科学知识提供给创新企业，推动更多新技术的生产，继而获取更多的、持续的创新收益。高校和科研院所的收益一方面来自政府的财政拨款，另一方面是通过分享企业的创新收益获得。如果高校与企业进行合作产生了创新，收益会在高校和科研院所与企业之间分配，分配的份额是税后收益，分配比例一般按照彼此之间参与创新的知识份额。这种方式会推动高校和科研院所深度参与到新技术的生产活动中。

（3）企业的目标。

主流经济学经常将企业的目标静态化，认为企业的目标是利润最大化。竞争性选择的力量会从一种行业中把除了有效的利润最大化者以外所有的人都赶走。Friedman（1953）对这一立场有一个清楚的说明："企业行为明显的、直接的决定因素可以是任何事物——习惯性反应、随机的机会或者不是随机的事物。每当这一决定因素恰好引导行为去与理性的和信息灵通的收益最大化相一致时，企业就会繁荣，并获得它用来扩张的资源。每当这一决定因素不是这样时，企业就会丧失资源，而且只能靠从外面追加资源来维持它的存在。自然选择过程的帮助使得（收益最大化）假说生效，或者不如说，在自然选择既定的情况下，接受这一假说主要根据一种判断，它适当地概括了生存的条件。"

Alchian（1950）表达了对这种静态企业目标的质疑："真正起作用的是实际

试验过的各种行动，因为成功是从这些行动中而不是从某一套完善的行动中挑选出来的。那位经济学家可能是把运气强调得太过分了，他争辩说，如果预见是完全的，适应环境变化和因对事情现状满意程度的变化而采取的行动，会汇集成为修改或采纳被挑选的最优行动的结果。"

最大化的概念并不适应于实际的经济现实。纳尔逊和温特指出："拥有一个完整的、清楚界定的目标函数并不是企业在现实世界中经营的必要条件，而是决定要采取行动的程序。选择的标准只是程序中的重要部分，标准并不需要来自某个全面的目标函数。"演化经济学派认为企业的目标是动态的，在不完全信息和有限理性下，企业很难获得理论意义上的最大化收益，而是存在"合适的"收益区间。在这个区间内，企业都是可接受的。企业的目标在于通过不断创新获取收益。在人工智能创新系统中，无论是创新企业还是应用企业，其目标都在于通过创新获取更多收益。但这种目标并不是单纯的收益最大化，而是根据系统环境不断调整，在保证企业存续的情况下实现可预见时期内的收益。

2. 企业的适应性假设

创新主体的经济适应性是一个事前的概念，与发展期望有关。已经实现的发展，作为产品和要素市场上互动的事后结果，与原来所期望的是非常不同的。因此，当期适应性是期望与未达到期望的某种混合，是选择与干扰力量共同作用的结果。干扰可能来自环境的变化，也可能来自创新主体行为的调整。在某种程度上，正是非系统性导致了群频率的随机连续变异。适应性具有短期和长期的要素。短期的适应性会严重偏离长期的价值。所有这些都与环境的扰动，以及以任何程度的精确性来预测世界未来状态的不可能性相关。经济适应性意味着基于发展期望，创新主体之间存在竞争和协同的相互作用关系（梅特卡夫，2007）。

适应力是以一种合适的方式针对变化的环境进行调整的潜力。正如 Jensen 和 Harré（1981）所指出的，个体可以通过三个基本的机制来进行改变，以便更好地适应环境：一是计算，即对环境认知的有意识的反应；二是平衡，即遵循与目标行为有关的具体准则；三是发展，即在一系列具体的约束条件下，新行为模式的累积的展现。适应力理论也被称为指导性理论，因为选择单位的行为根据环境的变迁所反映出来的信号（相当于一种指导）进行变化。传统的企业计算经济理论具有这样的特征。例如，在从一个给定的行为选择集合中选择如何生产时，市场主体是被它对相关要素价格的认知所指引的。

创新主体的适应过程主要表现在政府、高校和科研院所、创新企业、应用企业之间关于创新的选择和应用的交互作用上。基于新型通用目的技术的创新，初期因为无法获得足够的互补性资产而难以产生实际应用价值，创新企业需要来自政府方面的补贴。政府需要通过引入各种补偿机制，如税收减免、风险投资等，同时推动高校和科研院所参与创新企业的创新过程，提高创新企业的适应性。一次创新的成功能够推动创新企业获得正向激励，继而提升其继续创新的投入。其他创新企业因竞争需要会加入这个创新过程中，从而丰富创新环境。创新的演进使得应用企业能够以较低的价格获得可用创新，进而形成创新收益。其他应用企业面对竞争压力，会逐渐转向采用创新。创新主体的适应过程建立在创新回报的变化上。创新回报的提升会提升创新主体的创新倾向，反之亦然。一家创新企业或者应用企业的成功可能对其他创新企业或者应用企业产生羊群效应（姜照华等，2011）。创新主体之间的相互适应是群体协同的基础。

3. 行为假设

一旦一项具有良好发展前景的新技术产生，总会有一些具有冒险精神的企业家去尝试。一些企业对新技术的尝试为当前市场状况带来挑战。在发展初期，人工智能并不能进行有效的应用，需要一个适应过程。然而，这个应用过程一旦变得成熟，那些率先应用的企业便会获得领先优势。新技术在应用过程中的不断成熟使市场看到了新技术的广阔场景，新技术主导的发展阶段越来越成为历史的必然。这种预期在新技术的发展过程中会越来越强烈。创新主体的创新行为是随着新技术的发展而变化的。

（1）政府行为。

对于新技术而言，政府会给每一项新技术发展的机会，以免错过发展机遇。当一项技术越来越成为未来主导技术时，政府会不断提升该项新技术的战略地位。作为后发国家，中国可以锚定欧美发达国家对新技术的政策，进而根据自身需要制定相关产业政策。人工智能已经被确定为未来主导技术之一，成为大国竞争的焦点。政府会提供所有可行的支持政策，以推动人工智能技术的发展，并不会因一时无法取得足够收益而放弃投资。我们认为，政府对人工智能技术的态度是一贯的，即采取积极的支持态度。

（2）高校和科研院所行为。

中国高校和科研院所大多是公共事业性质的，会坚定支持政府的技术和产业政策，即高校和科研院所并不会因市场变化而降低对人工智能方面研究的投入。然而，这并不意味着市场变化不会影响新技术产出。新技术来源于基础研究和应用研究的交互，基础研究来源于高校和科研院所，应用研究来源于创新企业。根据高校和科研院所的收益假设，市场变动会影响高校和科研院所在技术应用上的收益分成，进而影响基础研究投入。

（3）创新企业行为。

创新面临市场风险，尤其是人工智能这类新兴技术。从创新企业来源而言，创新企业一般包括两类：一类是脱胎于大型企业集团的研究部门，如华为海思；

另一类是孵化于高校或科研院所的新创企业，如云从科技。从创新职能角度而言，创新企业分为核心技术研发企业和技术应用创新企业，前者关注人工智能底层技术的研发，后者关注将人工智能底层技术转化为可用的商业化产品。如果市场表现乐观，创新企业会获得应有收益，那么保持创新投入比例不变也能够增加创新产出。如果市场表现悲观，创新企业无法获取相应收益，那么可能面临削减创新投入以保持企业生存的局面。创新企业行为往往需要根据应用企业的行为进行调整。

（4）应用企业行为。

是否选择新技术取决于新技术所带来的相对于旧技术的超额收益。在旧技术体系下，有些企业处于被动地位，希望通过应用新技术在产业内占据较为主动的地位。产业链地位或市场地位的转变能够给企业带来超额收益。新技术所能带来的超额收益取决于技术成熟度。技术成熟度的提高使应用企业采用新技术所面临的风险降低、适配成本降低，应用企业能够以足够低的代价进行旧技术体系向新技术体系的转换。

应用企业每一次采用创新的行为均可以被视为旧技术体系向新技术体系的转换，所不同的是第一次新旧技术转换最为重要，是两个完全不同的技术体系之间的转换，而之后的采用创新所类比的新旧技术体系转换，是在同一技术基础上的更新迭代，要容易得多。真正改变人工智能创新系统状态的行为选择在于第一次根本性的新旧技术体系之间的转换。应用企业选择创新受到很多方面的影响。第一，受到企业自身核心能力的影响。企业核心能力主要指企业的技术能力，技术能力关系企业对新技术的理解，核心能力越高的企业越能够理解新技术所带来的机遇和变革，越容易倾向于采用新技术。第二，受相关其他企业的行为影响。在现代分工体系下，每一家企业都是某个产业链的一部分。标准化是现代规模经济的基石，一个产业链内部的技术标准必然是统一的。那么，如果产业链内有一家企业使用新技术，就意味着产业链内部的其他企业必然面临选择创新的要求。如此而言，只有在产业链内发挥主导作用的企业才有可能率先使用新技术，进而带动整个产业链转型。产业之间的关联能够形成传导，关联较强的产业受影响较大，关联较弱的产业受影响滞后。采用创新的产业最初应是与创新有高度关联的产业，能够更容易适应创新的要求。在此基础上，随着采用创新的企业增多，数据、互补性创新等推动人工智能创新演进迭代的要素增多，人工智能技术成熟度不断提高，推动市场规模进一步扩大。如此形成一种正反馈效应，推动人工智能在应用企业间快速扩散。

应用企业行为受到多种因素的影响，主要受来自人工智能技术成熟度的提高所带来的创新收益和关联企业行为的影响。人工智能技术成熟度的提高主要得益于高校和科研院所以及创新企业的研发活动。如此，创新企业行为和应用企业行为是关联交互的，成为形成复杂反馈结构的一个重要基础。

二、分析模型和推论

约翰·H. 霍兰（2019）将系统中个体的行为选择模型称为"内部模型"，即每一个系统个体面对环境变化所进行行为选择的规则。系统中企业是创新主体。政府和高校作为服务企业创新的角色，都是根据企业行为以及企业构成的系统环境做出反应。创新系统中企业对创新收益的追求构成适应性目的。企业根据对创新期望收益的判断选择创新行为：创新或者不创新，基础创新或者应用创新。不创新的企业在面临环境变化时会受到存续挑战，在激烈竞争环境下，可能会逐渐退出。基础创新具有较高失败风险和收益不确定性，然而一旦获得成功，随着技术成熟度的提高，基础创新具有规模收益递增特征，能够催生出众多应用创新。应用创新相当于直接应用成熟的技术，不直接进行技术开发，风险较低、收益确定，规模收益不变。企业关于人工智能创新的预期和行为变化构成了创新网络发展的基础，同时是创新涌现的核心内在因素。

（一）人工智能技术创新

沿着上述对技术两部门的划分，本部分分析高校和科研院所、创新企业的技术创新过程。如上所述，新技术的产生来源于高校的基础研究，而高校的基础研究经费来源于政府，政府的收入主要来源于税收，政府税收主要来源于技术消费部门在应用新技术时产生的市场拓展。如果单纯将高校和科研院所、创新企业视为技术生产方，政府与应用企业作为技术消费方，则新技术的产生可以用如下函数表示：

$$T = f(BR, AR) \tag{6-1}$$

其中，BR 表示基础研究，AR 表示应用研究。借鉴柯布-道格拉斯生产函数劳动、资本与产量之间的关系，式（6-1）可能具有如下的函数形式：

$$T = \alpha_1 \times BR^{\theta_b} \times AR^{\theta_a} \tag{6-2}$$

式（6-2）表明新技术产生于基础研究和应用研究之间的交互作用，与柯布-道格拉斯生产函数具有相似之处，α_1 表示全要素创新系数，θ_b 表示基础研究替代弹性，θ_a 表示应用研究替代弹性。对于技术创新而言，基础研究和应用研究之间是否存在替代目前没有定量研究。实际上，基础研究和应用研究之间的替代应该是存在的，即加强基础研究或应用研究都有可能弥补因另一方面缺失造成的技术创新不足。20 世纪 90 年代，日本在汽车、半导体等领域对欧美国家的技术超越来源于日本在应用研究领域的持续投入。基础研究对技术创新的促进作用已经有了比较完备的研究。多数创新研究者承认基础研究对于技术创新的核心作用。本书使用式（6-2）这种函数形式意在表达上述技术创新、基础研究和应用研究之间的关系。$\alpha_1 > 0$，$\theta_b > 0$ 和 $\theta_a > 0$，但 θ_b 和 θ_a 很难进行详细探讨。目前没有明确有效的实证显示基础研究和应用研究对技术创新的具体作用，以及基础研究和应用研究之间的替代关系。基础研究很难完全实现技术转化，则意味着 $\theta_b < 0$。基础研究可用式（6-3）表示。

$$BR = f(RD, T) \tag{6-3}$$

科学知识仅来源于高校和科研院所的基础研究[①]，RD 是研发投入。很多研究表明，技术的进步对基础研究有推动作用（Brooks，1994），T 表示产生的新技术。

应用研究主要来源于大量的产业实践，是融合基础研究的科学知识和产业实践的产业知识形成新技术的过程。应用研究可用式（6-4）表示。

$$AR = f(IA) \tag{6-4}$$

其中，IA 指产业实践。通用目的技术创新的演进来源于产业实践过程中通用目的技术专用化带来的创新需求。产业实践是应用研究的核心动力来源。

基础研究是科学发现过程，应用研究是技术转化过程。科学与技术之间存在螺旋促进的可能。第二次工业革命之后，科学开始参与技术创新过程，科学与技术之间的相互促进作用一直在推动着彼此的进步。科学不仅是新技术理念的直接来源，还是工程、工艺的直接来源。基础研究特别是物理研究中使用的实验室技术或分析方法，往往会直接或间接地通过其他学科进入工业过程（Rosenberg，1991）。对于人工智能技术而言，科学研究对技术创新的影响更加深远。虽然深度学习自 2006 年提出以来使得人工智能经历了历史性的飞跃，但是以深度学习为代表的算法体系并没有从根本上解决"图灵问题"。深度学习虽然基于大数据模型在语音识别、计算机视觉等方面取得了可喜的成绩，获得了广泛的应用，但是其计算过程不具有可解释性，是作为一个黑箱存在，人们很难认知深度学习算法是如何识别那些数据的不同，并准确判断新数据的，或者说深度学习算法并不理解它所学习的对象。可以这样认为，如今的人工智能技术仅仅只是建立在大量同质数据的概率统计上，并不能实现真正意义上的智能。实现真正意义上的智能还需要依赖科学研究对于人脑如何认知、学习和理解这个世界以及脑科学、神经科学等一系列基础研究的突破。技术对科学的影响通常有两个方面：一是技术发展中出现的问题往往是具有挑战性的基本科学问题的丰富来源。解决技术发展中存在的实际问题常常成为科学研究的重要动力，如巴斯德象限。二是新技术往往为科学发展提供新的研究工具，极大地促进科学的进步。没有激光技术，激光显

微镜可能就不存在，生命科学研究将可能严重滞后。很多新技术产生之后为科学研究提供更为便利、精确的研究工具，进而为实现重大科学发现提供可能。

从式（6-1）至式（6-4）可以看出，技术创新内部本身就存在科学和技术之间的反馈结构。在反馈结构的推动下，技术创新可能加速，进而推动创新涌现。据此，则有推论1。

推论1：反馈结构能够促进研究端的创新活动，进而推动创新涌现。

（二）人工智能技术应用

应用企业作为新技术的使用方，通过使用新技术获取收益。应用企业的创新过程可以视为对新技术和旧技术的选择过程。选择新技术就意味着选择创新行为，选择旧技术意味着保持原样。企业的期望收益 P_E 可以用如下公式表示：

$$P_E = P_{EN} \cdot \rho_{EN} + P_{EO} \cdot \rho_{EO} \tag{6-5}$$

其中，P_{EN} 指应用企业采用新技术所获得的收益，ρ_{EN} 指应用企业采用新技术的概率；P_{EO} 指应用企业沿用旧技术所获得的收益，ρ_{EO} 指应用企业沿用旧技术的概率。$\rho_{EN} + \rho_{EO} = 1$。$\rho_{EN}$ 用如下函数表示：

$$\rho_{EN} = f(CC, TM, TE) \tag{6-6}$$

其中，CC 表示企业核心能力，TM 表示人工智能技术成熟度，TE 表示发展预期。很多研究认为，相对于企业家精神和企业家远见，企业核心能力是更容易观测到的对企业创新行为产生重要影响的内在因素（Ge and Liu，2022）。企业的核心能力建立在不断创新的基础上。企业通过从层次较低的、更容易进行的创新出发，不断提升企业的核心能力，进而获得进行更高层次创新的技术基础（孙忠娟等，2021）。核心能力用式（6-7）表示。

$$CC = f(T_C) \tag{6-7}$$

其中，T_C 表示企业的技术创新程度。企业的每一次技术创新都能够提升企业的核心能力，也就是说，企业的每一次创新行为都能够激发企业的下一次创新行为，进而使得创新涌现具有持续性基础。企业的每一种行为都具有惯性，延续旧技术体系是一种惯性，持续采取创新也是一种惯性。惯性在于行为调整需要成本，正如物理学意义上的外力。在此处，行为改变更多地意味着不可知风险。当企业首次采取创新时，意味着这种风险对企业而言是可接受的，而持续创新行为就与结果高度关联。惯性是否有效在于是否存在外力改变预期。企业采取创新如果在可接受范围内实现了预期收益，那么惯性就可能有效，企业的创新行为就会持续，意味着企业的技术创新程度会加深。从网络角度讲，式（6-7）的含义可能在于优先连接。优先连接是上述惯性在复杂网络方面的一种表现。

人工智能技术成熟度 TM 与人工智能技术扩散 ID 正相关。创新扩散表示有多少主体参与创新的应用，同时产业知识的丰富有利于提高技术成熟度。作为新一代通用目的技术，人工智能技术成熟度在与实体经济的融合过程中不断得到提升。在通用目的技术专用化过程中，大量互补性创新的产生有力弥补了通用目的技术在具体领域应用的缺陷。人工智能技术成熟度可用式（6-8）表示。

$$TM = f(IA) \tag{6-8}$$

其中，IA 表示产业实践，产业实践是推动通用目的技术不断成熟的关键；TE 表示发展预期。发展预期既包括企业对于采用新技术之后的发展预期，也包含企业对新技术本身的发展预期。企业对新技术的发展预期受到很多因素的影响，主要包含三个方面的因素：一是企业的技术预见能力。一项新技术往往产生和率先被应用于具有较强技术预见能力的企业。技术预见能力对一个国家和地区长远发展至关重要（Kerr and Phaal，2020）。拥有较强的技术预见能力往往意味着拥有较强的技术研发能力和科学研究能力，能够对新技术的产生和发展有深刻的理解，对新技术对经济社会的影响有长远的考虑。二是关联企业对新技术的态度。市场中的企业往往不是独立的。由于现代经济体系的高度分工，一家企业往往只是参与一项产品的部分生产过程，其需要与上下游企业建立联系。这种联系往往意味着上下游企业需要实行相对统一的生产标准和技术标准。一些具有较强产业链控制能力的企业对新技术的态度往往对产业链上其他企业具有重要影响。三是政府等公共部门对新技术的态度。政府等公共部门对新技术的态度往往意味着未来是否会有大量市场资源向新技术倾斜。政府能够实现市场难以实现的短时间内对大量资源的集中调配。政府对新技术的积极态度往往能够为先入局者带来早期发展红利。虽然技术方向是多元的，一项新技术未必意味着必定优于其他新技术，但是政府的态度能够改变市场对一项新技术的预期，进而锁定新技术的发展路径。此方面可以参考纯电汽车与混动汽车的争论（Åhman，2006；Styczynski and Hughes，2019）。发展预期可用式（6-9）表示。

$$TE = f(\widehat{P_{EN} - P_{EO}}, \ C_i, \ G_p) \tag{6-9}$$

其中，$\widehat{P_{EN} - P_{EO}}$ 表示新技术对企业经营效益提升的平均水平。在采用新技术之前，企业只能通过观察市场上其他应用人工智能企业的情况进行判断。从市场平均水平看，新技术对企业经营效益提升越明显，越可能吸引企业采用新技术。C_i 表示企业所观察到的其他企业以及关联企业对新技术的使用情况。C_p 表示政府对新技术的态度。

综合式（6-6）至式（6-7），式（6-6）就可以改写为：

$$\rho_{EN} = f(T_C, \ IA, \ TE, \ \widehat{P_{EN} - P_{EO}}, \ C_i, \ G_p) \tag{6-10}$$

整体而言，在存量市场下，假设企业存量为 C，那么采用新技术的企业总量应是 $\rho_{EN} \times C$，即可以理解为产业实践 IA。它的意义在于，产业实践越多，越有可能推动产业实践的增长。其根本原因在于，产业实践推进人工智能通用目的技专用化过程，互补性创新的大量产生推动了人工智能技术成熟度的提高。ρ_{EN} 的提高往往意味着系统的非线性增长。ρ_{EN} 的增加至少意味着参与人工智能创新的企业数量的增加。在非线性交互作用下，参与创新的企业数量的线性增加必然意味着相互作用的非线性增加。从网络视角而言，这必然意味着网络交互关系的非线性增加。据此，则有推论2。

推论2：个体（连接概率）的线性变化在相互作用下也可能导致系统的非线性变化，形成宏观涌现。

（三）人工智能技术创新和技术应用的交互关系

技术创新和技术应用之间存在相互作用关系。这种相互作用关系是正反馈形成和发展的起源。与传统经济学中价格机制调节商品生产和消费的动态平衡关系不同，技术创新和技术应用之间是交互促进作用。经济的发展一是有赖于技术进步，二是在商品生产和消费的长期动态平衡中实现，正如马克思所言的事物在矛盾中发展。技术创新和技术应用没有如价格机制这种因素来调节两者之间的供需矛盾，两者之间呈现的是相互促进、彼此作用的双螺旋式发展。正如图6-4所示，在临界态之下，两者之间的反馈结构未完全形成，都处于低水平的发展之中。越过临界态，反馈作用增强，系统出现结构性变化，呈涌现式发展。

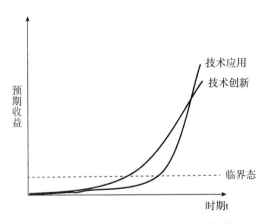

图6-4　技术创新和技术应用交互作用

资料来源：笔者自制。

本书研究的创新主要是以人工智能为核心的技术创新，技术创新在发展过程中由于不断迭代优化而持续产生一些新技术，这些新技术是在原有技术的基础上发展而来的。人工智能作为新一代通用目的的技术，其生产和应用之间还存在适配问题，即技术生产部门和技术应用部门之间并非完全割裂，存在一个负责转化过程的部门，这个部门并不单独存在。技术生产部门和技术应用部门之间存在相互作用关系，这个作用关系主要存在于适配过程中。

技术创新来源于两类知识的重组：产生于基础研究的科学知识和产生于企业的产业知识。技术是基于应用目的、对现有知识进行重组产生的一类知识的有机组成。例如，通过科学研究，我们能够了解到金刚石具有很高的摩氏硬度，其比大多数金属高很多。在产业应用领域，我们有切割金属或者制作锋利的切割工具的需求，同时也有各种制作切削工具的经验。前者作为科学知识，后者作为产业知识，两者结合就产生了金刚石刀具、金刚石钻机、精镗床等新的技术工具。自近代科学产生以来，科学参与技术进步和经济发展的程度越来越深。自第四次工业革命以来，技术创新很难脱离科学研究而单纯通过经验的总结和对现有技术的重组而发展。

（四）创新涌现的临界分析

临界状态是分析复杂系统演化的一个重要着力点（梅可玉，2004）。预期收益是创新涌现临界的关键因素。预期收益决定于技术创新水平，同时影响技术应用。收益预期是影响企业采用新技术的关键因素。

式（6-10）可以改写为：

$$\rho_{EN} = f(TE_S) \tag{6-11}$$

其中，TE_S 可以理解为收益预期，是市场对应用人工智能技术所取得的预期收益水平。市场的收益预期等于实际人工智能技术所能达到的预期收益，即为产生创新涌现的临界条件。

$$TE_R = f(TM) \tag{6-12}$$

其中，TE_R 表示应用人工智能技术实际可获得收益。从技术创新角度而言，技术成熟度与技术创新（T）和应用反馈（IA）有关。

$$TE_R = f(BR,\ AR,\ IA) + G_E \tag{6-13}$$

$$TE_S = TE_O + (\widehat{P_{EN} - P_{EO}}) \tag{6-14}$$

其中，G_E 为政府补贴，TE_O 为企业旧技术体系下的收益水平，$(P_{EN} - P_{EO})$ 为应用人工智能技术的平均收益增值。

$$TE_R = TE_S$$

$$f(BR,\ AR,\ IA) + G_E = TE_O + (\widehat{P_{EN} - P_{EO}}) \tag{6-15}$$

无论是基础研究（BR）还是应用研究（AR），在一定时期会保持相对稳定；$(P_{EN} - P_{EO})$ 与技术成熟度有关，与技术扩散（IA）相关，那么则有：

$$f(BR,\ AR,\ IA) + G_E = TE_O + f(IA) \tag{6-16}$$

式（6-16）表明创新涌现的临界与人工智能在产业的扩散有关，当人工智能在产业的应用具有一定规模时，涌现就有可能发生。同时，它与政府的实际支持有关，政府实际支持力度增大就有利于加速创新涌现的产生。当然，基础研究和应用研究领域的突破也有利于加速创新涌现的产生，如平台技术的产生。据此，则有推论3和推论4。

推论3：基础研究能够推动创新生态系统超越临界状态，产生创新涌现。

推论4：政府政策能够加速创新生态系统超越临界状态，产生创新涌现。

本章小结

一、多元创新主体的复杂交互和复杂反馈结构

人工智能创新涌现是人工智能创新生态系统中创新主体和创新资源量变走向质变的必然现象。创新主体的量变在于人工智能技术进步推动的一致性预期带来的群体协同。创新资源的量变产生于多元创新主体之间的复杂交互推动的创新资源的不断重组，在这个过程中人工智能和实体经济不断融合形成大量互补性创新。

人工智能创新涌现的核心在于复杂反馈结构的形成和发展。从技术创新和技术应用的协同角度，本书建立了关于人工智能创新的两部门模型。与商品的生产和消费不同，技术的生产和消费之间具有协同作用，调节技术的生产和消费的是预期收益。作为新型通用目的技术，人工智能与实体经济的融合是通用目的技术专用化过程。通用资产和专用资产的融合催生大量互补性创新，对人工智能形成反馈，推动人工智能创新演进。人工智能技术成熟度的提高推动收益预期的提升和技术消费快速升级，同时推动技术生产力的提高。由此形成技术生产和技术消费之间的正反馈循环。正反馈循环推动人工智能持续创新演进和技术成熟度的不断提高，促使大量融合产业部门的企业采用人工智能，为技术创新提供广泛的市场需求，继而刺激核心产业部门的不断发展。

二、人工智能创新涌现的命题提炼

命题一：人工智能创新涌现建立在复杂反馈结构基础上。

作为新型通用目的技术，人工智能区别于历代通用目的技术（水力、蒸汽动力、电力、信息技术）的一个核心特征在于其通过对数据的学习能够实现一定程度上的自我优化。自学习和自优化是目前以深度学习为核心的人工智能创新演进的关键动力。通用目的技术在产业实践过程中不断得到改善，通用属性不断得到巩固和拓展。随着人工智能技术成熟度的不断提高，市场对人工智能的收益预期

不断提升，不同市场主体对人工智能的收益预期逐渐趋于一致，产生群体协同。群体协同推动人工智能创新涌现的形成和发展。

人工智能创新涌现过程形成的正反馈是复杂多元的，主要包含三个层次的反馈：一是技术层，基础研究和应用研究之间的交互反馈结构；二是产业层，技术创新和技术应用之间的交互反馈结构；三是市场层，技术进步、劳动分工和市场规模之间形成的交互反馈结构。同时，在三个层次的反馈结构中又包含两类正反馈：技术正反馈和商业正反馈。技术正反馈主要是技术层反馈结构中基础研究和应用研究之间的交互作用，同时也表现在产业层和市场层由于数据等创新资源流动对技术创新产生的推动作用上。商业正反馈主要表现在产业层收益预期增加推动的技术应用的增加，以及市场层中劳动分工和市场规模带来的技术创新的积极效应上。

命题二：人工智能创新涌现是多元创新主体复杂交互、协同作用的结果。

人工智能创新涌现是多元创新主体及其构成的各类子系统之间交互作用的结果。从知识重组的角度而言，人工智能创新生态系统中多元创新主体的交互作用促进了异质知识的流动，提升了创新主体获取知识的效率。通过不断吸收异质互补知识，在产生大量创新的同时，创新主体的核心能力不断提升，其获取和吸收知识的能力也不断增强。人工智能创新生态系统内流动的异质知识不断丰富，吸引更多创新主体加入，系统内的交互作用变得更为复杂，推动正反馈的形成。人工智能创新涌现是人工智能创新生态系统中以知识为核心的创新资源不断丰富发展的结果。

人工智能创新在多个层次上表现出协同，协同作用是创新涌现的重要推动力（Corning，2012）。第一，基础研究和应用研究的协同，其不仅表现为基础研究和应用研究之间的协同，还表现为基础研究各学科领域之间的协同和应用研究各技术领域之间的协同；第二，由于人工智能技术成熟度的提高，收益预期的趋向一致产生的相关个体行为选择的协同；第三，技术创新和技术应用之间的协同；第四，整体与局部的协同，由特定行业领域兴起的、逐渐影响至全局的协同。人工智能必然首先在少数几个领域得到应用，然后才会向更广阔的产业领域扩散。

命题三：平台既是人工智能创新涌现的结果，也推动创新涌现进一步发展。

平台既是一种商业模式，也是一种创新模式。人工智能的通用性必然导致平台的形成和发展。随着人工智能在与实体经济的不断融合过程中的持续改善，规模报酬呈现递增趋势，以平台的形式对外提供技术服务就成为众多企业通常采用的一种商业模式。单一人工智能技术通过集成其他类型技术形成为某些产业领域提供服务的技术平台。这种专业平台的出现既保持了通用性，又提供了专用性，成为技术扩散的重要方式。数据是人工智能创新演进的关键要素。只有多元、异质、协同的数据形成生态结构，才能够最大程度地发挥人工智能的自学习、自优化能力，推动其在特定产业领域应用能力的提高。平台作为一种基础设施，为多元、异质数据的协同生态化提供支持。平台的开放属性为创新和应用之间搭建了桥梁，推动人工智能技术的不断演进。在平台的推动下，人工智能技术变得更加易用，吸引越来越多的传统企业通过平台接触、使用人工智能技术。在资源集聚优势下，平台能够更容易获得来自产业实践的专用资产，从而通过互补性创新推进人工智能创新演进，进而促进创新涌现。

平台凭借其资金实力和创新资源集聚能力推动人工智能创新演进过程中平台技术的形成和发展，如跨平台操作系统、通用型智能芯片、大模型等。大模型是人工智能专用化和人工智能通用化发展到特定阶段的产物，同时可能分化产生通用大模型和专用大模型。通用大模型是广泛意义上的通用人工智能，表现为广领域的产业应用能力，技术上表现为多模态。专用大模型是在某一类行业或应用场景集成多项功能的模型，技术上表现为单或少模态。

命题四：基础研究是人工智能创新涌现的重要原动力。

人工智能的通用性在一定程度上来源于基础研究。大量文献研究表明，基础研究对技术创新具有重要推动作用。基础研究成果往往表现出一定的通用性，主要在于基础研究通过观察、实验等方式研究世界的本原，是从更基础的角度认识世界，其产出成果对技术创新的启发是多方面的，能够推动多领域的技术创新。基础研究不断拓展人工智能的通用性，提升人工智能的自学习和自优化能力。随着深度学习算法的不断优化，一系列针对解决不同场景问题的算法被不断提出，如联邦学习、卷积神经网络、图神经网络等。神经科学、脑科学等的基础研究突破能够给人工智能技术的进步带来重大变化，可能极大地拓展人工智能的应用范围。

基础研究可能推动其他通用目的技术的产生，参与人工智能的创新过程，进一步拓展人工智能技术体系的通用能力。这种以基础研究为核心的创新反馈过程，推动通用目的技术专用化的不断深入，持续引发互补性创新，形成创新涌现。

命题五：政府在推动人工智能创新涌现过程中发挥重要作用。

人工智能创新涌现是在技术、资本、政策等多种因素作用下形成的宏观发展形态。涌现的形成在于系统受到足够多的冲击，推动系统偏离平衡态，形成动态发展结构。只有大量的创新资源流入，才能够推动人工智能创新涌现，政府在这个过程中发挥着重要作用。政府一方面通过各种政策推动人才、资本等向人工智能产业领域流动；另一方面通过采用人工智能技术为人工智能演进提供反馈，提升市场对新技术的收益预期。同时，政府通过引导国有企业、公共研究机构等加入人工智能创新行列，加快人工智能创新演进的速度。

第七章 人工智能创新的复杂网络模型分析

本章主要基于微观个体之间的相互作用探讨人工智能创新涌现机制，基于复杂网络理论对人工智能创新涌现机制进行理论分析。复杂网络能够反映人工智能创新涌现的部分特征，计算机仿真方法能够提供测度核心要素的工具。本章构建复杂网络仿真模型，主要包含两部分内容：第一，将创新部门划分为核心产业部门和融合产业部门，两部门分别对应人工智能的技术创新和技术应用。以连接概率的视角讨论网络中节点的连接行为。节点的连接行为被视为创新行为。引入适应度、资产互补系数等概念，阐释连接概率的变化。参考网络涌现模型、适应度模型、复杂自组织创新网络模型等构建复杂网络理论模型，并对网络的平均路径长度和平均聚类系数进行近似推导。第二，基于复杂网络理论模型，以 Python 语言构建复杂网络仿真模型，通过对比不同参数下的仿真结果，分析反馈结构、核心产业部门规模、潜在市场规模等因素对人工智能创新涌现的影响。探讨多元创新主体交互作用的微观机制。

第一节 基于复杂网络理论模型的讨论

一、复杂网络理论模型

（一）网络涌现模型

在动态网络中，$G(t) = [N(t), L(t), f(t) : R]$ 是一个时变三元组，包括一组节点 $N(t)$、一组链路 $L(t)$ 和将链路映射到对应节点的映射函数 $f(t)$。$N(t)$、$L(t)$、$f(t)$ 均是随时间变化的，$G(t)$ 则构成一个动态网络。网络的形状由映射函数 $f(t)$ 来定义，它可能随时间的推移删除、添加、重连某些节点。

假定网络 $G(0)$ 在它的初始状态，将规则集合 R 中的一个或多个微规则在每

个时间步应用到 G 上，进而形成了网络从 $G(0)$、$G(1)$ 到 $G(n)$ 的迁移：

$$G(t+1) = R\{G(t), E(t)\} \tag{7-1}$$

其中，$E(t)$ 指影响 G 的外界因素。如果网络到达了一个终态 $G(t_f)$，对于所有 $t \geq t_f$ 保持不变，则 G 是收敛的，否则是发散的。涌现网络可能是收敛的，如雪花形成之后会保持稳定的状态，但也存在不收敛的情况，如鸟群和羊群的行进过程一直存在动态变化。

网络涌现一般存在两种涌现方式：开环涌现和反馈循环涌现（Ted G. Lewis，2011）。开环涌现表示网络内在的遗传规律推动网络进化，反馈循环涌现表示网络在适应环境和外部反馈基础上形成适应性网络演化（见图7-1）。

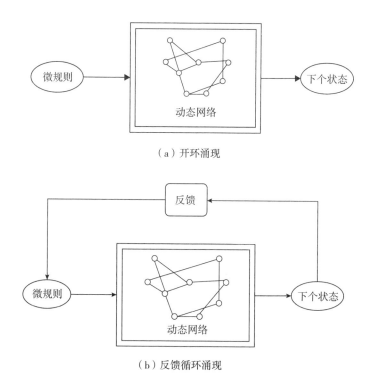

（a）开环涌现

（b）反馈循环涌现

图7-1 动态网络中的涌现

资料来源：根据《网络科学：原理与应用》制作。

开环涌现模型仅对网络的内在或遗传因素做出响应，忽视所有的外部和环境因素，只有节点和链路的局部属性如度、中心性、聚类系数等决定网络的下一个状态。反馈循环涌现模型拥有某个设定的全局目标，根据目标进行环境适应和调整，通过反复的应用微规则 R 和修正反馈信息来改变动态网络全局属性的一个过程，微规则会随着网络的演化而不断发生改变。

根据马尔可夫链的规则，在复杂网络中，对于每个时期，网络主体的状态空间 $S=(0, 1)$，0 表示在该时期未与网络中节点建立连接，1 表示在该时期与网络中节点建立连接，则转换概率 $p(x_i, x_j)$ 与很多因素有关，如上期企业连接状态、企业核心能力、技术成熟度等。转换概率 $p(0, 1)$ 类似于复杂网络中所说的连接概率。

（二）复杂自组织创新网络

复杂自组织创新网络是对无法用更简单的、分层的结构和流程表示的一种组织的反应，这类网络自发形成，反映一种对成本爆炸、时间压力加速以及在追求商业成功时所面临的越来越复杂的技术系统的变化（Ritcher，1994）。复杂自组织创新网络是面向复杂技术创新的创新组织形式。创新网络在形成自组织的过程中，涉及五类相互作用的核心要素：核心能力、互补资产、组织学习、路径依赖和选择环境（Kash and Rycroft，2002）。自组织的形成是网络中各主体面临环境变化不断选择适应行为的过程。这个过程伴随着网络中各主体核心能力的改变以及网络中各流动要素的增多。

核心能力具有组织和技术两个层面。一个更有用的理解是将核心能力视为网络能力，使获得、创建和使用技术和组织知识的组合成为可能，从而在竞争激烈的市场中获胜（Lei et al.，1996）。创建核心能力是一个极其复杂的过程，远远超出了单个公司、大学实验室或政府机构的能力。为了充分利用核心能力，网络必须访问的知识和技能的补充机构被称为互补资产。互补资产分为通用互补资产和专用互补资产。通用互补资产可以通过市场的公开交易获得，而专用互补资产不能通过市场的公开交易获得。通用互补资产不需要针对特定的创新过程量身定制，而专用互补资产必须与特定创新的总体设计相适应并融入其中（Teece，1986）。因此，专用互补资产与核心能力具有高度的相互依赖性，通用互补资产则没有。集体问题的解决和更多地分享隐性知识往往是获得专用互补资产的必要条件（Lane and Bachmann，1996）。

自组织的核心是组织学习，组织学习指企业获取系统中的知识和信息进行适应性行为的过程。隐性知识和显性知识都能促进组织学习。隐性知识普遍存在于复杂网络中。隐性知识存在于个人和工作组及其互动过程中，并经常在明确的、成文的知识机构之间提供"连接"（Faulkner and Senker，1995）。组织学习是通过知识的网络流动使网络中的主体都能得到进化，进而实现整体的正反馈。隐性知识既是形成正反馈的重要因素，也是正反馈产生的重要结果。

自组织的各个方面在某种程度上都是有路径依赖的。路径依赖的产生除了"历史惰性"外，还在于建立了正反馈机制。正反馈是自组织形成的重要原因。

当创新主体获得一次成功时，则会增大继续选择原创新路径的概率。路径依赖是一个概率事件，选择或者不选择创新、选择创新的方式在于尝试创新时获得的反馈情况。

创新网络的自组织形成受所处环境的重要影响。环境因素包括很多方面，如政治、经济、文化、习俗等。自组织的形成关键在于创新主体之间的相互作用，这种相互作用可能随着外界压力而改变，如法律制度、创新政策等。当环境改善有利于创新资源的高效流动时，创新主体之间的相互作用会增强，更容易形成自组织。同时，倡导开放多元的创新文化有利于推动自组织的形成。

（三）连接规则的讨论

网络由节点和连边规则共同形成。与小世界网络和无标度网络的构造过程不同，自组织网络中的规则是不确定的，这种不确定并不随机，而是与系统状态存在关联。节点之间的相互作用以及系统对节点的作用不断影响连边规则，网络的形成是一个演化过程。每个节点都可能拥有不同的连边规则，这种连边规则有迹可循。

创新主体 A 和创新主体 B 之间的连接概率是创新主体 A 和创新主体 B 之间相互作用的函数。这种相互作用可能并不具有事实上的表现，是潜在的。比如创新主体 A 生成了一类创新 C_A，而创新主体 B 的业务恰好需要 C_A 这类创新，则两者很可能会建立关联。创新主体之间之所以能够建立关联，关键在于存在共同的利益关系，拥有的资产具有相对互补性。资产互补是主体之间建立联系的重要原因（Rothaermel，2001；Miotti and Sachwald，2003）。很难想象，一家游戏公司会和一家医院建立联系，除非两者在应对一些共同问题时存在某些资产的互补性。

由于系统存在信息不完全和信息不对称等问题，系统中往往存在很多对具有资产互补性的主体，即主体 D、主体 E、主体 F 等均可能与主体 B 存在同样资产互补，那么主体 B 可能选择主体 A、主体 D、主体 E、主体 F 中的一家或多家。由于主体 A、主体 D、主体 E、主体 F 与主体 B 的资产互补性是同质的，那么选择其中一家是最为明智的。然而，资产互补并不意味着收益预期一致。由于主体 A、主体 D、主体 E、主体 F 所显示的信息是不同的，则主体 B 对选择它们的收益预期可能存在差异。这种选择可能也与历史因素有关，如与主体 B 有关联的主体 G 选择了主体 A，尽管主体 G 与主体 B 的情况不同。

那么主体 A 和主体 B 之间的连接概率 P_{AB} 可以用式（7-2）表示：

$$P_{AB} = f(AC_{AB}, EE_{AB}, H_{AB}) \tag{7-2}$$

其中，AC_{AB} 表示主体 A 和主体 B 之间的资产互补程度，EE_{AB} 表示主体 A 和主体 B 建立关联后两者的综合收益预期，H_{AB} 表示与主体 A、主体 B 相关的历史因素。

历史因素包括很多方面，如果主体 B 之前已经选择过一次主体 A，那么大概率依然会选择 A，这是路径依赖的一种表现。如上所述，如果与 B 关联的主体 G 选择 A，那么 B 大概率也会选择 A，这是环境对主体 B 的一种影响。又或者主体 A 具有多种资产类型，能够为主体 B 提供多种资产互补的可能，利于主体 B 未来的业务拓展，那么主体 B 也往往会选择主体 A。这是发展预期对主体 B 的影响，平台的发展具有此类因素。

1. 资产互补性的来源和解释

资产互补性在于不同主体的核心能力和资产类型能够在多大程度上给彼此带来益处（Rothaermel，2001）。致力于基础创新的创新企业与高校和科研院所存在资产互补，基础创新所需要的新知识往往来源于高校和科研院所的基础研究。创新企业与应用企业之间存在资产互补，基础创新是应用创新的前提条件。资产互补是系统主体建立合作关系的重要参考依据（Cowan et al.，2007）。平台之所以能够与很多企业建立合作关系，主要是因为平台所拥有的技术资产类型多元和丰富，能够和多个行业的企业专用资产进行互补，从资产互补的角度可以为异质主体建立连接提供帮助。

2. 收益预期的说明和解释

企业创新行为受到收益预期和收益反馈的影响（Chen，2008）。收益预期来源于对周围环境的观察和其他主体收益信息。收益反馈指企业尝试创新后所获得的收益回报。创新主体之间建立关联，关键在于通过资产互补能够为双方带来更高的预期收益，这种收益可能并不简单表现在短期利润上。收益预期解释了无标度网络中节点偏向于选择度数中心度较大的节点建立连接的优先连接规则。优先连接规则在日常生活中很常见，如排队的商店前更容易形成长队。面对市场中信息不完全的情况，优先连接是一种高效的筛选机制，避免过高风险的选择。行为主体的行为往往受其他主体行为的影响，在不完全信息情况下，其他主体的行为就是一种信号，这种信号影响主体对采取相应行为所获得的收益的判断（Xie et al.，2019）。收益预期可以采用复杂网络模型中的适应度概念进行替代。适应度表示主体对新技术环境的适应程度。适应度高的主体显然其采用新技术的收益预期就会较高。在实际网络建模时，本书采用适应度替代收益预期纳入模型。

3. 历史因素的解释

历史因素不仅包括企业自身的历史信息，还包括环境的历史信息。企业根据历史信息做出决策，可能产生路径依赖的结果。路径依赖产生于主体对未知不确定风险的担忧。路径依赖的前提是此前选择虽然未必最优，但是实际有效，能够给主体带来益处；纵然新出现的技术可能具有更高的收益，主体也可能保持原本的选择。路径依赖可能还受到技术改善的影响。Arthur（1989）在分析两种技术的发展时发现，偶然的历史因素能够对技术的发展产生重要影响，企业对某项技术的偶然采用可能会导致被锁定在该条技术路径上。虽然新技术经过改善后可能具备更优的性能，但是旧技术经过不断改善已经表现出来可接受的性能，新技术的更优性能还处于未知状态。

二、模型结构和推导

（一）基本网络模型

网络模型的构建关键在于连接概率的变化规则。如上所述，将创新部门分为核心产业部门和融合产业部门（此处将政府作为融合产业部门进行考虑）。技术创新和技术应用之间的交互就转变为了两个子网络之间的交互，即核心网络和核心融合网络之间的交互。

对于网络 $G(V, E, P)$，$V = \{v_1, v_2, v_3, \cdots, v_n\}$ 是网络 G 中节点的集合，$E = \{e_1, e_2, e_3, \cdots, e_n\}$ 是网络 G 中边的集合，P 是关于 V 到 E 的映射集，可以将 P 理解为节点 v_i 和节点 v_j 的连接概率函数集。对于节点 v_i 和节点 v_j，两者之间的连接概率受到诸多因素的影响，每两个节点之间的连接概率都有可能是不同的。然而，根据平均场理论，节点之间的影响可以简化为系统对每个节点的平均影响，那么节点 v_i 和节点 v_j 之间的连接状态就与三个因素有关：节点 v_i 的状态、节点 v_j 的状态、系统状态。将节点分为两类：核心产业部门节点和融合产业部门节点。假设同一部门的节点在初期是同质的，根据无标度连接规则，随着时间的推移，节点会产生异质化。虽然对于单个节点而言其是初始敏感的，但是对于整个系统而言是初始不敏感的。

本书用 $G = (G_{NN}, G_{NM})$①表示总的人工智能创新网络，$G_{NN} = (V_N, E_N, P_{NN})$ 表示由核心产业部门的节点相互连接形成的核心网络，V_N 表示核心产业部门的节点集合。$G_{NM} = \{E_{NM} \mid E_{NM} \subseteq V_N \times V_M, P_{NM}\}$ 是核心产业部门和融合产业部门的节点之间连接的集合，V_M 表示融合产业部门的节点集合。P_{NN}、P_{NM} 分别是 G_{NN} 网络、G_{NM} 网络的连接度，即网络中任意两个节点之间的连接概率。

（二）连接概率

1. G_{NN} 节点连接概率

令 $P_{NN}^{i_\alpha i_\beta}(t)$ 为 t 期 G_{NN} 网络中节点 i_α 和节点 i_β 的连接概率，则从式（7-2）可知，节点 i_α 和节点 i_β 之间的连接概率与其资产互补性、收益预期和历史连接相关。资产互补性和收益预期很难观察到，但是通过对历史连接和邻居节点的观察，收益预期可以被确定。度数中心度大的节点必然被市场认为具有较高的收益

---

① 复杂网络 G 中可能会存在孤立点，即存在某些节点不与任何其他节点连接。

预期。那么 $P_{NN}^{i_\alpha i_\beta}(t)$ 必然与节点 i_α 和节点 i_β 的度数中心度相关，同时与系统的整体度数中心度相关。根据适应度模型，引入 $\eta_{i_\alpha}(t)$、$\eta_{i_\beta}(t)$ 作为节点 i_α 和节点 i_β 的适应度系数。$P_{NN}^{i_\alpha i_\beta}(t)$ 的计算如下：

$$P_{NN}^{i_\alpha i_\beta}(t)=A_{NN}+f(k_{i_\alpha}(t),\ k_{i_\beta}(t),\ k_{NN}(t),\ k_{NM}(t),\ \eta_{i_\alpha}(t),\ \eta_{i_\beta}(t),\ C_{i_\alpha i_\beta})$$

$$(7-3)$$

其中，A_{NN} 为 G_{NN} 网络的基本连接概率。$k_{i_\alpha}(t)$ 是节点 i_α 的度数中心度，$k_{i_\beta}(t)$ 是节点 i_β 的度数中心度。$k_{NN}(t)$ 是 G_{NN} 网络的平均度数中心度，$k_{NM}(t)$ 是 G_{NM} 网络的平均度数中心度，作为网络对节点的平均影响计算。$C_{i_\alpha i_\beta}$ 为节点 i_α 和节点 i_β 之间的资产互补系数。

2. G_{NM} 网络中节点连接概率

t 期 G_{NM} 网络中节点 i 和节点 j 的连接概率为 $P_{NM}^{ij}(t)$，则有：

$$P_{NM}^{ij}(t)=A_{NM}+f(k_i(t),\ k_j(t),\ k_{NM}(t),\ \eta_i(t),\ \eta_j(t),\ C_{ij})\qquad(7-4)$$

$$\eta_i(t)=f(k_i(t),\ \mu_i(t))\qquad(7-5)$$

$$\eta_j(t)=f(k_j(t),\ \mu_j(t))\qquad(7-6)$$

$$k_i(t)=f(P_{NM}^i(t),\ P_{NN}^i(t),\ V_N(t),\ V_M(t))\qquad(7-7)$$

$$k_j(t)=f(P_{NM}^j(t),\ V_N(t),\ V_M(t))\qquad(7-8)$$

其中，$k_i(t)$、$k_j(t)$ 分别是 t 期网络 $G(t)$ 中节点 i 和节点 j 的度数中心度，$k_{NM}(t)$ 是 G_{NM} 网络中的平均度数中心度，$\eta_i(t)$ 是 t 期节点 i 的适应度，$\eta_j(t)$ 是 t 期节点 j 的适应度，$P_{NM}^i(t)$ 是节点 i 在 G_{NM} 网络中的总连接概率[1]，$P_{NN}^i(t)$ 是节点 i 在 G_{NN} 网络中的总连接概率[2]，$P_{NM}^j(t)$ 是节点 j 在 G_{NM} 网络中的总连接概率[3]，$\mu_i(t)$、$\mu_j(t)$ 分别是影响节点 i、j 适应度的其他因素，$V_N(t)$、$V_M(t)$ 分别表示 t 期节点集合 V_N、V_M 的节点个数。C_{ij} 为节点 i 和节点 j 之间的资产互补系数。

$P_{NM}^{ij}(t)$ 类似于适应度模型中的优先连接规则。A_{NM} 是一个初始连接概率，即无论网络中的节点具备什么样的性质都会有一个基本概率与其他节点建立连接。也就是说，$G_{NM}(t)$ 网络的平均概率 $P_{NM}(t)$ 是所有节点相互连接概率的均值，其中 $P_{NM}^{ij}(t)$ 为 t 期 G_{NM} 网络中节点 i 和节点 j 的连接概率，则有：

$$P_{NM}(t)=\left(\sum_{i\in V_N,\ j\in V_M}P_{NM}^{ij}(t)\right)/V_N(t)/V_M(t)\qquad(7-9)$$

---

[1] $P_{NM}^i(t)=\sum_{j\in V_M}P_{NM}^{ij}(t)$

[2] $P_{NN}^i(t)=\sum_{h\in V_N}P_{NN}^{ih}(t)$

[3] $P_{NM}^j(t)=\sum_{i\in V_N}P_{NM}^{ij}(t)$

3. 连接概率的推导

为便于分析，本书对网络两个节点之间的连接概率进行简化处理，认为每期任意两个节点之间的连接概率等于网络平均连接概率，每期网络根据网络节点数、网络平均连接概率进行断开重连，生成新的网络[1]。定义 $P_{NN}(t)$、$P_{NM}(t)$ 分别是 $G_{NN}(t)$ 网络、$G_{NM}(t)$ 网络的平均连接概率。$G_{NN}(t)$ 网络的平均概率 $P_{NN}(t)$ 是所有节点相互连接概率的均值，则有：

$$P_{NN}(t) = \left(\sum_{i_\alpha \in V_N,\ i_\beta \in V_N} P_{NN}^{i_\alpha i_\beta}(t) \right) / V_N(t) / (V_N(t) - 1) \tag{7-10}$$

同理，$P_{NM}(t) = \sum_{i \in V_N,\ j \in V_M} P_{NM}^{ij}(t) / V_N(t) / V_M(t)$。

t 期 $G_{NN}(t)$、$G_{NM}(t)$ 网络的边近似计算如下：

$$E_{NN}(t) = V_N(t) \cdot (V_N(t)-1) \cdot P_{NN}(t) \tag{7-11}$$

$$E_{NM}(t) = V_N(t) \cdot V_M(t) \cdot P_{NM}(t) \tag{7-12}$$

根据式（7-9）至式（7-12），则有：

$$P_{NM}(t) = A_{NM} + f(k_{NM}(t),\ \eta_N(t),\ \eta_M(t)) \tag{7-13}[2]$$

$$\eta_N(t) = f(k_N(t),\ \mu_N(t)) \tag{7-14}$$

$$\eta_M(t) = f(k_M(t),\ \mu_M(t)) \tag{7-15}$$

$$P_{NN}(t) = A_{NN} + f(k_{NM}(t),\ k_{NN}(t),\ \eta_N(t)) \tag{7-16}$$

其中，$k_N(t) = \left(\sum_{i \in V_N} k_i(t) \right) / V_N(t)$，$k_M(t) = \left(\sum_{j \in V_M} k_j(t) \right) / V_N(t)$，$\mu_N(t) = \left(\sum_{i \in V_N} \mu_i(t) \right) / V_N(t)$，$\mu_M(t) = \left(\sum_{j \in V_M} \mu_j(t) \right) / V_M(t)$，$k_{NM}(t)$ 为网络 $G_{NM}(t)$ 的平均度，$\eta_N(t)$ 为节点集 V_N 各节点在 t 期的平均适应度，$\eta_M(t)$ 为节点集 V_M 各节点在 t 期的平均适应度，$k_{NN}(t)$ 为网络 $G_{NN}(t)$ 的平均度，$k_{NM}(t)$ 为网络 $G_{MM}(t)$ 的平均度。

根据以上公式，则有：

$$P_{NM}(t) = A_{NM} + f(P_{NN}(t),\ \eta_N(t),\ \eta_M(t),\ k_{NN}(t)) \tag{7-17}$$

网络 $G_{NN}(t)$ 的平均连接概率 $P_{NN}(t)$ 受到 $P_{NM}(t)$ 影响的同时，通过改变 $G_N(t)$、$G_M(t)$ 的节点状态影响网络 $G_{NM}(t)$ 的平均连接概率 $P_{NM}(t)$，这种非线性的交互影响推动 $P_{NM}(t)$、$P_{NN}(t)$ 两者相互促进。$G_{NM}(t)$ 是推动 $G(t)$ 发展的关键机制。假如 $k_{NM}(t)$ 增大，$P_{NM}(t)$ 会增大，$P_{NN}(t)$ 也会增大，网络进入迅速扩张状态。拥有连边的节点增多，网络中孤立点减少，网络中的连边增加。可以发现，

---

[1] 采用随机网络的构造方法，便于对网络的相关指标进行近似计算。

[2] 对于平均连接概率而言，资产互补系数意义不大，故此处略去。

在 $P_{NM}(t)$、$P_{NN}(t)$ 的交互影响下，网络呈现非线性发展，V_N、V_M 中的节点通过 $G_{NM}(t)$ 相互作用，影响各个节点的度数中心度以及适应度，进而影响节点与其他节点的连接概率，从而影响整个网络的发展。据此，则有推论5。

推论5：核心核心网络和核心融合网络的平均连接概率呈现协同增长趋势。

网络 $G_{NM}(t)$ 相当于技术应用，网络 $G_{NN}(t)$ 相当于技术创新。网络之间互动形成的正反馈是网络涌现发展的核心动力。正如网络涌现模型中所称，随着系统的发展，系统内节点之间的连接规则是不断变化的。这种变化在影响系统节点排位的同时，也影响着系统的整体结构。接下来，本书对整体网络 $G(t)$ 的两个关键网络指标平均聚类系数和平均路径长度进行近似计算，以了解网络拓扑结构。网络的平均聚类系数和平均路径长度一般用来衡量网络是否具备小世界网络特征。平均聚类系数越大、平均路径长度越小，网络的小世界特征越明显。

（三）主要网络指标推导

1. 平均路径长度

考虑一个平均度为 k 的随机网络，从一个起始节点出发距离不超过 d 的期望节点数为：$N(d)=1+k+k^2+\cdots+k^d=\dfrac{k^{d+1}-1}{k-1}$。$N(d)$ 最大值不会超过节点总数，则有

$N(d_{\max})\approx N$，$d_{\max}\approx\dfrac{\ln N}{\ln k}$ 可以看作两个随机选择节点之间平均距离的近似。艾伯特-拉斯洛·巴拉巴西在《网络科学》一书中采用 $d_{\max}$ 的近似算法对互联网、万维网、电网等10个网络进行计算，发现 $d=\dfrac{\ln N}{\ln k}$ 是对网络实际平均路径长度的合理近似。

t 期网络 $V_N(t)$ 中两两节点之间的平均路径长度的近似计算为：

$$\widehat{d_N(t)}\approx\frac{\ln V_N(t)}{\ln(k_N)} \tag{7-18}$$

其中，$k_N(t)=2\times\dfrac{E_N(t)}{V_N(t)}=2\times(V_N(t)-1)\times P_{NN}(t)$。

$V_M(t)$ 中两两节点之间的平均路径长度可近似取 $2+\widehat{d_N(t)}$。

t 期网络 $G(t)$ 平均路径长度的近似计算为：

$$\widehat{d(t)}\approx\frac{\left(\dfrac{\ln V_N(t)}{\ln(k_N)}+2\right)\times V_M(t)\times(V_M(t)-1)/2+\dfrac{\ln V_N(t)}{\ln(k_N)}\times V_N(t)\times(V_N(t)-1)/2}{V_M(t)\times(V_M(t)-1)/2+V_N(t)\times(V_N(t)-1)/2}$$

$$(7-19)$$

根据实际经济情况，$V_M(t) \gg V_N(t)$，则 $V_M(t) \times (V_M(t)-1) \gg V_N(t) \times (V_N(t)-1)$，于是有：

$$\widehat{d(t)} \approx \left(\frac{\ln V_N(t)}{\ln(k_N)} + 2 \right) \qquad (7\text{-}20)$$

随着网络的扩张，k_N 逐渐增大，则 $\widehat{d(t)}$ 逐渐变小。网络的平均路径长度越小，说明网络内部连接效率越高。当然，如果由于新增节点较多且度较小，则也可能导致 k_N 减小，$\widehat{d(t)}$ 增大。但整体上，$\widehat{d(t)}$ 应呈现减小趋势。据此，则有推论6。

推论6：人工智能创新网络的平均路径长度总体呈现减小趋势。

2. 平均聚类系数

t 期网络 $G_N(t)$ 中节点之间的连接概率是 $P_{NN}(t)$，度数为 k_i 的节点 i 的 k_i 个邻居之间最多有 $k_i(k_i-1)/2$ 条链接，节点 i 的 k_i 个邻居之间的链接数 L_i 的期望值 $\langle L_i \rangle = P_{NN}(t) \times k_i(k_i-1)/2$，则节点 i 的聚类系数 $C_i^N(t) = \dfrac{\langle L_i \rangle}{\dfrac{k_i(k_i-1)}{2}} = P_{NN}(t)$。

对于 $G(t)$ 中的节点 $i \in V_N$，会同时在 $G_{NN}(t)$、$G_{NM}(t)$ 中产生连接，对于度数为 k_i 的节点 i，在 $G_{NN}(t)$ 网络中两个邻居之间的连接概率是 $P_{NN}(t)$，在 $G_{NM}(t)$ 网络中的两个邻居之间的连接概率是 $P_{NM}(t)$，则该节点 k_i 个邻居之间的链接数 L_i 的期望值为：

$$\langle L_i \rangle = P_{NN}(t) \times \frac{k_i^N(k_i^N-1)}{2} \qquad (7\text{-}21)$$

k_i^N、k_i^M 分别表示节点 i 在网络 $G_{NN}(t)$、$G_{NM}(t)$ 中的度数中心度，$k_i = k_i^N + k_i^M$，则 $G_{NN}(t)$ 网络中节点 i 的局部聚类系数近似为：

$$\widehat{C_i(t)} \approx \frac{2\langle L_i \rangle}{k_i \times (k_i-1)} = P_{NN}(t) \times \frac{k_i^N(k_i^N-1)}{2} / (k_i \times (k_i-1)) \qquad (7\text{-}22)$$

考虑到 $G_{NM}(t)$ 网络不存在聚类情况，则 $C(t)$ 的值可以简单处理为：

$$\widehat{C(t)} = P_{NN}(t) \times V_N(t) / (V_N(t) + V_M(t)) \qquad (7\text{-}23)$$

显然，$C(t) > \widehat{C(t)}$。$V_N(t)/(V_N(t)+V_M(t))$ 为相对固定值，那么随着 $P_{NN}(t)$ 的增大，网络的平均聚类系数将不断增大。平均聚类系数的计算与网络中三角形结构的数量有关，根据网络的设定，只有核心产业部门之间节点加强连接才能够推动平均聚类系数上升。据此，则有推论7。

推论7：人工智能创新网络的平均聚类系数总体呈增大趋势。

第二节 基于复杂网络仿真模型的分析

一、仿真模型设计

（一）模型基本设定

第一，设定核心产业部门网络中的总节点数为 n，融合产业部门中总节点数为 m。构建两个邻接矩阵，即 $n×m$、$n×n$，分别表示 G_{NM} 网络的邻接矩阵和 G_{NN} 网络的邻接矩阵，具体如下：

$$G_{NM} = \begin{bmatrix} ei_1j_1 & ei_1j_2 & ei_1j_m \\ ei_2j_1 & ei_2j_2 \cdots ei_2j_m \\ ei_3j_1 & ei_3j_2 & ei_3j_m \\ & \vdots & \\ ei_{n-1}j_1 & ei_{n-1}j_2 & ei_{n-1}j_m \\ & & \cdots \\ ei_nj_1 & ei_nj_2 & ei_nj_m \end{bmatrix}$$

$$G_{NN} = \begin{bmatrix} ei_1i_1 & ei_1i_2 & ei_1i_n \\ ei_2i_1 & ei_2i_2 \cdots ei_2i_n \\ ei_3i_1 & ei_3i_2 & ei_3i_n \\ & \vdots & \\ ei_{n-1}i_1 & ei_{n-1}i_2 & ei_{n-1}i_n \\ & & \cdots \\ ei_ni_1 & ei_ni_2 & ei_ni_n \end{bmatrix}$$

i、j 分别为核心产业部门和融合产业部门的节点，设置 $ei_\alpha i_\alpha = 0$，即节点不存在自我连接。对于 G_{NN}，则有 $ei_\alpha i_\beta = ei_\beta i_\alpha$。

第二，构建适应度矩阵 S_N、S_M，为 $1×n$ 和 $1×m$，其各元素分别表示核心产业部门和融合产业部门对应节点的适应度。

$$S_N = \begin{bmatrix} si_1 & si_2 & si_3 \cdots si_{n-1} & si_n \end{bmatrix}$$

$$S_M = \begin{bmatrix} sj_1 & sj_2 & sj_3 \cdots sj_{m-1} & sj_m \end{bmatrix}$$

第三，构建两个互补系数矩阵 H_{NM}、H_{NN}，为 $n×m$ 和 $n×n$，其各元素分别表示 G_{NM} 网络、G_{NN} 网络节点之间资产的互补系数。

$$H_{NM} = \begin{bmatrix} hi_1j_1 & hi_1j_2 & hi_1j_m \\ hi_2j_1 & hi_2j_2 \cdots hi_2j_m \\ hi_3j_1 & hi_3j_2 & hi_3j_m \\ & \vdots & \\ hi_{n-1}j_1 & hi_{n-1}j_2 & hi_{n-1}j_m \\ & \cdots & \\ hi_nj_1 & hi_nj_2 & hi_nj_m \end{bmatrix}$$

$$H_{NN} = \begin{bmatrix} hi_1i_1 & hi_1i_2 & hi_1i_n \\ hi_2i_1 & hi_2i_2 \cdots hi_2i_n \\ hi_3i_1 & hi_3i_2 & hi_3i_n \\ & \vdots & \\ hi_{n-1}i_1 & hi_{n-1}i_2 & hi_{n-1}i_n \\ & \cdots & \\ hi_ni_1 & hi_ni_2 & hi_ni_n \end{bmatrix}$$

设置 $hi_\alpha i_\alpha = 0$，即节点与自身不存在资产互补关系。对于 H_{NN}，则有 $hi_\alpha i_\beta = hi_\beta i_\alpha$。

第四，构建两个连接概率矩阵 P_{NM}、P_{NN}，分别为 $n \times m$、$n \times n$，其各元素分别表示 G_{NM} 网络、G_{NN} 网络对应节点之间连接的概率。系统内两个节点之间的连接概率与两个节点的度数中心度、适应度和互补系数有关。

$$P_{NM} = \begin{bmatrix} pi_1j_1 & pi_1j_2 & pi_1j_m \\ pi_2j_1 & pi_2j_2 \cdots pi_2j_m \\ pi_3j_1 & pi_3j_2 & pi_3j_m \\ & \vdots & \\ pi_{n-1}j_1 & pi_{n-1}j_2 & pi_{n-1}j_m \\ & \cdots & \\ pi_nj_1 & pi_nj_2 & pi_nj_m \end{bmatrix}$$

$$P_{NN} = \begin{bmatrix} pi_1i_1 & pi_1i_2 & pi_1i_n \\ pi_2i_1 & pi_2i_2 \cdots pi_2i_n \\ pi_3i_1 & pi_3i_2 & pi_3i_n \\ & \vdots & \\ pi_{n-1}i_1 & pi_{n-1}i_2 & pi_{n-1}i_n \\ & \cdots & \\ pi_ni_1 & pi_ni_2 & pi_ni_n \end{bmatrix}$$

设置 $pi_\alpha i_\alpha = 0$，即节点不存在自我连接。对于 P_{NN}，则有 $pi_\alpha i_\beta = pi_\beta i_\alpha$。

（二）连接概率

仿真模型主要在于节点连接概率的设定，以及核心产业部门与融合产业部门的节点存量。连接概率的变动与资产互补系数、适应度有关。适应度在经济层面上有多层含义。适应度的提升不只表现为个体本身能力的提升，人工智能技术成熟度的提高也会相对提高所有节点的适应度。节点之间的资产互补性并不会一成不变，而是会随着节点彼此技术能力的变化而变化，同时人工智能技术成熟度的变化也会正向影响所有节点的相对资产互补性。在网络指标中，以平均度指代系统对节点的平均影响。节点适应度与节点的度数中心度和所处网络的平均度有关。节点之间的资产互补系数与节点之间度数中心度的差值有关，同时与所处网络的平均度有关。平均度从宏观意义上可以指代人工智能技术成熟度，核心核心网络的平均度可以被视为技术创新水平，核心融合网络的平均度可以被视为技术应用水平。如前所述，人工智能技术成熟度在技术创新和技术应用之间的交互中提高。

从数次仿真测试来看，系统所能达到的最终状态和设置的初始连接概率没有关系。只要存在反馈结构，并且这种反馈结构存在动态加强的情况，系统最终均会进入一个涌现过程。如此一来，在进行参数设置时，并不需要考虑变量之间的具体函数形式，只需要考虑变量之间的关系方向，以及保证变量在固定的数值范围内。本书设定连接概率、适应度、资产互补系数的数值范围均为（0，1）。对连接概率与网络指标、适应度、资产互补系数的函数关系的设置，一方面需要保证各类因素的变化需要在合理范围内，另一方面需要尽量保证各因素的变化接近于线性，以测度简单规则下的涌现可能。

1. 核心核心网络节点之间的连接概率

关于核心核心网络节点之间的连接概率，设定如下：

$$p_{NN}^{i_\alpha i_\beta}(0) = A_{NN} \tag{7-24}$$

$$p_{NN}^{i_\alpha i_\beta}(t) - p_{NN}^{i_\alpha i_\beta}(t-1) = \alpha_1(\ln(k_{NN}+1)+\ln(k_{NM}+1)) + \alpha_2\left(\frac{\max(K_{i_\alpha},\ K_{i_\beta})}{K}\right) +$$

$$\alpha_3 C_{i_\alpha i_\beta} + \alpha_4(\eta_{i_\alpha}+\eta_{i_\beta}) \tag{7-25}$$

$$\eta_i(t) - \eta_i(t-1) = (0.02\times\ln(K_i+1)/(K_i+1)+0.02\times\ln(k_{NN}+k_{NM}+1))/(k_{NN}+k_{NM}+1) \tag{7-26}$$

$$C_{i_\alpha i_\beta}(t) - C_{i_\alpha i_\beta}(t-1) = 0.02\times\ln(k_{NN}+1)+0.02\times(|K_{i_\alpha}-K_{i_\beta}|/(K)) \tag{7-27}$$

其中，A_{NN} 是一个较低的初始值。η_{i_α}、η_{i_β} 分别是节点 i_α、i_β 的适应度。$C_{i_\alpha i_\beta}$ 是节点 i_α、i_β 之间的资产互补系数。K_{i_α}、K_{i_β} 分别是节点 i_α、i_β 的度数中心度。k_{NN} 为核心核心网络的平均度数中心度。

2. 核心融合网络节点之间的连接概率

关于核心融合网络节点之间的连接概率，设定如下：

$$p_{NM}^{ij}(0) = A_{NM} \tag{7-28}$$

$$p_{NM}^{ij}(t)-p_{NM}^{ij}(t-1)=\beta_1\ln(k_{NM}+1)+\beta_2(\max(K_i,K_j)/(K))+\beta_3C_{ij}+\beta_4(\eta_i+\eta_j)$$

$$(7-29)$$

$$\eta_j(t)-\eta_j(t-1)=0.02\times\ln(K_j+1)/(K_j+1)+0.02\times\ln(k_{NM}+1)/(k_{NM}+1) \quad (7-30)$$

$$C_{ij}(t)-C_{ij}(t-1)=0.02\times\frac{\ln(k_{NM}+1)}{(k_{NM}+1)}+0.02\times\left(\frac{|K_i-K_j|}{K}\right) \quad (7-31)$$

其中，A_{NM} 是一个较低的初始值。η_i、η_j 分别是节点 i、j 的适应度。C_{ij} 是节点 i、j 之间的资产互补系数。K_i、K_j 分别是节点 i、j 的度数中心度。k_{NM} 为核心融合网络的平均度数中心度。

（三）迭代规则

第一，设置核心核心网络、核心融合网络节点之间的初始连接概率、资产互补系数，设置各节点的初始适应度。

第二，根据式（7-24）至式（7-31）计算核心核心网络、核心融合网络节点之间的连接概率、资产互补系数、各节点的适应度。

第三，每个时期，两个邻接矩阵中的值按照两个连接概率矩阵中对应的概率值进行更新，更新规则为在原数值的基础上加1，说明对应两个节点之间增加了一条边。

第四，计算每一期相关的网络指标，如网络中的节点数、边数、平均聚类系数、平均度等。

二、仿真模型结果及涌现机制分析

（一）模型参数设定

本书使用 Python 语言构建仿真模型，模拟人工智能创新涌现。A_{NN} 和 A_{NM} 的值需要足够小，但保证系统能够在有限时期内形成足够连边。A_{NN} 和 A_{NM} 的相对大小需要参考 n 和 m 的相对大小，原因在于连边概率是两个节点之间的连边概率，G_{NN} 和 G_{NM} 的潜在网络规模并不一致，从系统角度讲，两个网络在相同连边概率条件下，系统层面形成边的概率具有较大差别。在设置时，n 必然要比 m 小很多，则 A_{NN} 需要比 A_{NM} 大，这样才能保持一定程度上系统的内在平衡。同时，在人工智能创新初期，核心产业部门内部出于创新合作的需要，A_{NN} 会相对较高。设置 A_{NN} 是分布在 0 和 0.0001 之间的一个随机数，设置 A_{NM} 是分布在 0 和 0.00001 之间的一个随机数。将 A_{NN}、A_{NM} 设置得足够小，降低初始条件的干扰。

核心产业部门的节点对人工智能的适应能力必然高于融合产业部门。设置 η_i^0 是分布在 0 和 0.1 之间的一个随机数，η_j^0 是分布在 0 和 0.05 之间的一个随机数。在初期，人工智能技术成熟度较低，无法在产业领域进行规模使用，意味着核心产业部门和融合产业部门的资产互补性相对较低。核心产业部门内部致力于开发人工智能技术，但人工智能技术门类较多、差别较大，不同节点之间存在一定的资产互补性。设置 C_{ij}^0 是分布在 0 和 0.05 之间的一个随机数，$C_{i_\alpha i_\beta}^0$ 是分布在 0 和 0.1 之间的一个随机数。令 $\alpha_1 = \alpha_2 = 0.002$，$\alpha_3 = \alpha_4 = 0.001$，$\beta_1 = \beta_2 = 0.002$，$\beta_3 = \beta_4 = 0.001$。在设置连接概率、适应度、互补系数函数形式以及参数时，我们经过多次仿真调试，确保在相当长的时期，相应数值变化保持在合理范围内。将各类参数设置在足够小的合理范围内，避免某类要素对连接概率的影响过大，造成分析的不便。

在保持其他参数不变的前提下，本书分别改变 n 和 m 的值，设置三个模型用于对比分析，取 $n = 10$、$m = 1000$ 为"复杂网络仿真模型一"，取 $n = 30$、$m = 3000$ 为"复杂网络仿真模型二"，取 $n = 100$、$m = 3000$ 为"复杂网络仿真模型三"。由于内容较多，本部分仿真结果放置在了附录 F 中。仿真程序代码过长，本书不再进行展示。

（二）应用场景需求推动

对比附录 F 中复杂网络仿真模型一和复杂网络仿真模型二两个仿真结果可知潜在市场规模对人工智能创新涌现的作用，两者都表现出加速增长的趋向。从仿真结果看，是否能够形成涌现与初始条件并没有太大关系，反馈结构的存在才是人工智能创新涌现的核心动力。对比 $t20$ 期复杂网络仿真模型一和复杂网络仿真模型二两个仿真结果总网络边数，复杂网络仿真模型一的总边数为 3894，复杂网络仿真模型二的总边数为 43182，后者是前者的 10 倍有余，远高于节点总数比例的 3 倍。同时，复杂网络仿真模型二中 $t17$ 期时系统中节点已全部接入网络，而网络仿真模型一中 $t20$ 期时依然有 25 个节点未接入网络。潜在市场规模对人工智能创新涌现具有十分重要的影响，这或许是中国能够在当今科技革命浪潮中迅速赶超的重要原因之一。随着市场规模的扩大，核心产业部门内部之间的交互会迅速加强，并带动核心产业部门和融合产业部门之间的交互。

采用 Excel 自带的拟合工具以乘幂的形式进行曲线拟合获得了良好的效果，如图 7-2、图 7-3、图 7-4 所示。对比复杂网络仿真模型二和复杂网络仿真模型一，复杂网络仿真模型二的拟合幂函数指数值（4.6176）高于复杂网络仿真模型一的拟合幂函数指数值（4.5726）。从函数形式 $y = \alpha x^\beta (x > 1)$ 的导数可知，曲线的增长率在不断提升。复杂网络仿真模型二的曲线弯曲程度大于复杂网络仿真模型一的曲线弯曲程度。复杂网络仿真模型二的涌现特征比复杂网络仿真模型一的涌现特征明显。

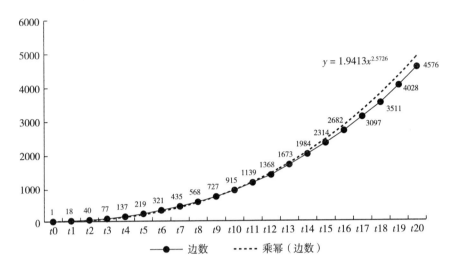

$$y = 1.9413x^{2.5726}$$

图7-2 复杂网络仿真模型一网络边数（加权）变化

资料来源：笔者自制。

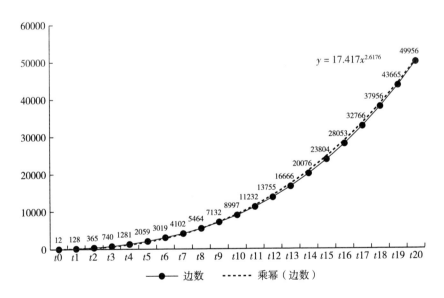

$$y = 17.417x^{2.6176}$$

图7-3 复杂网络仿真模型二网络边数（加权）变化

资料来源：笔者自制。

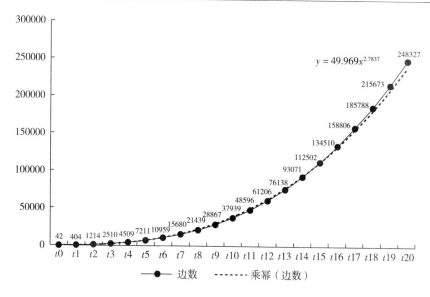

图 7-4 复杂网络仿真模型三网络边数（加权）变化

资料来源：笔者自制。

潜在市场规模对人工智能创新发展可能在三个方面发挥作用。第一，庞大潜在市场规模促使金融资本和产业资本等在人工智能创新领域进行前期的风险投资。各类风险投资的参与对人工智能创新发展十分重要（Wen et al.，2018；Wang et al.，2023）。人工智能的通用目的技术属性是在不断改进的过程中展现出来的。风险投资推动各类创新资源流向人工智能，促进人工智能技术进步。第二，庞大的潜在市场规模能够创造大量创新资源。数据作为数字经济时代最为重要的创新资源之一，主要来源于产业实践。人工智能与产业领域广泛融合产生的互补性创新是推动人工智能技术进步的重要创新资源。庞大的潜在市场规模意味着丰富的应用需求场景，能够为人工智能进步提供大量互补性创新（刘刚、刘捷，2022）。第三，潜在市场规模是复杂反馈结构形成的基础。量变产生质变，潜在市场规模意味着复杂反馈结构能够发展到什么程度。足够大的市场规模才能够形成足够多的异质主体之间的相互作用，同样才会有足够多的创新资源流动形成的系统冲击。质变首先表现为量变过程。同时，规模是路径依赖的重要限制。规模越大，系统被某项技术锁定的程度可能就越深，同时沿着一定方向发展的可能性就越大，意味着反馈结构的形成和发展就越稳固。

（三）基于正反馈过程的涌现

对比图 7-2、图 7-3、图 7-4 发现，网络呈现出涌现发展特征，同时反馈结构的存在使得改变系统初始条件能够影响涌现发生的速度，并不影响涌现是否发生。随着节点的规模逐渐增大，曲线变得更加弯曲，表明涌现更加明显。三者在 $t20$ 期网络的度数中心度分布呈现类似于幂律分布的特征，网络核心指标如网络效率、平均度、平均路径长度、平均聚类系数表现出与本节前述人工智能创新网络相似的变化特征。网络效率、平均度、平均路径长度均不断上升。随着市场规模的扩大，平均聚类系数更早出现非零状态。模型在设定中并没有直接假设核心产业部门和融合产业部门之间的交互作用。这种交互作用隐藏在系统主体选择过程中的动态行为上，即表现为度数中心度、资产互补性和适应度。系统和个体之间的交互、个体之间存在的潜在作用最终形成了系统的正反馈结构。

对比复杂网络仿真模型二和复杂网络仿真模型三发现，虽然后者的核心产业部门节点扩大了 3 倍多，但是 $t20$ 期网络中的边数扩大了近 5 倍，同时在 $t10$ 期时全部节点均已接入网络，早于前者的 $t17$ 期。核心产业部门的规模对人工智能创新涌现具有重要意义。对比复杂网络仿真模型三和复杂网络仿真模型二发现，复杂网络仿真模型三的拟合幂函数指数值（4.7837）高于复杂网络仿真模型二的拟合幂函数指数值（4.6176），即复杂网络仿真模型三的曲线弯曲程度大于复杂网络仿真模型二的曲线弯曲程度。复杂网络仿真模型三的涌现特征比复杂网络仿真模型二的涌现特征明显，验证了推论 2，即便概率增加是线性的，依然可能达成系统涌现。三个模型中两类平均连接概率表现出的协同增长特征验证了推论 6。

无论是资产互补系数还是适应度，或者节点在网络中的度数中心度，都是微观尺度上节点的属性要素，这些要素决定了当网络变化时节点的行为。公式中引入网络的平均度是借鉴平均场理论中系统对个体作用的处理方式，将平均度视为系统变化对个体的一种影响要素。即便要素呈现线性变化，在相互作用的反馈结构基础上，也能够推动系统呈现非线性变化，表现出涌现特征。当系统中节点较少时，这种反馈结构对系统的宏观影响并不明显；当系统中节点足够多时，相互作用足够复杂，反馈结构对系统的宏观影响很容易显现出来。

正如羊群和鸟群的涌现来源于对邻近少数个体的跟随，这种跟随行为与潜在预期有关。人工智能创新涌现同样无法排除预期的干扰，并且预期在创新涌现形成过程中至关重要。无标度网络的优先连接规则同样是一种预期的表现，以经济学语言论之，度数中心度大的节点是已被多次检验过的节点，新节点对其预期是较高的，因为在不完全信息下，度数中心度本身就是一种重要的信息。预期提升得益于人工智能技术的进步，关于技术成熟度的提高，其根本来源于应用领域的扩大带来的互补性创新增多，人工智能可以不断获取用于改进的创新资源。当每个个体不断提升自身的预期时，这意味着整个市场环境在发生重大变化。市场中的个体越多，这种调整所带来的影响就越大，涌现就越容易发生。复杂网络仿真模型三种核心产业部门节点相对的增加所带来的涌现加强，就在于加强了核心产业部门和融合产业部门之间的反馈结构。异质条件下的量变必然带来质变。

（四）多元异质主体复杂交互作用

复杂网络仿真模型中设置初始条件下节点的适应度、节点之间的资产互补系数、节点之间的连接概率分别为指定数值范围的随机数，使节点之间存在异质性。异质主体之间的复杂相互作用是系统形成涌现的重要因素。在初期，人工智能创新网络是少数几个节点偶然连接形成的，如设置的初始条件下较低的随机连接概率。这种偶然连接是对围绕旧技术体系形成的创新系统的扰动，最初是无序的，从复杂网络视角看，表现出一定的随机网络特征。这种偶然连接在经过一段时间的积累之后，对系统形成了足够强的扰动，一是在于持续的异质主体之间交互作用推动人工智能创新资源流动，二是在于创新资源的流动、重组和应用领域的互补性创新推动人工智能技术成熟度提高。系统内节点受到周围环境变化而不断改变着对参与人工智能创新能够获取的收益预期。这种预期反映在连接概率上，系统整体预期的提升意味着平均连接概率的提高。

多元创新主体的交互作用推动人工智能创新资源在主体之间的流动、交换和重组，提升流经主体的适应度和资产互补系数。主体可以从流动的创新资源中获取互补知识、环境信息等，从而提升主体核心能力，同时获取关于人工智能的一致信息，成为产生群体协同的一个重要基础。随着创新网络中节点的增多以及边数的增加，越来越多的主体之间形成交互作用，意味着越来越多的异质创新资源在系统中流动、交换、重组，生成更多的异质创新资源。这种持续的与外界环境进行的创新资源交换推动人工智能创新生态系统从初始状态的无序逐渐走向新平衡态的有序。

本章小结

在本章第一节复杂网络涌现的反馈循环涌现模型中，微规则随着系统的动态变化而不断变化，正如连接概率的设定。每个节点的连接概率既与节点本身的属性（如适应度、度数中心度、资产互补系数）相关，也与系统状态（如平均度）有关。随着系统的动态发展，每期每个节点的连接概率都是不同的，既有继承也有发展。在这种动态发展的反馈结构中，网络逐步走向自组织。节点之间的相互作用是系统形成自组织的重要基础。模型并不直接体现这种相互作用，而是通过个体作用于系统、系统再作用于个体这样的方式形成个体与个体之间直接或间接的相互作用。当系统中个体之间的相互作用普遍存在时，面临环境变化时个体可能采取较为一致的选择，形成群体协同，推动系统涌现。

涌现有强弱之分，正如不同石子投入湖中引起的涟漪大小不同。反馈结构的复杂程度对涌现强弱具有重要影响。如果市场中有足够多的个体，个体之间有足够多、足够复杂的交互作用，就能够产生较强的涌现。增强人工智能创新中的反馈结构，不仅要加强推进应用端，还要促进人工智能核心创新主体的扩大和繁荣。政策含义是要推动人工智能领域的创业活动，鼓励已有企业拓展人工智能创新业务；既要增加被赋能者，也要增加赋能者。

第八章　人工智能创新的系统动力学模型分析

本章是在微观个体之间相互作用机制的基础上，探讨部门之间相互作用对人工智能涌现的作用，是更为宏观层面的分析。本章基于系统动力学对人工智能创新涌现动力进行理论分析。本章构建以政府、高校和科研院所、创新企业（属核心产业部门）、应用企业（属融合产业部门）四类主体交互作用的系统动力学仿真模型，探讨人工智能创新涌现动力，主要包含两部分内容。第一，以复杂系统理论为基础，将创新视为知识的重组，分为基础创新和应用创新；将知识分为科学知识和产业知识。科学知识主要产生于高校和科研院所，产业知识主要产生于创新企业。基础创新由科学知识和产业知识重组产生，应用创新由产业知识重组产生。创新收益即为资金。资金、知识是系统中主要流动介质。以政府、高校和科研院所、创新企业、应用企业四类主体和资金、知识两类介质为基础，构建系统动力学理论模型，并讨论各主体之间的动力关系。第二，在系统动力学理论模型基础上，使用 netlogo 建立系统动力学仿真模型，通过对比不同参数下系统发展情况，探讨基础研究、反馈结构、政府等对人工智能创新涌现的作用。

第一节　基于系统动力学理论模型的讨论

一、系统动力学理论模型

系统是多元主体和彼此相互作用的有机构成。生态系统由主体、角色、关系三个要素组成。根据在系统中所扮演角色和影响力的不同，主体可以分为核心主体和外围主体（Adner，2017）。核心主体发挥主导作用，与外围主体良性互动，共同促进资源共享与价值共创，促进生态系统演进（欧忠辉等，2017）。核心主体与外围主体并不是一成不变的，系统在演化过程中核心主体也可能被逐渐边缘化而成为外围主体，外围主体通过不断努力也可能逐渐成为系统的核心部分。核心产业部门和融合产业部门的划分并不是固定的，核心产业部门中的企业可能会消亡，融合产业部门中的一些企业可能在不断学习过程中完成角色的转变，进而使融合产业部门转变成为人工智能创新系统中的核心产业部门。这来源于系统中各类介质的流动冲击带来的个体相对位置的变化。

流是系统的重要概念，系统内的各种主体通过流进行物质、能量或信息的交换。在创新生态系统中，物质流主要包括人力资本、生产设备等，能量流包括知识、技术、资金、数据等；信息流包括政策、市场信息等。知识、技术、数据等的流动对创新生态系统的演化至关重要，是创新生态系统中的核心流（李万等，2014）。系统中的介质流动是推动反馈结构形成和发展的重要动力。无论是系统还是其他个体，其对某个个体的影响均是通过改变流经该个体的介质而产生的。如在本书前述的复杂网络仿真模型中，竟然没有直接对反馈结构进行设定，但是系统中流动的知识和信息推动了节点适应度和资产互补系数的变化，进而影响节点之间的作用关系。系统的组织学习也来源于知识和信息的流动。

本部分构建的系统动力学模型在于明确阐释在个体和系统之间的相互作用下，涌现得以产生的系统动力学基础，为理解经济模型和网络模型的构建提供借鉴。

根据平均场理论，创新系统中节点的动力学方程可以表示为：

$$\dot{x} = f(x, y) \tag{8-1}$$

$$\frac{\partial \dot{x}}{\partial y} > 0 \tag{8-2}$$

$$\frac{\partial \dot{x}}{\partial x} > 0 \tag{8-3}$$

其中，x 为节点当期状态，y 为系统状态。式（8-2）表明系统中节点的状态变化与系统的状态变化呈现正相关关系。对于人工智能技术的采用行为，节点受到市场环境的整体影响，包括政府政策的影响。式（8-3）表明系统中节点的状态变化与节点历史状态呈现正相关关系。对于人工智能技术的采用行为，节点也受到其历史状态的影响，即历史上是否接触、采用过人工智能。由于群体效应和路径依赖，当系统状态发生变化时，其会影响个体状态，而个体当期状态通过影响个体未来状态使这种状态变化能够持续。如果这种影响能够通过系统内能量的持续冲击形成正反馈结构，那么系统将表现出整体结构的变化。

$$y = f(E, I) \tag{8-4}$$

其中，$E = \{x_1, x_2, x_3, \cdots, x_n\}$，$I = \{f_{12}, f_{13}, \cdots, f_{23}, \cdots, f_{ij}\}$。式（8-4）表明系统状态为系统中 n 个节点状态的组成，即 n 个节点及其彼此之间的相互作用构成了系统状态。E 是系统中节点的状态集合，I 是系统中节点之间相互作用的集合。系统状态并不是系统内每个个体状态以及相互作用的简单加总。由于相互作用的存在，任何形式的个体加总都会与系统实际状态存在偏差，这种偏差会在复杂的相互作用中随着时间的推移而被不断放大，从而产生预测的重大偏差乃至错误，即是系统涌现的来源。

创新系统的动力学方程可以表示为：

$$\dot{y} = f(y, \varepsilon) \qquad\qquad (8-5)$$

其中，ε 为系统扰动项，创新形成的能量流动构成对系统的扰动。外界对系统的冲击通过影响系统状态，在式（8-5）所表达的作用下，对系统中的所有节点产生影响。这种影响对于单个节点而言是异质的。系统中各种异质性正是系统复杂性的来源。

个体与系统之间的经济学解释为：个体对系统的影响表现在当系统中某个个体创新成功后，其会提升系统中其他个体对创新的乐观预期，同时通过知识外溢提升系统中其他个体创新的成功概率（Chun and Mun，2012）。系统对个体的影响表现在系统中创新要素的增多能够有效提升系统中个体创新成功的概率。当系统中个体增多时，异质创新要素同步增加，系统中每个个体可利用的创新要素也在增加。创新和创新要素的流动与重组对系统形成扰动，进而影响系统中个体的行为。正如本书前述章节所揭示的，微观个体之间的相互作用在改变个体本身的同时改变着环境。

同样地，式（8-1）至式（8-5）也用来说明系统中各部分之间的作用关系。系统中各部分之间的相互作用以流动介质作为动力，通过介质的流入与流出改变该部分的状态。流入来自系统其他部分，经过了其他部分的改变。流出的部分是经过该部分改变之后的输出。流入与流出可以视为系统的涨落或者个体状态的涨落，系统在这种介质的动态流动下发展。

二、理论假设和推论

按照经济模型中对创新的两部分、四主体划分以及各主体的行为选择，构建技术创新和技术应用的系统动力学模型。系统动力学主要关注主体和作用两个方面。作用是主体之间的关系函数，这种关系一般通过介主体或者说介质进行传递。介主体是系统内流动的维持主体和系统运行的能量或物质，作用一般通过主体的行为选择体现。相对于前述网络仿真模型，系统动力学模型主要是从宏观层面探讨不同部门之间的相互作用对涌现的影响。

一个完整的系统包括主体、介质、主体之间的作用等方面的因素。介质是系统中流动的元素，主体通过介质的流入与流出实现能量或物质交换，达成存续和发展的目的。介质流入与流出的规则在于主体之间的相互作用以及主体对环境的适应性选择。本书将系统主体划分为四类：政府、高校和科研院所、创新企业、应用企业。

系统中存在两类介质的生产和流动：资金和知识。创新以知识的形式在系统中流动。系统中创新分为基础创新和应用创新。基础创新是科学知识和产业知识重组的结果，应用创新是产业知识与产业知识重组的结果。系统的核心问题是维持并扩大创新和资金的生产。

（一）创新的生产、流动和耗散

创新以知识的形态进行流动（张生太等，2022）。知识分为两类：科学知识和产业知识。创新产生于科学知识和产业知识的重组。高校和科研院所生产科学知识，创新企业生产产业知识。科学知识是基础研究获得的科学发现，产业知识由已经产业化的包含技术、产品等一系列知识构成。科学知识和产业知识可以以任意比例产生创新，产生创新的层次与科学知识在知识重组中的数量成正比。创新的层次越高，创新的理论收益越高。[①] 知识重组并不一定会产生创新，其概率与产业知识参与创新的比例正相关。创新产生之后会生成新的产业知识，新产生的产业知识数量不大于参与创新的知识的整体数量。产业知识之间的重组也会以一定概率产生产业知识。知识在产生之后并不会消失，而是以一定速率失效。[②] 科学知识具有显性知识特征，产业知识具有隐性知识特征。显性知识只有与隐性知识结合才能产生实际的创新收益（赵蓉英等，2020）。当科学知识与产业知识重组产生基础创新时，会产生相应单位的新的产业知识，这些新的产业知识只有与其他产业知识重组产生应用创新时，基础创新才拥有创新收益。产业知识与产业知识重组只产生应用创新，不产生新的产业知识。基础创新的收益可能具有跨期特征，即在除当期外的未来几期都可能通过知识的再重组推动更多应用创新的产生，继而获得更多创新收益。本书对知识存续进行设定，新知识的产生在当期并不会消失而是通过折旧的方式逐渐失效，即系统中可能存在小于一单位的知识单元，这些知识会与下一期的新知识一同参与知识的新一轮重组。

知识的生产、流动和重组均需要消耗资金。高校通过资金投入生产科学知识，但无法通过重组生产科学知识。企业既可以通过资金投入生产产业知识，又可以通过重组生产产业知识。无论采取哪种形式，一单位资金所能产生的新知识是不变的。大规模异质知识的流动和重组是创新涌现的重要原因（Anderson，1972；Kadanoff，2009）。高校和科研院所或企业生产的每单位的知识会存在部分

不同，异质特征与产生的概率成反比。[1] 重组形成的知识的异质性是原重组所有知识异质性的综合。[2] 创新的异质性关系到创新收益的高低。创新收益与创新的异质性成正比。知识的异质性与投入的资金成正比，即投入的资金量越多，越可能产生异质性高的知识。

（二）资金的生产、流动和耗散

政府不生产任何物质，只进行资金的分配。在系统初期，系统中的知识和资金均为零。政府可以通过贷款的方式为高校提供资金。政府可以选择在支付利息后把当期的所有累计收益全部给高校和科研院所以支持知识的生产，也可以选择保留一部分收益以支付下一期的利息和给科研单位资金。

高校和科研院所或企业可以通过出售知识获取资金。高校和科研院所的科学知识可以出售给企业，企业的产业知识可以出售给其他企业。出售价格低于生产知识的资金成本。为降低偿息压力，政府或企业会根据当期收益情况将部分收益用于偿还本金，直至本金偿清。无论政府、高校和科研院所或者企业在当期是否进行相应活动，都需要消耗一定的资金以维持生存。

（三）系统主体间的相互作用

系统中的主体选择行为采用概率的形式进行量化。每一类主体中个体行为的选择在宏观表现上就构成了该类主体采取某种行为的概率值。

1. 政府行为选择

政府的资金主要来自企业税收。政府通过考察当年的税收情况以及历史税收情况进行研发支出安排。如果当年税收情况好于上年，政府判断系统中的创新呈现增长态势，预期下一年创新依然会呈现增长趋势，那么政府会把所有税收收益除偿还利息和部分本金外全部投入高校和科研院所的基础研究。如果当年税收情况比上年差，则政府除偿还当年利息外，会选择保留下一年的利息，并把剩余所有投入高校和科研院所的基础研究。为保证系统的稳定发展，政府会在税收比较多时进行储备，以在面临危机时对企业进行支持，如免税、补贴等。

2. 创新企业行为选择

创新企业始终坚持人工智能的创新工作，通过提供基础创新获取收益。基础创新是应用创新的根本。基础创新产生于科学知识和产业知识的重组，应用创新产生于产业知识之间的重组。产业知识是关于如何使用技术为市场提供相应产品

---

① 产生异质特征为20%（即只有20%的部分是新特征）的知识的概率是80%。知识的异质特征+知识产生的概率＝1。系统不会产生具备0%或者100%异质特征的知识类型。

② 如果三单位知识的异质特征分别是5%、10%、20%，则生产出的知识的异质特征则为1-（1-5%）×（1-10%）×（1-20%）＝31.6%，产生的创新的异质特征为31.6%。本节认定50%是可识别异质创新的临界点，异质特征超过50%的创新是异质创新。

和服务，同时获取相应报酬的知识。创新企业会根据情况按照自身资金的一定比例投入产业知识的生产。

3. 应用企业行为选择

应用企业采用应用创新为市场提供产品或服务，获取相应报酬。应用企业不生产任何知识。应用企业所获取的报酬需要与创新企业进行分成。这种规则设置类似于商业正反馈。应用企业在进行经营策略选择时会对市场上的信息进行收集，通过整合市场信息获取相关决策信息。但任何一家企业都不能获取完备的市场信息，只能在一定范围内的信息中进行决策。应用企业会对收集的信息进行比对，结合自身的历史状况进行下期决策。如果应用企业创新收益高于上年，同时所收集到的信息显示一半以上企业的创新收益是增长的，则应用企业对未来的预期是乐观的。应用企业会选择将除偿还当期利息和部分本金外的所有投入到下期的创新活动中。如果应用企业创新收益低于上年，而所收集到的信息显示一半以上企业的创新收益是增长的，则应用企业以一定概率对未来的预期是乐观的。应用企业会选择将除偿还当期利息外的所有投入到下期的创新活动中，不选择偿还本金。如果应用企业创新收益低于上年，且所收集到的信息显示一半以上企业的创新收益是负增长的，则应用企业对未来的预期是悲观的。应用企业会选择偿还当期利息并保留下一年的应付利息，将剩余收益投入到下期的创新活动中，不选择偿还本金。

4. 高校和科研院所行为选择

高校和科研院所可以主动寻找企业进行合作，以一定概率建立合作。同样地，企业可以主动寻找高校和科研院所进行合作，以一定概率建立合作。当两者的寻找对象契合时，则建立合作。高校和科研院所提供稳定的基础研究，无论研究成果是否被应用。如果研究成果被应用，即参与并生成了创新，其创新收益将部分反馈给高校和科研院所，高校和科研院所将提高其基础研究投入。

（四）模型推理

根据上述系统动力学模型的描述，本书对主体之间的作用进行函数化设置如下：

$$\dot{Z} = \frac{\mathrm{d}Z}{\mathrm{d}t} = \dot{S}_{QC} + \dot{Q}_C + \dot{S}_{QY} + \dot{Q}_Y \tag{8-6}$$

其中，$\dot{Z}$ 为政府资金变动，政府的资金来源是创新企业和应用企业的税收，那么政府资金的变动就等于税率变动和两类企业资金的变动。$\dot{S}_{QC}$ 为创新企业税率的变动，$\dot{S}_{QY}$ 为应用企业税率的变动。

$$\dot{K} = \frac{\mathrm{d}G}{\mathrm{d}t} = \dot{Z} + \dot{Z}_y + \dot{j}C - K_{zj} \tag{8-7}$$

其中，$\dot{K}$ 为科学知识变动，等于高校和科研院所的研发资金变动，等于政府资金变动 $\dot{Z}$ 加上研发投入比变动 $\dot{Z}_y$ 以及基础创新变动 $\dot{JC}$（高校和科研院所从基础创新收益中分成），再减去科学知识折旧率 K_{zj}。

$$\dot{C} = \dot{Q}_C + \dot{q}_c - C_{zj} \tag{8-8}$$

其中，$\dot{C}$ 为产业知识变动，等于创新企业资金变动 $\dot{Q}_C$ 加上投入比重变动 $\dot{q}_c$，再减去产业知识折旧率 C_{zj}。

$$\dot{JC} = \dot{K} + \dot{C} + \dot{K} \times \dot{C} - JC_{zj} \tag{8-9}$$

基础创新变动等于科学知识变动和产业知识变动的叠加，再减去基础创新折旧率 JC_{zj}。

$$\dot{YC} = 2\,\dot{C} + \dot{C}^2 - YC_{zj} \tag{8-10}$$

应用创新变动 $\dot{YC}$ 等于产业知识变动的叠加，再减去应用创新折旧率 YC_{zj}。

$$\dot{Q}_C = \frac{\mathrm{d}Q_C}{\mathrm{d}t} = \dot{JC} + \dot{YC} - \dot{S}_{QC} \tag{8-11}$$

创新企业资金变动等于基础创新变动加上应用创新变动，再减去创新企业税率的变动。

$$\dot{Q}_Y = \frac{\mathrm{d}Q_Y}{\mathrm{d}t} = \dot{YC} - \dot{S}_{QY} \tag{8-12}$$

应用企业资金变动等于应用创新变动减去应用企业税率变动。

对于系统而言，$\dot{S}_{QC}$、$\dot{S}_{QY}$、$\dot{Z}_y$、$\dot{q}_c$、JC_{zj}、YC_{zj} 是可控变量。$\dot{Z}$、$\dot{K}$、$\dot{C}$、$\dot{JC}$、$\dot{YC}$、$\dot{Q}_C$、$\dot{Q}_Y$ 作为变量，无法通过表达式之间的代入消除转变为完全由可控变量组成的表达式，意味着这些变量存在相互作用。从式（8-7）至式（8-10）可知，无论是知识还是创新，其折旧率不能设置过高，不然知识和创新的变动很可能为负值，正反馈无法形成，系统很容易就进入衰退直至低水平稳态。初期必须要保证拥有一定量的科学知识和产业知识的产生，这样才能够形成反馈，故政府和创新企业的资金初始值不能为零。系统能够形成正反馈结构，需要不保证 $\dot{K}$ 和 $\dot{C}$ 始终大于零，就意味着高校和科研院所以及创新企业的研发投入始终应处于增长状态（因为折旧存在），那么提升高校和科研院所的研发经费和降低创新企业的税率，就可能是推动系统加快形成正反馈结构的有效措施。据此，则有推论8。

推论8：提升对创新企业的政策支持和补贴力度有助于加快系统正反馈结构的形成，促进创新涌现。

第二节　基于系统动力学仿真模型的分析

一、仿真模型设计

系统中流动的介质有两类：资金和知识。知识流动和重组生成创新。科学知识和产业知识重组生成基础创新，产业知识和产业知识重组生成应用创新。企业被分为两类：创新企业和应用企业。企业的划分并不一定指实际的企业分类，可以认为是创新部门的两个部分——技术创新和技术应用的分类。系统动力学仿真模型逻辑如图8-1所示。

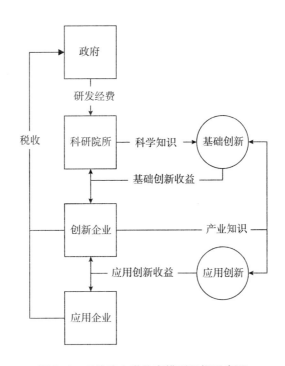

图8-1　系统动力学仿真模型逻辑示意图

资料来源：笔者自制。

（一）模型中主体的相互作用和介质流动

根据式（8-6）至式（8-12）对系统内要素之间设置相应函数关系，如表

8-1 至表 8-8 所示。

1. 资金流动

表 8-1 政府的资金流动

主体 （符号）	流入 （符号）	流出 （符号）	相关变量及解释
政府 （zhengfu）	税收 （shuishou）	研发支出 （yanfazhichu）、 政府采购 （zhengfucaigou）	研发率（yanfalv）指政府给高校拨付研发经费占政府总资金的比例； 税收＝创新企业所得税+应用企业税； 研发支出＝政府×研发率； 政府采购＝政府×0.95-研发支出

资料来源：笔者自制。

来自创新企业和应用企业的税收是政府的资金来源。政府支出一定比例（研发率）的资金给高校①进行研发。在系统设定中，研发支出是政府的重要支出，另一项政府支出是政府采购。政府采购是政府购买应用企业的服务以支持人工智能产业的发展。原则上，政府采购和研发支出应该等于政府的存量资金，但本书会每期留存 5% 的资金用于计量政府资金变化。

高校的职能是进行基础研究、生产科学知识。研发所需资金源自两个部分：政府划拨的研发经费和基础创新收益分成。在系统设定中，研发支出是高校的唯一开支，故原则上高校应该支出当期的所有资金进行研发，但为计量高校的存量资金变化，本书会将研发率设定小于 1，取 0.95，与政府资金存量计量保持一致。

表 8-2 高校的资金流动

主体 （符号）	流入 （符号）	流出 （符号）	相关变量及解释
高校和科研院所 （gaoxiao）	研发经费 （yanfajingfei）、 高校基础创新收益 （jichucxsygx）	研发费用 （yanfafeiyong）	基础创新收益分成（jichucxfc）指高校获得基础创新收益的比例；由于基础创新由科学知识和产业知识重组产成，科学知识由高校生产，因此高校会获得部分基础创新收益； 研发经费＝研发支出； 高校基础创新收益＝基础创新×基础创新价格×基础创新收益分成； 研发费用＝高校×研发率

资料来源：笔者自制。

---

① 因简化函数表达式需要，此部分所称高校指高校和科研院所，仅在本章中第二节"高校"单独出现时如此指代。

创新企业的收入来源包括两个部分：基础创新收益和应用创新收益。基础创新收益由创新企业与高校共享，应用创新收益由创新企业和应用企业共享。创新企业的支出包括三个部分：企业所得税、基础创新支出、应用研发支出。创新企业是基础创新的主体，当科学知识和产业知识重组生成基础创新时，创新企业需要承担一定的创新成本。同时，创新企业需要投入一部分资金进行产业知识的生产。

表 8-3 创新企业的资金流动

主体（符号）	流入（符号）	流出（符号）	相关变量及解释
创新企业（cxqiye）	创新企业基础创新收益（jichucxsycx）、创新企业应用创新收益（yingyongcxsycx）	创新企业税（cxqiyeshui）、基础创新支出（jichucxzhichu）、应用研发支出（yyyanfazhichu）	创新企业税率（cxshuilv）指按照创新企业所得（基础创新收益）征收的税率； 基础创新价格（jichucxjg）指一单位基础创新所能获得的收益； 基础创新成本（jichucxcb）指生成一单位新基础创新的成本； 应用研发率（yyyanfalv）指创新企业将资金用于生产产业知识的比例； 创新企业基础创新收益=基础创新×基础创新收益×（1-基础创新收益分成）； 创新企业应用创新收益=应用创新×应用创新价格×应用创新分成； 创新企业税=（创新企业基础创新收益+创新企业应用创新收益）×创新企业税率； 基础创新支出=新基础创新×基础创新成本； 应用研发支出=创新企业×应用研发率

资料来源：笔者自制。

表 8-4 应用企业的资金流动

主体（符号）	流入（符号）	流出（符号）	相关变量及解释
应用企业（yyqiye）	应用企业应用创新收益（yingyongcxsyyy）、政府购买（zhengfugoumai）	应用企业税（yyqiyeshui）、应用创新支出（yingyongcxzhichu）	应用企业所得税税率（yyshuilv）指按照应用企业所得（基础创新收益）征收的税率； 应用创新成本（yingyongcxcb）指生成一单位新应用创新的成本； 应用企业应用创新收益=应用创新×应用创新价格×（1-应用创新分成）； 应用企业税=应用企业应用创新收益×应用企业税率； 应用创新支出=新应用创新×应用创新成本； 政府购买=政府采购

资料来源：笔者自制。

应用企业的收入主要源自应用创新收益和政府购买，主要支出为企业税和应用创新支出。应用企业是应用创新生产的主体，承担应用创新生产的费用。

2. 知识和创新流动

表8-5 科学知识的流动

主体 （符号）	流入 （符号）	流出 （符号）	相关变量及解释
科学知识 （kexuezhishi）	新科学知识 （xinkexuezhishi）	科学知识折旧 （kexuezhishizj）	基础研发成本（jcyanfacb）指生成一单位新科学知识的成本； 基础研发成功率（jcyanfacglv）指生成新科学知识的概率； 科学知识折旧率（kexuezhishizjlv）类似于资产折旧，指科学知识减少的比例； 新科学知识=基础研发费用/基础研发成本×基础研发成功率； 科学知识折旧=科学知识×科学知识折旧率

资料来源：笔者自制。

表8-6 产业知识的流动

主体 （符号）	流入 （符号）	流出 （符号）	相关变量及解释
产业知识 （chanyezhishi）	新产业知识 （xinchanyezhishi）	产业知识折旧 （chanyezhishizj）	应用研发成本（yyyanfacb）指生成一单位新产业知识的成本； 应用研发成功率（yyyanfacglv）指生成新产业知识的概率； 产业知识折旧率（chanyezhishizjlv）类似于资产折旧，指产业知识减少的比例； 新产业知识=应用研发费用/应用研发成本×应用研发成功率； 产业知识折旧=产业知识×产业知识折旧率

资料来源：笔者自制。

高校投入资金生产科学知识。事实上，资金投入并不一定能够生成科学知识，本书以基础研发成功率表述。基础研发成功率初始设定保持不变。然而，大量文献表明，技术的发展对科学研究具有推动作用（Gazis，1979；Brooks，1994），即当基础创新增多时，可能会提高基础研发成功率。科学知识以一定的速率折旧。

创新企业生产产业知识。资金投入并不一定能够生成产业知识，本节以应用研发成功率表述。产业知识的生产关键在于实践中的技术积累，当技术累积较多时，可能会加快产业知识的生产，即应用创新增多可能会提升应用研发成功率。产业知识以一定速率折旧。

表 8-7　基础创新的流动

主体 （符号）	流入 （符号）	流出 （符号）	相关变量及解释
基础创新 （jichucx）	新基础创新 （xinjichucx）	基础创新折旧 （jichucxzj）	基础创新率（jichucxlv）指科学知识和产业知识重组生成基础创新的概率； 基础创新折旧率（jichucxzjlv）类似于资产折旧，指基础创新减少的比例； 新基础创新＝科学知识×产业知识×基础创新率； 基础创新折旧＝基础创新×基础创新折旧率

资料来源：笔者自制。

基础创新由科学知识和产业知识以一定概率重组生成。为便于计算，本书设定一单位科学知识和一单位产业知识重组生成基础创新。[①] 基础创新价格和基础创新与应用创新之间的比例有关。应用创新/基础创新的值越高，基础创新价格越高。

表 8-8　应用创新的流动

主体 （符号）	流入 （符号）	流出 （符号）	相关变量及解释
应用创新 （yingyongcx）	新应用创新 （xinyingyongcx）	应用创新折旧 （yingyongcxzj）	应用创新率（yingyongcxlv）指产业知识重组生成应用创新的概率； 应用创新折旧率（yingyongcxzjlv）类似于资产折旧，指应用创新减少的比例； 新应用创新＝产业知识×产业知识×应用创新率； 应用创新折旧＝应用创新×应用创新折旧率

资料来源：笔者自制。

应用创新由产业知识与产业知识以一定概率重组生成。为便于计算，本节设定一单位产业知识和一单位产业知识重组生成应用创新。

（二）模型结构

netlogo 是专业用于多智能体仿真模拟的编程软件，本节使用 netlogo6.3 作为仿真工具。图 8-2 是按照表 8-1 至表 8-8 主体之间的函数关系设置的系统动力

---

① 知识的重组过程是复杂的，而且很难进行单位计量，为便于计算本书进行了简化设定。

学仿真模型结构，其参数界面如图 8-3 所示。

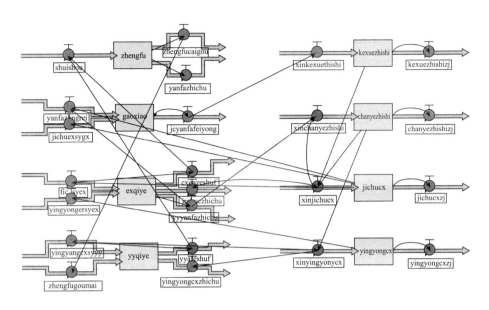

图 8-2　系统动力学模型结构

资料来源：笔者自制。

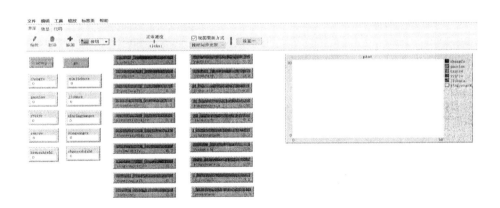

图 8-3　系统动力学模型参数界面

资料来源：笔者自制。

影响系统发展的变量主要有科学知识、产业知识存量和生成成本，基础创新、应用创新的存量、价格和成本、税率等。系统中相关的可调变量如表 8-9 所示。

表8-9　系统可调变量（初始值）

变量名	符号	初始值	变量名	符号	初始值
创新企业税率	cxshuilv	0.6	基础创新成本	jichucxcb	0.6
应用企业税率	yyshuilv	0.6	应用创新成本	yingyongcxcb	0.3
基础创新价格	jichucxjg	3	应用研发率	yyyanfalv	0.3
应用创新价格	yingyongcxjg	2	科学知识折旧	kexuezhishizjlv	1
基础研发成本	jcyanfacb	1	产业知识折旧	chanyezhishizjlv	1
基础研发成功率	jcyanfacglv	0.5	基础创新折旧	jichucxzjlv	1
应用研发成本	yyyanfacb	0.6	应用创新折旧	yingyongcxzjlv	1
应用研发成功率	yyyanfacglv	0.6	基础创新分成	jichucxfc	0.3
基础创新率	jichucxlv	0.01	应用创新分成	yingyongcxfc	0.3
应用创新率	yingyongcxlv	0.02	研发率	yanfalv	0.95
政府初始资金量	zhengfu	10	创新企业初始资金量	cxqiye	10

资料来源：笔者自制。

在表8-9初始值下，系统经过短暂增长之后很快开始下落，并保持接近于零状态。经过对系统参数的反复测试，知识和创新的折旧水平、企业税率是影响系统发展的重要因素。根据《2020年世界纳税报告》，2018年中国总税收和缴费率为59.2%[①]，故本节设置创新企业税率和应用企业税率的初始值为60%。

基础创新价格、应用创新价格、基础创新成本、应用创新成本分别是一个相对值，基础创新价格要高于应用创新价格，基础创新成本高于应用创新成本，基础创新的利差要高于应用创新的利差。然而，基础创新成功率要低于应用创新成功率。基础创新和应用创新的期望收益值大致相同，基础创新略高。本书分别设置基础创新价格为3、应用创新价格为2，基础创新成本为0.6、应用创新成本为0.3，基础研发成功率为0.5、应用研发成功率为0.6。基础创新率低于应用创新率，设置基础创新率为0.01，应用创新率为0.02。异质性是演化的基础。本书虽然没有区分企业之间的异质性，但是将企业职能进行了两部分划分，规定了知识和创新的异质性。创新的异质性降低了由于竞争而产生的低模态均衡[②]。随着创新的增多，虽然创新企业之间的激烈竞争会降低创新价格，但是创新扩散过程会催生新的创新，同时市场的高度细化允许大量异质创新的存在，单项创新的价格可能并不会因创新的增多而降低，反而由于市场的逐渐成熟和扩大而提升。

---

① 第一财经. 最新世界纳税报告：中国纳税指数提升9位［EB/OL］.（2019-11-2）［2023-02-12］. https://baijiahao. baidu. com/s? id=1651321937519457880&wfr=spider&for=pc.

② 低模态均衡指由于同质竞争导致的系统被锁定在较为低级的发展阶段。

假定知识和创新均是当期有效，则设置科学知识折旧、产业知识折旧、基础创新折旧、应用创新折旧均为1。基础创新分成、应用创新分成均为0.3，高校参与基础创新收益分成、创新企业参与应用创新收益分成并不会对系统发展产生重大影响，但会影响系统变动的速率，设置两者均为0.3是合理的。科学知识的产生最初源自政府的研发投资，产业知识的产生最初源自创新企业的研发投资，因而需要设定政府和创新企业的初始值，分别设置政府和创新企业的初始资金量初始值为10。

二、仿真模型结果与涌现动力分析

在初始值设置下，系统经过短暂震荡开始下行，随后进入低水平的稳态，说明在初始值下系统没有形成反馈结构，无法产生涌现。这主要在于知识和创新当期完全折旧，没有参与接下来的系统发展，反馈失去了基础。在调整知识和创新的折旧率均为50%之后，系统依然经过短暂震荡进入低水平稳态，考虑原因在于税率较高，导致企业无法留存足够资金进行知识和创新的生产。在调整创新企业税率、应用企业税率均为30%后，系统经历震荡所进入的稳态高于前一种稳态，但依然没有形成涌现。

在经过上述两次调整后，理论上系统内部应该能够形成反馈结构进而形成涌现，而事实上，由于设置政府和创新企业的初始资金量较低，在知识和创新生产均面临较高失败风险的时候，前期如果没有形成知识和创新的积累，就无法形成基于知识重组的反馈结构，涌现也就无法形成。调整政府和创新企业的初始资金量初始值均为30，则调整后的系统参数如表8-10所示，调整后各主体资金变化和两类创新变化分别如图8-4、图8-5所示。

表8-10 系统动力学仿真模型一系统可调变量参数值

变量名	符号	参数值	变量名	符号	初始值
创新企业税率	cxshuilv	0.3	基础创新成本	jichucxcb	0.6
应用企业税率	yyshuilv	0.3	应用创新成本	yingyongcxcb	0.3
基础创新价格	jichucxjg	3	应用研发率	yyyanfalv	0.3
应用创新价格	yingyongcxjg	2	科学知识折旧	kexuezhishizjlv	0.5
基础研发成本	jcyanfacb	1	产业知识折旧	chanyezhishizjlv	0.5
基础研发成功率	jcyanfacglv	0.5	基础创新折旧	jichucxzjlv	0.5
应用研发成本	yyyanfacb	0.6	应用创新折旧	yingyongcxzjlv	0.5
应用研发成功率	yyyanfacglv	0.6	基础创新分成	jichucxfc	0.3
基础创新率	jichucxlv	0.01	应用创新分成	yingyongcxfc	0.3
应用创新率	yingyongcxlv	0.02	研发率	yanfalv	0.95
政府初始资金量	zhengfu	30	创新企业初始资金量	cxqiye	30

资料来源：笔者自制。

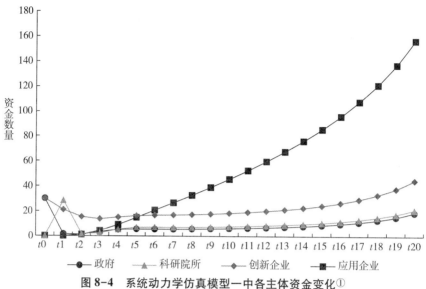

图8-4 系统动力学仿真模型一中各主体资金变化①

资料来源：笔者自制。

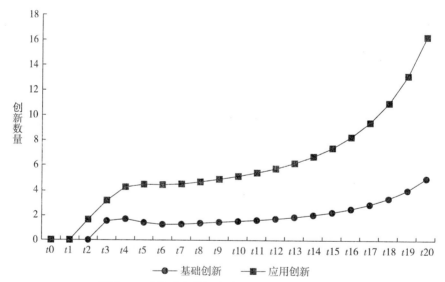

图8-5 系统动力学仿真模型一中两类创新变化

资料来源：笔者自制。

从图8-4、图8-5（具体数据见附录G中的表G1）可以看出，通过调整系统中政府和创新企业的初始资金存量，在较长时间积累后，系统形成了涌现。以

_____

① 数据标签影响图示效果，故此处未添加，下同。

应用创新的增长率高于50%的稳定增长为界限作为涌现特征的衡量标准。① 系统动力学仿真模型一在$t24$期达到了这一标准，这反映了平台对于人工智能创新涌现的作用。对于高度依赖基础研究的人工智能创新而言，高风险意味着小规模资金无法进入，正如模型所展示的小规模资金无法支持形成反馈结构所需要的知识和创新积累。平台不仅在资金方面拥有优势，还在知识和创新积累方面存在优势，这就容易形成反馈结构，继而形成创新涌现。

（一）基础研究的作用

在系统动力学仿真模型一的基础上，通过调整政府对高校和科研院所基础研究的支持观察基础研究对创新涌现的影响。提高政府对高校和科研院所基础研究的支持水平，需要提升政府的资金来源，即税收。税收来源于创新企业和应用企业，通过观察系统动力学仿真模型一各主体资金的留存情况可以发现，应用企业资金留存最多，故考虑增加应用企业的税率。这同时考虑到了创新企业作为基础创新生产者的作用，基础创新是应用创新的核心来源，增加对创新企业的税收意味着产业知识生产的减少，会整体减少系统中创新的产生。调整应用企业税率为0.6，最终结果如图8-6、图8-7（具体数据见附录G中的表G2）所示。

在其他参数不变、调高应用企业税率的情况下（见表8-11），系统整体的涌现水平得到了大幅提高。系统动力学仿真模型二在$t18$期达到了应用创新稳定增长率50%的涌现标准，早于系统动力学仿真模型一的$t24$期。系统动力学仿真模型二在$t20$期的资金和创新生产水平都已经高于系统动力学仿真模型一在$t24$期的资金和创新生产水平。系统动力学仿真模型二和仿真模型一的对比分析验证了推论3，即基础研究能够加快系统产生涌现。系统动力学仿真模型二中各主体资金变化和两类创新变化分别如图8-6、图8-7所示。

表8-11 系统动力学仿真模型二系统可调变量参数值

变量名	符号	参数值	变量名	符号	初始值
创新企业税率	cxshuilv	0.3	基础创新成本	jichucxcb	0.6
应用企业税率	yyshuilv	0.6	应用创新成本	yingyongcxcb	0.3
基础创新价格	jichucxjg	3	应用研发率	yyyanfalv	0.3
应用创新价格	yingyongcxjg	2	科学知识折旧	kexuezhishizjlv	0.5
基础研发成本	jcyanfacb	1	产业知识折旧	chanyezhishizjlv	0.5
基础研发成功率	jcyanfacglv	0.5	基础创新折旧	jichucxzjlv	0.5

---

① 模型中后期增长率较大，在于正反馈作用下系统内流动的资金和知识逐渐增多，而系统设定的资金耗散主要通过设定各类概率（基础研发成功率、应用研发成功率）实现，当资金和知识足够多时，这种耗散就显得微不足道。本书主要探讨创新涌现动力，设定的系统耗散不足并不影响对相关要素的考察，此方面工作将在以后研究中开展，此处不再赘述。

变量名	符号	参数值	变量名	符号	初始值
应用研发成本	yyyanfacb	0.6	应用创新折旧	yingyongcxzjlv	0.5
应用研发成功率	yyyanfacglv	0.6	基础创新分成	jichucxfc	0.3
基础创新率	jichucxlv	0.01	应用创新分成	yingyongcxfc	0.3
应用创新率	yingyongcxlv	0.02	研发率	yanfalv	0.95
政府初始资金量	zhengfu	30	创新企业初始资金量	cxqiye	30

资料来源：笔者自制。

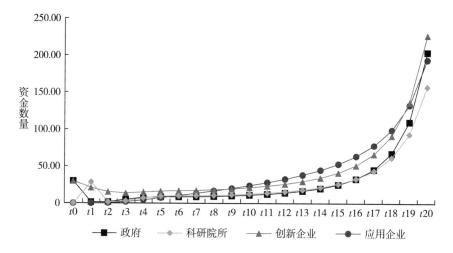

图 8-6　系统动力学仿真模型二中各主体资金变化

资料来源：笔者自制。

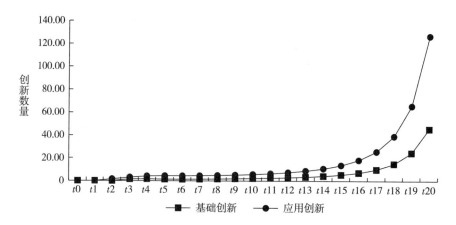

图 8-7　系统动力学仿真模型二中两类创新变化

资料来源：笔者自制。

基础研究是人工智能创新的原动力（Tijssen，2002）。第一，从知识重组角度而言，基础研究丰富了人工智能创新的知识素材库，促进更多知识间的融合、重组。第二，基础研究为人工智能与实体经济融合过程中所呈现的问题提供解决方向。人工智能与实体经济融合过程中所产生的各类问题可能需要基础研究产生的新知识参与才能解决。这个过程同时表现为基础研究和应用研究的交互过程，推动人工智能持续改进。第三，基础研究可能开辟新的技术进步路径。2006 年以深度学习为代表的新型算法的发展推动本轮人工智能发展浪潮。算力和数据能够在一定程度上推动人工智能实现跨越式发展，然而实现革命性的人工智能技术进步还依赖算法领域的突破。人类大脑的计算能力和存储能力无法与现阶段人工智能所依赖的计算能力和存储能力相比，但人类大脑对复杂事件的处理能力依然是目前最先进的人工智能技术无法企及的。人类大脑的算法复杂程度远超目前最先进的人工智能技术。实现真正意义上的通用人工智能关键在于算法的突破。算法的突破依赖数学、生物学、脑科学、系统科学等学科领域的基础研究。

（二）反馈结构的作用

　　系统动力学仿真模型中的反馈结构是通过知识、创新、资金在各部门的流动形成的。模型并没有直接设定基础研究和应用研究之间的反馈作用（基础创新率、应用创新率、基础研发成功率、应用研发成功率）。事实上，随着知识和创新的增加，技术在快速进步，基础创新率、应用创新率、基础研发成功率、应用研发成功率等都增加，系统的增长曲线会更加陡峭。这里可以反映出技术层和产业层反馈的作用。在系统动力学仿真模型二的基础上，将基础创新率、应用创新率、基础研发成功率、应用研发成功率设定为与科学知识、产业知识、基础创新、应用创新的存量有关的函数，形成系统动力学仿真模型三，具体如表 8-12 所示。系统动力学仿真模型三结构如图 8-8 所示。

表 8-12　系统动力学仿真模型三部分参数值调整

变量名	符号	参数值
基础研发成功率	jcyanfacglv	$0.45 \times$（$1 + \ln$（$1 + jichucx + yingyongcx$）／（$1 + jichucx + yingyongcx$））
应用研发成功率	yyyanfacglv	$0.54 \times$（$1 + \ln$（$1 + jichucx + yingyongcx$）／（$1 + jichucx + yingyongcx$））
基础创新率	jichucxlv	$0.009 \times$（$1 + \ln$（$1 + kexuezhishi + chanyezhishi$）／（$1 + kexuezhishi + chanyezhishi$））
应用创新率	yingyongcxlv	$0.018 \times$（$1 + \ln$（$1 + kexuezhishi + chanyezhishi$）／（$1 + kexuezhishi + chanyezhishi$））

资料来源：笔者自制。

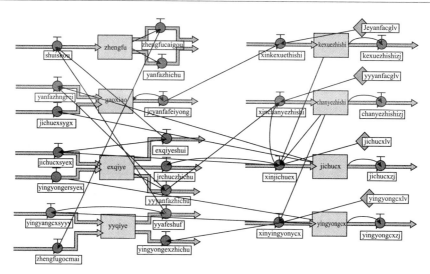

图 8-8　系统动力学仿真模型三结构

资料来源：笔者自制。

　　相对于系统动力学仿真模型二，系统动力学仿真模型三调低了基础创新率、应用创新率、基础研发成功率、应用研发成功率的初始值，以更明确反映反馈结构对于系统的影响。可以发现，无论是在资金存量还是在创新存量上，在 $t20$ 期系统动力学仿真模型三均明显比系统动力学仿真模型二高，涌现结构的表现也相对早。系统动力学仿真模型三在 $t16$ 期达到了应用创新稳定增长率 50% 的涌现标准，早于系统动力学仿真模型二的 $t18$ 期。系统动力学仿真模型三中各主体资金变化、两类创新变化分别如图 8-9、图 8-10 所示。

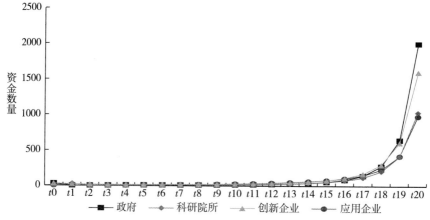

图 8-9　系统动力学仿真模型三中各主体资金变化

资料来源：笔者自制。

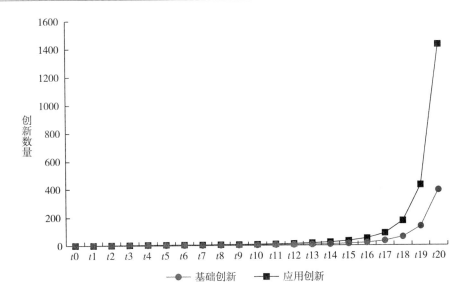

图 8-10 系统动力学仿真模型三中两类创新变化

资料来源：笔者自制。

如复杂网络仿真模型的分析结果所示，反馈结构对系统涌现具有重要作用（Nosil et al.，2017），验证了推论 1。第一，正反馈是系统从初始平衡态转向动态非线性发展的重要驱动力。人工智能技术进步给系统带来积极的变化，融合产业部门能够以更低的成本使用人工智能并提升自身效益。更多个体的参与丰富了创新资源，进一步推动人工智能技术进步。第二，正反馈促使创新过程产生路径依赖，使其始终围绕人工智能展开（Mercure et al.，2016）。涌现是宏观层面系统表现出的有序现象。正反馈使人工智能在众多技术竞争中始终保持优势地位，创新过程围绕人工智能有序向前发展。第三，正反馈推动创新资源交互流动，提升创新资源配置效率。正反馈将人工智能与实体经济融合产生的互补性创新及时反馈至人工智能创新端，加快人工智能技术进步。

（三）政府的作用

在系统动力学仿真模型二的基础上，调整相关参数研究降低研发率的同时增加政府采购是否能够加快涌现发生，即将部分支持基础研究的资金用于向应用企业采购人工智能产品或服务。调整研发率为 80%（见表 8-13），即意味着增加 15% 的政府存量资金用于政府采购。仿真结果显示，这种调整延迟了涌现的发生，在 $t24$ 期还未达到系统动力学仿真模型二在 $t20$ 期的涌现水平，表明在将支持基础研究的资金向应用企业转移并不是一种有效的推动创新的方式。接下来将政府采购对象调整为创新企业，即为系统动力学仿真模型四，其结构和系统可调变量参数值分别如图 8-11、表 8-13 所示，仿真结果如图 8-12、图 8-13（具体数据见附录 G 中的表 G4）所示。

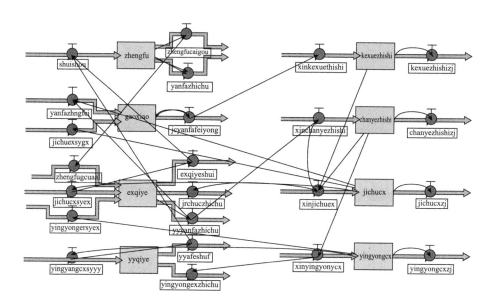

图 8-11　系统动力学仿真模型四结构

资料来源：笔者自制。

表 8-13　系统动力学仿真模型四系统可调变量参数值

变量名	符号	参数值	变量名	符号	初始值
创新企业税率	cxshuilv	0.3	基础创新成本	jichucxcb	0.6
应用企业税率	yyshuilv	0.6	应用创新成本	yingyongcxcb	0.3
基础创新价格	jichucxjg	3	应用研发率	yyyanfalv	0.3
应用创新价格	yingyongcxjg	2	科学知识折旧	kexuezhishijlv	0.5
基础研发成本	jcyanfacb	1	产业知识折旧	chanyezhishizjlv	0.5
基础研发成功率	jcyanfacglv	0.5	基础创新折旧	jichucxzjlv	0.5
应用研发成本	yyyanfacb	0.6	应用创新折旧	yingyongcxzjlv	0.5
应用研发成功率	yyyanfacglv	0.6	基础创新分成	jichucxfc	0.3
基础创新率	jichucxlv	0.01	应用创新分成	yingyongcxfc	0.3
应用创新率	yingyongcxlv	0.02	研发率	yanfalv	0.8
政府初始资金量	zhengfu	30	创新企业初始资金量	cxqiye	30

注：系统动力学仿真模型四中将基础模型中政府采购对象由应用企业转为创新企业。

资料来源：笔者自制。

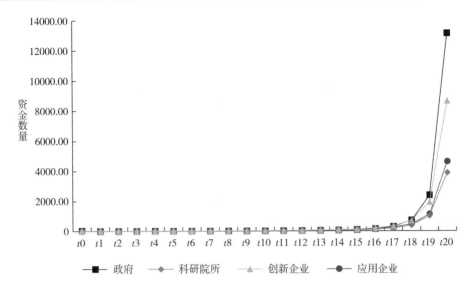

图 8-12　系统动力学仿真模型四中各主体资金变化

资料来源：笔者自制。

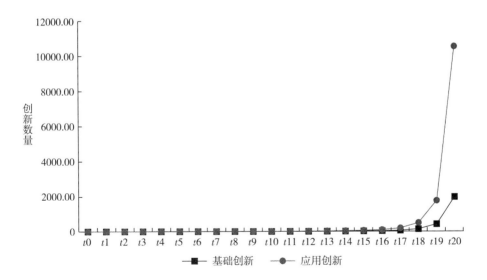

图 8-13　系统动力学仿真模型四中两类创新变化

资料来源：笔者自制。

在保持系统其他参数不变的情况下，政府向创新企业采购的行为引发了系统中创新涌现的加速。政府采购能够推动企业创新发展（孙薇、叶初升，2023；赵凯、李磊，2024）。系统动力学仿真模型四在 $t15$ 期达到了应用创新稳定增长率50%的涌现标准，早于系统动力学仿真模型二的 $t18$ 期，表明以市场驱动创新、尊重企业在创新中的主导作用比单纯推动基础研究更为有效。以企业为创新主体、市场为创新驱动核心力量能够推动创新形成内在驱动，实现创新的可持续发展（阳镇、贺俊，2023）。在保持系统动力学仿真模型二的基础上将创新企业税率提升为0.6，系统并没有发生涌现现象，反向证明降低创新企业税率有利于系统中创新水平的提升，验证了推论8。系统动力学仿真模型四和仿真模型二的对比分析验证了推论4，即政府行为能够加快系统产生涌现。

政府通过财税政策和产业政策对人工智能创新发展产生影响的机制可能存在三个方面。第一，政府通过调整税收政策，将增加的税收向基础研究倾斜，丰富基础创新资源。高校等公共研究机构掌握大量人工智能创新资源。基础研究是人工智能创新的动力源泉，增加基础研究投入能够加快人工智能进步。第二，定向税收减免和研发补贴促使企业增加人工智能领域的创新投入（Graetz and Doud，2013）。企业通过增加人工智能领域的创新投入，在提升自身创新能力的同时不断丰富创新资源、改善创新环境。第三，政府对人工智能创新的支持态度向市场释放积极信号，促使市场采取积极行动（Bae and Lee，2020）。政府的积极态度可能被市场视为人工智能持续发展的政治保障，越先入场的企业越有可能获得政府方面的创新资源支持。如此一来，越来越多的企业会加入人工智能创新行列。

本章小结

通过调整系统动力学仿真模型的参数形成数个模型之间的对比，我们发现基础研究以及以市场力量推动创新对于人工智能创新涌现具有重要推动作用。诚如很多文献所言，基础研究是技术创新的根本动力（柳卸林、何郁冰，2011）。基础研究不断拓展人工智能的应用边界、丰富人工智能技术体系，推动人工智能技术由专用人工智能向通用人工智能发展。仿真模型的实证结果表明反馈结构对涌现的重要作用。在能够形成反馈结构的基础上，初始条件只能加快或推迟涌现产生，不会消除涌现。反之，反馈结构一旦遭到破坏，涌现就面临中断风险。政府在推动反馈结构形成过程中发挥重要作用。正如有些文献所研究的，政府所掌握的大量隐秘数据为人工智能的创新演进提供了有力支持（Beraja et al.，2023）。政府的参与不仅在资金、政策层面带来支持，还能够通过数据对人工智能技术的迭代带来实质影响。政府不同的支持方式对人工智能创新涌现的作用具有一定差异。加强基础研究资助、对创新企业降税、增加创新企业的政府采购均能够推动并加速涌现产生，增加应用企业的政府采购并不能加速涌现产生。政府的积极态度能够提升市场预期，加快达到涌现。

第四部分

人工智能创新的价值网络实证研究

——以广东省为例

第九章　样本选择和数据库建设

本章主要对样本选择和数据库建设进行介绍，包含三部分内容：第一，通过分析广东省的经济社会发展概况和人工智能产业发展情况，阐释以广东省为例研究人工智能创新涌现的可行性。第二，以广东省603家人工智能企业为样本，建立人工智能技术合作关系数据库，较为详细地介绍了从数据采集、数据清洗到数据规范等方面的工作，并对数据结构进行了描述。第三，对样本企业的成立时间、地区、产业等分布情况进行了相关统计分析。

第一节　广东省人工智能产业发展概况和区域典型性分析

一、广东省经济发展概况

2021年广东实现地区生产总值124369.67亿元，比上年增长8.0%。其中，第一产业增加值为5003.66亿元，同比增长7.9%，对地区生产总值的贡献率为4.0%；第二产业增加值为50219.19亿元，同比增长8.7%，对地区生产总值的贡献率为40.4%；第三产业增加值为69146.82亿元，同比增长7.5%，对地区生产总值的贡献率为55.6%。

2010~2021年，广东省经济发展表现出良好势头，地区GDP占全国GDP比重在10%以上（见图9-1），平均增长率为9.47%；工业增加值占全国GDP比重在12%以上（见图9-2），平均增长率为7.03%。

如图9-3所示，工业增加值分行业排名前五的分别是计算机、通信和其他电子设备制造业，电气机械和器材制造业，汽车制造业，金属制品业，非金属矿物制品业，2021年其工业增加值分别为9555.10亿元、4134.74亿元、2007.74亿元、1850.14亿元、1607.23亿元，占工业总增加值比重分别为25.61%、11.08%、5.38%、

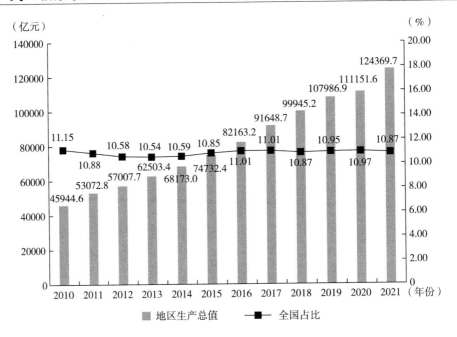

图 9-1 2010~2021 年广东省 GDP 增长情况和占全国比重

资料来源：国家统计局。

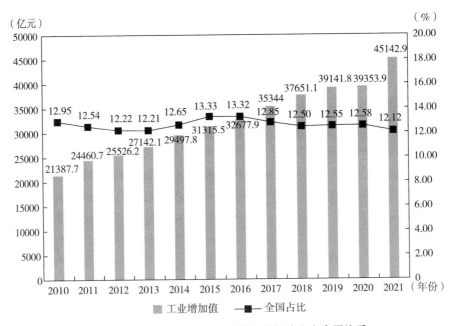

图 9-2 2010~2021 年广东省工业增加值和占全国比重

资料来源：国家统计局。

4.96%、4.31%。在第三产业中，信息传输、软件和信息技术服务业规模以上企业的营业收入为15107.78亿元，占广东省地区生产总值的比重为12.1%。

图9-3　2021年广东省工业增加值行业TOP10

资料来源：《广东统计年鉴2022》。

计算机、通信和其他电子设备制造业，电气机械和器材制造业，汽车制造业，以及信息传输、软件和信息技术服务业是广东省的优势产业。计算机、通信和其他电子设备制造业和信息传输、软件和信息技术服务业是与人工智能高度相关的产业，电气机械和器材制造业是实现工业智能的关键产业部门。汽车制造业既是国民经济的支柱产业，也是人工智能产业应用的重要领域之一。

二、广东省人工智能产业发展概况

截至2022年，在天眼查中共检索到17719家标签为"人工智能"的中国（不包括港澳台地区）企业，其中广东省4592家，占比为25.92%。[①] 2017年，广东人工智能核心产业规模约为260亿元，约占全国的1/3，带动机器人及智能装备等相关产业规模超2000亿元，人工智能核心产业及相关产业规模均居全国前列。在重点终端产品方面，拥有机器人制造重点企业156家，2017年广东省工业机器人产量20662台，同比增长50.2%，占全国产量的16%，保有量约为8万台；民用无人机产量为283.12万架，同比增长69%，占全国超七成的市场份额；智能手机产量8.28亿台，约占全球产量的1/3。广州、深圳是广东人工智能的主要集聚地，拥有大疆创新、柔宇科技、碳云智能、优必选、魅族5家独角兽企

---

① 此处所使用的企业数据库总容量为60余万家，涵盖了中国（不包括港澳台地区）主要企业。

业，其中，大疆创新占全球消费级无人机超 50% 的市场份额，2017 年营业收入达 180 亿元。2017 年，广东人工智能企业融资规模、融资频率均居全国第二，平均单笔融资额超千万美元。2017 年全省 10 个智能制造示范基地产值达 10230 亿元，同比增长 10%。

2010~2022 年，广东省人工智能产业发展大事记如图 9-4 所示。自 2015 年以来，广东省及其下辖各地级市纷纷出台人工智能相关的政策及规划（见表 9-1）。2015 年出台的《广东省智能制造发展规划（2015-2025）》指出，"到 2020 年：先进制造业规模跃上新台阶，全省先进制造业增加值超 2.4 万亿元，占规模以上工业增加值比重达到 53% 以上，智能装备产业增加值达 4000 亿元，面向工业制造业的生产性服务业发展水平达到国内领先水平"。2018 年发布的《广东省新一代人工智能发展规划》指出，到 2020 年，"人工智能核心产业规模突破 500 亿元，带动相关产业规模达到 3000 亿元；累计培育 50 家以上人工智能核心领域国家高新技术企业，其中估值 1 亿元以上的企业超 10 家；初步建成 10 个以上人工智能产业集群，力争将广东打造成为国内人工智能创新和应用高地"。

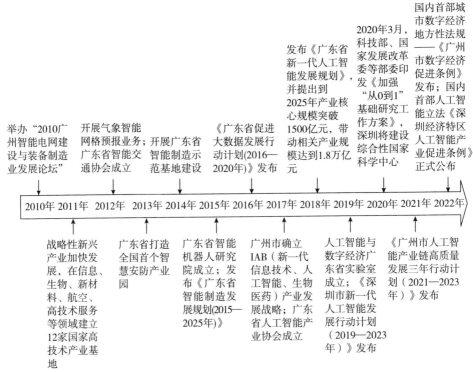

图 9-4　2010~2022 年广东省人工智能产业发展大事记

资料来源：笔者自制。

表 9-1　广东省人工智能产业领域主要促进政策

发文地区	发文时间	文件名称
广东省	2015 年 7 月	《广东省智能制造发展规划（2015—2025 年）》
广东省	2016 年 4 月	《广东省促进大数据发展行动计划（2016—2020 年）》
广东省	2018 年 7 月	《广东省新一代人工智能发展规划》
广东省	2022 年 2 月	《广东省智能制造生态合作伙伴行动计划（2022 年）》
广州市	2018 年 3 月	《广州市加快 IAB 产业发展五年行动计划（2018—2022 年）》
广州市	2020 年 2 月	《广州市关于推进新一代人工智能产业发展的行动计划（2020—2022 年）》
广州市	2020 年 9 月	《广州市加快发展集成电路产业的若干措施》
广州市	2020 年 11 月	《广州市工业和信息化局关于印发广州市深化工业互联网赋能　改造提升五大传统特色产业集群的若干措施的通知》
广州市	2021 年 5 月	《广州人工智能与数字经济试验区产业导则》
广州市	2021 年 7 月	《广州市人工智能产业链高质量发展三年行动计划（2021—2023 年）》
广州市	2021 年 12 月	《广州国家人工智能创新应用先导区建设方案》
广州市	2021 年 12 月	《广州人工智能与数字经济试验区数字建设导则（试行）》
广州市	2022 年 3 月	《广州市现代高端装备产业链高质量发展三年行动计划》
广州市	2022 年 3 月	《广州市半导体与集成电路产业发展行动计划（2022—2024 年）》
广州市	2022 年 4 月	《广州市数字经济促进条例》
广州市	2022 年 12 月	《广州市加快先进制造业项目投资建设的若干政策措施》
深圳市	2019 年 5 月	《深圳市新一代人工智能发展行动计划（2019—2023 年）》
深圳市	2022 年 6 月	《深圳经济特区智能网联汽车管理条例》
深圳市	2022 年 9 月	《深圳经济特区人工智能产业促进条例》
珠海市	2021 年 9 月	《珠海市新型智慧城市“十四五”规划》
珠海市	2018 年 11 月	《珠海市促进新一代信息技术产业发展的若干政策》
惠州市	2021 年 7 月	《惠州市促进数字经济产业发展若干措施》
东莞市	2018 年 7 月	《东莞市支持新一代人工智能产业发展的若干政策措施》

资料来源：根据网络公开资料整理。

三、区域典型性分析

　　广东省作为中国经济发展的重要引擎，在中国经济社会发展中具有重要地位。从人口规模而言，截至 2022 年 12 月 31 日，广东省常住人口 1.27 亿。2022 年，广东省 GDP 为 12.91 万亿元；人均 GDP 约为 10.19 万元，高于全国水平（8.57 万元）。从人口和经济规模而言，以广东省为例对人工智能创新进行分析具有一定典型性。

从人工智能产业发展而言，目前中国人工智能产业形成三个核心区域：以北京为核心的京津冀地区，以上海为核心的长三角地区，以广州、深圳为核心的珠三角地区。在 15 家国家级人工智能开放创新平台中，广东省拥有 3 家。据《2022 人工智能发展白皮书》统计，截至 2021 年，我国人工智能产业相关企业数量达到 7796 家，广东省仅深圳市就拥有 1432 家；全国人工智能核心产业规模达 3416 亿元，广东省仅深圳市就达到 312 亿元。由中国科学院主管、科学出版社主办的《互联网周刊》发布的 2021 年度人工智能企业百强榜单中，广东省拥有 23 家。从广东省人工智能产业的发展情况看，广东省的人工智能产业链相对完备，同时人工智能产业规模相对较大，可以通过对广东省人工智能产业的分析来了解人工智能创新的发展规律。

以广东省而非全国为例研究人工智能创新涌现，能够结合广东省本地区的产业特点，探讨人工智能在不同产业领域的发展与区域产业优势的关联，为推动区域人工智能产业发展提供理论借鉴。另外，能够更深入地探讨跨地域创新要素流动对人工智能创新涌现的影响。

第二节　数据库建设

一、样本选择

截至 2022 年，在天眼查中以人工智能、物联网、区块链、大数据、云计算等相关关键词进行检索，获取人工智能相关的企业名录，共查找出 60 余万家企业名录。从 60 余万家企业名录中筛选出 2 万余家广东省企业，通过对这 2 万余家企业的简介、行业标签、官网以及网络检索结果等进行考察分析，确定了603 家样本企业。

二、数据库体系

数据库的构建分为三个部分：第一，通过数据检索和存储形成企业相关合作信息的资讯数据库，作为后期进行数据处理的信息来源；第二，根据企业关键词在企业资讯数据库中检索相关信息，并根据检索的信息按照一定规则处理后形成企业关系数据库；第三，对企业关系数据库中的节点信息进行查询，构建包含节点性质、国家和地区、行业分类等在内的节点属性信息数据库。最终将企业关系数据库和节点属性信息数据库进行整合，形成信息相对完备的企业关系数据库。

三、企业资讯数据库建设

（一）确定信源

以百度新闻、微信公众号、今日头条作为主要的信息抓取渠道，实际得到的信源包括人民网、光明网等在内的中央媒体，《北京日报》《广州日报》及封面新闻等地方媒体，网易新闻、腾讯新闻、新浪新闻等网络媒体，美的集团官方账号、中电光谷等企业媒体，同时还包含广州市人民政府、吉林市人民政府等在内的政府网站。

（二）抓取规则

以百度新闻作为主要抓取渠道，微信公众号和今日头条作为辅助渠道进行抓取。为在尽可能保证信息完全和丰富的同时提升抓取效率，根据三者呈现信息的不同方式，分别对三者设置不同的抓取规则：使用百度新闻渠道以"样本节点简称+合作关键词+智能关键词"进行爬取，并根据新闻网址获取全文，上传至数据库；使用微信公众号以"样本节点简称+合作关键词"进行爬取，并根据新闻网址获取全文，上传至数据库；使用今日头条以"样本节点简称+合作关键词"进行爬取，并根据新闻网址获取全文，上传至数据库。

20个合作关键词：合作、携手、签约、助力、联姻、联合、联手、签署、共建、共同、备忘录、协议、伙伴、战略、联盟、合力、牵手、合同、加盟、协力。

43个智能关键词：智能、AI、物联网、区块链、新零售、无界零售、智慧、机器人、AR、VR、虚拟现实、大数据、云计算、语音识别、自动驾驶、无人驾驶、计算机视觉、人脸识别、5G、深度学习、机器学习、神经网络、无人机、芯片、图像识别、车联网、智媒体、生物识别、算法、无人工厂、全媒体、车媒体、数字化、灯塔工厂、数字孪生、CPS、工业互联网、产业互联网、消费互联网、元宇宙、网联车、量子计算、脑科学。

按照"样本节点简称+合作关键词+智能关键词"的方式，每个样本节点会被进行860次的网络查询和数据抓取工作。按照"样本节点简称+合作关键词"的方式，每个样本节点会被进行20次的网络查询和数据抓取工作。每个样本节点通过三个数据抓取渠道会被进行共计900次的网络查询和数据抓取工作。在实际的数据采集工作中，为尽可能提高数据抓取效率，我们会根据样本节点的重要程度和实际信息检索情况进行调整。对每一个样本节点都进行900次的数据查询和检索工作是没有意义的，因为有些企业的相关信息很少，检索再多次也很难有效增加信息。我们会对企业进行一次检索评估，以"样本节点简称+'合作'"

的方式先进行一次检索，查看最终的结果。根据最终结果的检索数量，对不同企业进行检索规则的划分：数量较多的，执行比较多次的检索工作；数量较少的，执行较少的检索工作。

（三）抓取工具

本书使用 Python 语言编辑形成的数据抓取程序进行数据抓取，以 PostgreSQL 和 MongoDB 作为主要的数据存储工具，同时以 Excel 的文件格式进行数据备份。抓取的数据只作为数据仓库，并不作为直接进行处理的数据对象。由于程序代码过长，且与本书研究主题并不大相关，故不再展示。

四、企业关系数据库建设

关系数据主要包含两类维度：一是技术合作关系的属性，包含合作时间、技术类别、应用领域；二是样本节点和关系节点的属性，包括所属地区、所属行业等。

（一）信息抽取

根据样本节点名称在企业资讯数据库中进行全文检索，生成对应样本节点的资讯信息，作为关系数据处理的数据基础。关系数据处理基本数据格式如表9-2所示。

表9-2　关系数据处理基本数据格式示例

样本节点	标题	时间	摘要	网页全文	网址	来源媒体	检索关键词
中兴通讯	聚合行业伙伴力量　共建"5G＋产业"新生态—中兴通讯与六家企业签署战略合作协议	2020年9月10日	……南瑞信通科技与中兴通讯将利用各自在电力行业相关技术、5G技术等方面的优势，共同打造5G联合创新中心……	……中兴通讯与六家企业签署战略合作协议……	https：//tech. sina. com. cn/ roll/2020-09- 10/doc-iivhuipp 3507214. shtml	新浪科技	中兴通讯
中兴通讯	……快手进行重要组织架构调整	2020年5月25日	……快手发布内部信息宣布组织架构调整，此次调整主要涉及商业……	……国新文化在上交所发布公告，宣布与中兴通讯签订战略合作框架协议……	https：//36kr. com/p/723096 614242438	36氪	中兴通讯

资料来源：笔者自制。

（二）关系数据信息

技术类别和应用领域划分主要参考国家标准化管理委员会等发布的《国家新

一代人工智能标准建设体系指南》中国电子技术标准化研究院编制的《人工智能标准化白皮书》（2018 年版和 2021 年版）。

1. 技术类别分类

技术类别分类情况如表 9-3 所示。

表 9-3　技术类别分类

技术类别名称	技术类别说明
语音识别	语音识别就是让机器通过识别和理解过程把语音信号转变为相应的文本或命令的高科技技术，如智能语音、语音交互等
大数据与云计算	大数据指依托巨量数据，借助计算机工具获取有效信息的技术，大数据往往依托于云计算；云计算指提供远程的计算服务，如大数据分析、云计算服务、边缘计算、量子计算等
AR/VR	VR 即虚拟现实，是综合利用计算机图形系统和各种显示及控制等接口设备，在计算机上生成的、可交互的三维环境中提供沉浸感觉的技术。AR 即增强现实，是通过设备增强现实世界的观感体验，使用者处于现实世界，所观察到的内容却是叠加在现实世界之上的技术，如 AR、VR、MR、XR、元宇宙等
计算机视觉	计算机视觉是使用计算机模仿人类视觉系统的科学，让计算机拥有类似于人类提取、处理、理解和分析图像以及图像序列的能力，如图像识别、视频识别等
自然语言处理	自然语言处理是指利用人类交流所使用的自然语言与机器进行交互通信的技术，如文本分类、智能写作、智能采编等
智能机器人	智能机器人指模拟人的行为或思想的机器系统，如服务机器人、工业机器人、无人机等
智能算法	智能算法指应用于执行某些任务的计算步骤和次序，如机器学习、深度学习、联邦学习、神经网络等
物联网	物联网是一种计算设备、机械、数位机器相互关联的系统，具备通用唯一辨识码（UUID），并具有通过网络传输数据的能力，无须人与人或者人与设备的互动，如射频技术、NFC 等
区块链	区块链是利用块链式数据结构来验证与存储数据、利用分布式节点共识算法来生成和更新数据、利用密码学方式保证数据传输和访问的安全、利用由自动化脚本代码组成的智能合约来编程和操作数据的一种全新的分布式基础架构与计算范式
智能芯片	智能芯片指将相关人工智能技术集成于传统芯片形成的新一类芯片，如 CPU、APU、GPU 等
先进通信技术	先进通信技术指用于人与人、人与物、物与物之间沟通的前沿技术，如 5G、6G 等
空间先进技术	空间先进技术指能够提供人、物位置信息和轮廓信息等的技术，如卫星遥感、位置服务等
生物识别	生物识别是指通过个体生理特征或行为特征对个体身份进行识别认证的技术，包括指纹识别、指静脉识别、人脸识别、虹膜识别、声纹识别、步态识别等

技术类别名称	技术类别说明
自动驾驶	自动驾驶指机器系统能够自行行驶，并根据环境变化调整行驶路线的技术，如无人驾驶、辅助驾驶等
光电技术	光电技术指以光和电相关介质执行某些任务的技术，如激光、光学传感等
人机交互	人机交互是提升人与机器之间交互的技术，是一种融合技术，在很多领域均有应用，如智能硬件、智能网联汽车等

资料来源：笔者自制。

2. 应用领域分类

应用领域分类情况如表9-4所示。

表9-4　应用领域分类

应用领域名称	应用领域说明
新媒体与数字内容	通过使用人工智能技术进行内容领域的智能分发和推荐，以及实现相关的辅助写作功能，如机器推荐、机器人写作业、内容分发等
智能网联汽车	通过使用人工智能技术实现自动驾驶相关功能，如推出智能座舱等
智慧交通	借助现代科技手段和设备，将各核心交通元素联通，实现信息互通与共享以及各交通元素的彼此协调、优化配置和高效使用，形成人、车和交通高效协同的环境，建立安全、高效、便捷和低碳的交通体系，如出行位置服务、共享单车、滴滴打车类
智慧商业	提供商业解决方案，如营销策划、展会，以及一般商业技术服务，如客服、物业等
智慧物流	通过使用人工智能技术实现货物自动调配、自动运输等，如AGV、智慧仓储等
科技金融	通过使用人工智能技术实现金融风险自动识别、金融业务管理智能化等，如手机银行、移动支付等领域
智慧医疗	通过使用人工智能技术实现医疗智能化，如医疗影像、远程医疗、智能医疗设备等
智能硬件	智能消费电子、微小型智能设备（如手环）
智慧教育	通过使用人工智能技术实现远程教育、辅助教育等，如智慧校园、在线课堂、远程教育、智能教育软硬件设施等
智慧农业	植保机器人、农业应用领域的软硬件设施
智能制造	智能制造是基于新一代信息通信技术与先进制造技术深度融合，贯穿于设计、生产、管理、服务等制造活动的各个环节，具有自感知、自学习、自决策、自执行、自适应等功能的新型生产方式，包括制造流程智能化、智能质检、智能维护、智能装备制造等
智慧城市	整体智慧城市方案提供商，如阿里云城市大脑；智慧园区、智慧楼宇等
智慧政务	通过使用人工智能技术提升政府部门办公效率，实现相关政府服务的智能化，如征税智能化等

续表

应用领域名称	应用领域说明
智能家居	智能家居以住宅为平台，形成基于物联网技术，由硬件（智能家电、智能硬件、安防控制设备、家具等）、软件系统、云计算平台构成的家居生态圈，实现人远程控制设备、设备间互联互通、设备自我学习等功能，并通过收集、分析用户行为数据为用户提供个性化生活服务，使家居生活安全、节能、便捷等；家居领域的软硬件设施
智能安防	智能安防是一种利用人工智能对视频、图像进行存储和分析，从中识别安全隐患并对其进行处理的技术。专业安防类有智能闸机等
智慧能源	基于人工智能相关技术，提供电力、天然气等能源方面的智能化管理
网络安全	网络领域的安全服务包括物联网安全、移动互联网安全、5G 安全等
智慧园区	在产业园区、工业园区实现智能化管理，或者在整体建筑内实现智能化管理
智慧文旅	在旅游景区、博物馆、公园等实现智能化管理，为旅游出行提供智能化服务
企业智能管理	通过使用人工智能技术实现企业日常管理的智能化，如办公自动化、企业税务智能化、管理智能化等
智慧营销和新零售	通过网络媒体等使用人工智能相关技术进行智能推荐和营销

资料来源：笔者自制。

3. 输入和赋能

判定技术输入和技术赋能，主要依据技术的专业度进行综合判断。在某技术领域如智能语音，如果样本节点的技术专业度高于关系节点，则被视为技术赋能；如果低于关系节点，则被视为技术输入。关系节点如果是芯片类企业，则一般被归为对样本节点的技术输入。

（1）专业人工智能技术公司在其技术领域赋能其他企业。

2018 年 5 月 7 日，在美国华盛顿州雷德蒙德，无人机独角兽企业大疆创新与微软公司达成战略合作，通过发布面向 Windows 的软件发展工具包（SDK），将商用无人机技术拓展到全球最大的企业开发者社区。大疆创新利用 Windows 10 电脑编写的应用程式，可以针对不同行业的各种应用场景对大疆无人机的飞行和控制进行定制，包括完整的飞行控制功能和即时的资料传送。大疆创新与微软公司宣布达成战略合作，为大疆无人机带来先进的人工智能与机器学习方法，帮助企业用户更好地驾驭商用无人机与智能边缘云计算。微软赋能大疆创新。

（2）企业赋能政府、产业园区、中小学及职校、事业单位等。

腾讯 TUSI 物联网安全实验室与江苏省达成战略合作，2018 年 1 月腾讯公司与江苏省政府在南京正式签订战略合作协议，双方将共同推进"互联网+"行动，以此促进数字经济与各行各业融合发展，同时依托腾讯 TUSI 物联网安全实验室加强物联网与身份认证、区块链等技术的深度融合，全面提升物联网安全防护水平和保障能力。腾讯赋能江苏省政府。

（3）平台型企业一般与专业人工智能技术企业是双向赋能。

以优必选联合腾讯叮当共同研发的便携式机器人"悟空机器人"为例，这款机器人已经能做到动作灵敏、拥有丰富的表情，并具备舞蹈运动、语音交互、智能通话、人脸识别、绘本识别、视频监控、物体识别以及与编程猫合作图形编程等强大功能。优必选与腾讯双向赋能。高科技企业间的联合一般为双向赋能。这里需要注意的是，如果是 B 企业研发的机器人使用了 A 企业的系统或者技术，则为 A 赋能给 B。

（4）样本企业与高校和科研院所有技术上的关联，一般认为高校和科研院所向企业进行技术输入。

贝贝集团一边自建平台，一边与其他行业进行深度合作，如育儿社区育儿宝与春雨医生达成线上问诊合作；贝贝网联合艾瑞咨询、清华大学大数据与人工智能实验室成立专注于母婴行业的信息服务平台——"贝贝母婴研究院"，2017 年 9 月 25 日，在贝贝集团主办的"贝贝·2017 中国母婴峰会"上，"贝贝母婴研究院"揭牌仪式同期举办。贝贝集团不是专业人工智能企业，清华大学向贝贝集团赋能。

（5）高校与企业的合作实验室一般被认为是双向赋能。

2016 年，哈尔滨工业大学—大疆创新实验室成立，主要致力于无人机领域的新技术开发，围绕无人机自主平台的软硬件开发研究、教学培训以及利用大疆创新企业平台开展短期实习项目等方面合作。哈尔滨工业大学与大疆创新双向赋能。

（6）一条新闻涉及多个企业合作的要单独列出，把整条信息复制。

通过与大疆创新、拓攻机器人、一飞智控、飞马机器人等数十家主流无人机整机及飞控厂商合作，千寻位置让无人机在植保、航测、配送、巡检、安防等领域都成为高效的新生产工具。千寻位置赋能大疆创新、拓攻机器人、一飞智控、飞马机器人等。

（三）自动化处理

因为需要处理的资讯数据有十几万项，所以我们在处理时先以自然语言处理算法进行文本筛选、关键句子提取、关系节点提取等初步处理，再根据处理结果进行人工校对。本部分程序代码较长且与研究无关，不再展示。

1. 提取有效文本

（1）样本节点与一个企业关于人工智能方面的合作，算为有效数据；与人工智能相关技术无关的合作如开设网店、市场拓展等，不归入有效数据。

（2）样本节点为会议活动如展会、赛事提供人工智能方面的技术支持的算有效数据，单纯参与的不算。

（3）样本节点与一家企业共同成立一家公司用于人工智能技术开发或应用的，算有效数据；样本节点获得投资机构的投资，为无效数据。

有效数据示例如表9-5所示。

表9-5 有效数据示例

样本节点	标题	摘要	关键句子
华为	多个大会召开在即，业绩预报大幅披露来袭，三代半持续向好	国际能源署（IEA）预计，2030年全球电动汽车保有量将达1.25亿辆，公共充电桩需求量超千万个，这还不算不计其数的私人充电设施，市场投资规模万亿级……	三联虹普（300384）与华为联合推出"化纤工业智能体解决方案V1.0"，充分发挥并围绕昇腾AI芯片等优势，双方将核心Know-How+AI融入核心生产系统，加速化纤企业智能化转型
华为	东风柳汽与华为签订合作协议，针对商用车智能驾驶开展合作	此次"67品牌日"，东风柳汽还联合华为、希迪智驾重磅发布两款无人驾驶商用车——牵引车T7 Cross幻影与园区物流车M3 Pro……	活动当天，东风柳汽与华为签订合作协议，双方将基于华为MDC智能驾驶计算平台，在商用车L4级别自动驾驶新车型开发、智能驾驶系统、新一代电子电气架构以及人才培养等领域开展全面合作

资料来源：笔者自制。

在表9-5所示的示例中，从新闻资讯的全文中提取的关键句子包含"华为"样本节点简称、"智能"人工智能关键词、"联合"合作关键词在一个句子中。

2. 提取关系节点和关系内容

根据提取的关键句子使用自然语言处理算法进行关系节点名称的提取，本书使用Python中的Spacy和jieba两个自然语言处理库相结合进行处理，以提高准确率，最终提取的结果如下：关系节点分别为三联虹普、东风柳汽，技术类别分别是智能芯片、自动驾驶，应用领域分别是智能制造、智能网联汽车。有时两者的合作涉及多个技术类别和应用领域，如"4月30日，廊坊银行与华为技术有限公司（以下简称华为）在深圳签署合作协议，未来双方将在人力资源管理、云计算、大数据、产业金融、物联网、区块链、智慧银行、智慧城市建设等若干领域携手共进、深入合作"中，廊坊银行和华为的合作同时涉及大数据与云计算、区块链、物联网等技术类别和智慧城市、科技金融等应用领域。

提取关系节点和关系内容示例如表9-6所示。

表 9-6　提取关系节点和关系内容示例

样本节点	关系节点	技术类别	应用领域	技术输入	技术赋能	关键句子
华为	三联虹普	智能芯片	智能制造	0	1	三联虹普（300384）与华为联合推出"化纤工业智能体解决方案 V1.0"，充分发挥并围绕昇腾 AI 芯片等优势，双方将核心 Know-How+AI 融入核心生产系统，加速化纤企业智能化转型
华为	东风柳汽	自动驾驶	智能网联汽车	0	1	活动当天，东风柳汽与华为签订合作协议，双方将基于华为 MDC 智能驾驶计算平台，在商用车 L4 级别自动驾驶新车型开发、智能驾驶系统、新一代电子电气架构以及人才培养等领域开展全面合作

资料来源：笔者自制。

（四）人工校对

利用自然语言处理技术对新闻资讯进行处理之后，需要人工进行校对，主要涉及四个方面：一是关系数据是否有效，无效则删除；二是关系节点名称是否正确；三是技术类别和应用领域名称是否正确；四是输入和赋能是否判定正确。

五、企业属性数据库建设

节点属性信息通过网络查询，包括天眼查、企查查、启信宝、爱企查等企业信息平台，国家企业信用信息公示系统等官方平台，企业官网等多个渠道可进行检索查询。节点属性信息主要包括分类信息、地区信息、行业信息等。分类信息主要包含节点属性分类、层次分类、部门分类等，地区信息主要包括所在国、所在省、所在市、所在区县等，行业信息主要包括所属三次产业、所属二级产业划分、所属制造业分类。节点的地区信息容易区分和理解，本节不再赘述，仅对分类信息和行业信息进行阐释。

（一）节点的分类信息

节点的属性划分为科研院所、产业联盟、企业、高校、政府、会议活动、产业园区、其他事业单位、行业协会、医院、非营利组织 11 类。

节点中的企业划分为核心产业部门和融合产业部门。核心产业部门是指人工智能产业化部门，包括数据、算法和基础设施服务企业。核心产业部门包括高校和科研院所，以及专注于人工智能相关技术研发和应用的企业。科研院所包括中国科学院、中国工程院及其下属的各类研究机构，政府支持的其他类型研究机构，企业性质独立的研究机构等。从技术层次划分，核心产业部门包括基础层、技术层和应用层（见表 9-7）。核心产业部门进一步分为 AI 平台、AI 核心企业、

AI 应用企业、AI 院所。AI 平台指具有平台性质以及国家或地方确定的平台企业的 AI 企业，如华为、腾讯等。AI 核心企业指以研发人工智能核心技术如计算机视觉、语音识别、自然语言处理、智能机器人等为主要业务、对外提供技术服务的企业，如云从科技、云天励飞等。AI 应用企业指将人工智能核心技术开发成实际可用产品或服务的企业，如美的集团等。AI 院所包含高校和科研院所。融合产业部门是指产业智能化部门，包括接受人工智能技术赋能和实施智能化转型的传统企业。

表 9-7　层次划分

层次分类	说明	示例
基础层	提供大数据和云计算服务的互联网和物联网平台企业、智能芯片企业，为智能产业的发展提供全面的基础软件和硬件服务，所提供的技术具有最为广泛的基础性和通用性，是 AI 产业发展最为基础的部分	云计算、数据库系统（甲骨文）、跨平台系统（鲲鹏系统）、基础通信（5G）、基础芯片等技术的开发和应用，如华为、阿里云等
技术层	AI 核心技术平台企业，从事某一关键技术的研发和服务	大数据分析、智能语音、机器学习、自然语言处理、图像识别、人机交互等技术的开发和应用，如科大讯飞、海康威视、明略数据等
应用层	把技术应用于具体场景中的企业。在具体应用场景发展的企业，通过应用某种或多种技术解决产业发展中的问题，如智能机器人、自动驾驶、智能家居等智能硬件和软件系统的开发与应用，以及智慧城市、智慧交通、智慧农业等实际应用场景的开发与应用	主要从事人工智能技术的二次开发和集成应用，一般具有软硬件产品，如蔚来汽车、学而思

资料来源：笔者自制。

（二）节点的行业信息

非融合产业部门不进行行业划分，相关信息以属性信息填充。融合产业部门按照《国民经济行业分类》（GB/T 4754—2017）进行分类。一次产业不进行二级、三级行业划分，二次产业中仅制造业进行三级行业划分，三次产业不进行三级行业划分。具体节点行业信息如表 9-8 所示。

表 9-8　节点行业信息

一级行业分类	二级行业分类	三级行业分类
第一产业	农、林、牧、渔业	农、林、牧、渔业

一级行业分类	二级行业分类	三级行业分类
第二产业	采矿业，电力、热力、燃气及水生产和供应业，建筑业，制造业	采矿业，电力、热力、燃气及水生产和供应业，建筑业，食品制造业，酒、饮料和精制茶制造业，烟草制品业，纺织业，纺织服装、服饰业，皮革、毛皮、羽毛及其制品和制鞋业，木材加工和木、竹、藤、棕、草制品业，家具制造业，造纸和纸制品业，印刷和记录媒介复制业，文教、工美、体育和娱乐用品制造业，石油、煤炭及其他燃料加工业，化学原料和化学制品制造业，医药制造业，化学纤维制造业，橡胶和塑料制品业，非金属矿物制品业，黑色金属冶炼及压延加工业，有色金属冶炼及压延加工业，金属制品业，通用设备制造业，专用设备制造业，汽车制造业，铁路、船舶、航空航天和其他运输设备制造业，电气机械和器材制造业，计算机、通信和其他电子设备制造业，仪器仪表制造业，其他制造业，废弃资源综合利用业，金属制品、机械和设备修理业
第三产业	房地产业，公共管理、社会保障和社会组织，交通运输、仓储和邮政业，教育，金融业，居民服务、修理和其他服务业，批发和零售业，水利、环境和公共设施管理业，卫生和社会工作，文化、体育和娱乐业，信息传输、软件和信息技术服务业，住宿和餐饮业，租赁和商务服务业，科学研究和技术服务业	房地产业，公共管理、社会保障和社会组织，交通运输、仓储和邮政业，教育，金融业，居民服务、修理和其他服务业，批发和零售业，水利、环境和公共设施管理业，卫生和社会工作，文化、体育和娱乐业，信息传输、软件和信息技术服务业，住宿和餐饮业，租赁和商务服务业，科学研究和技术服务业

资料来源：《国民经济行业分类》（GB/T 4754—2017）。

（三）节点名称的统一

由于新闻资讯中同一节点的名称表述各异，容易产生统计偏差，本书在节点属性中增加"节点全称"这一列作为节点的统一标识，以统一非中国（不包括港澳台地区）企业类节点的名称表述和节点识别。主要涉及三类：政府、非中国（不包括港澳台地区）企业、高校。中央政府机构名称使用全称，如国家发展改革委，全称为"中华人民共和国国家发展和改革委员会"。省级地方政府如河南，全称为"河南省政府"。市级政府如深圳，全称为"深圳市政府"。县区级政府标注所属市，如深圳龙岗区，全称为"深圳市龙岗区政府"，区县以下一般只写到区县。非中国（不包括港澳台地区）企业一般写通用汉译名称前加冠国别，称公司如"美国微软公司""美国苹果公司""美国英伟达公司"等。国内高校使用官方全称，如"北京大学"。国外高校采用一般通用汉译名称，如"哈佛大学""麻省理工学院""斯坦福大学"等。

第三节　样本企业描述性统计分析

一、成立时间分布

成立年份主要分布在2015年、2014年、2016年、2017年、2018年，人工智能企业数分别是87家、60家、56家、46家、36家，占比分别是14.43%、9.95%、9.29%、7.63%、5.97%（见图9-5）。从人工智能样本企业的成立时间分布来看，2014年开始新成立的人工智能初创企业迅速增加，呈现一种涌现状态。被誉为"AI四小龙"之一的云从科技成立于2015年3月。

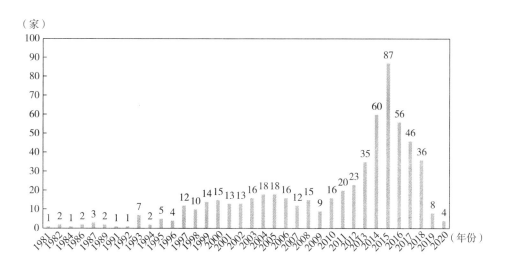

图9-5　样本节点成立时间及数量分布

资料来源：笔者自制。

二、地区分布

深圳市、广州市、珠海市、东莞市、佛山市，人工智能企业数分别是316家、186家、44家、21家、20家，占比分别是52.40%、30.85%、7.30%、3.48%、3.32%（见图9-6）。深圳市和广州市是广东省人工智能产业发展的两大核心，深圳市侧重于人工智能核心技术的研发，典型企业以华为、中兴通讯为代表。广州市侧重于人工智能技术的产业应用，尤其在智能网联汽车、智能制造领域的应用推广，典型企业以云从科技、亿航智能、明珞装备为代表。珠海市以格力电器、珠海欧比特、全志科技等为代表形成智能装备产业。

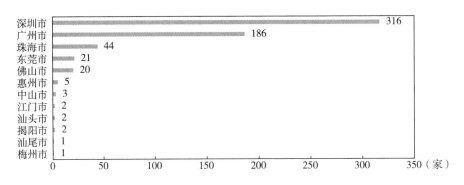

图9-6 样本节点所属城市分布

资料来源：笔者自制。

三、层次和三次产业分布

所属层次分别是应用层、技术层、基础层，人工智能企业数分别是536家、50家、10家，占比分别是89.55%、9.45%、1.00%（见图9-7）。样本节点属于第二产业的为160家，占比为26.53%；属于第三产业的为443家，占比为73.47%（见图9-8）。

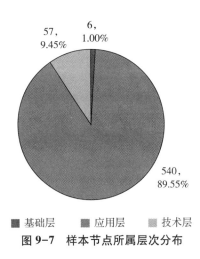

图9-7 样本节点所属层次分布

资料来源：笔者自制。

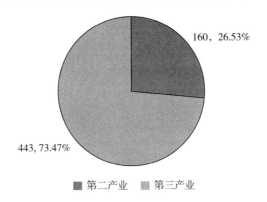

160，26.53%

443，73.47%

■ 第二产业 ■ 第三产业

图9-8 样本节点所属产业分布

资料来源：笔者自制。

四、第三产业和制造业分布

样本节点属于第三产业中排名前 5 的行业分别为信息传输、软件和信息技术服务业，科学研究和技术服务业，批发和零售业，租赁和商务服务业，居民服务、修理和其他服务业，占比分别为 49.21%、33.63%、11.29%、1.81%、1.35%（见图9-9）。

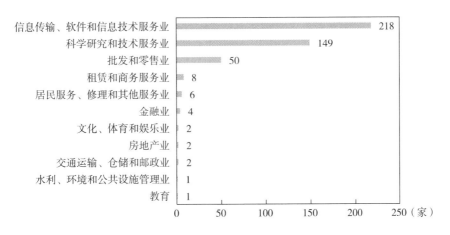

图9-9 样本节点所属第三产业及数量分布

资料来源：笔者自制。

样本节点属于制造业中排名前 5 的行业分别为计算机、通信和其他电子设备制造业，专用设备制造业，电气机械和器材制造业，通用设备制造业，仪器仪表制造业，占比分别为 58.86%、11.39%、8.86%、7.59%、3.16%（见图 9-10）。样本节点的产业分布与广东省优势产业分布基本保持一致，从侧面可以看出人工智能产业的发展承继于信息技术产业，其发展必然从与信息技术高度相关的产业开始。

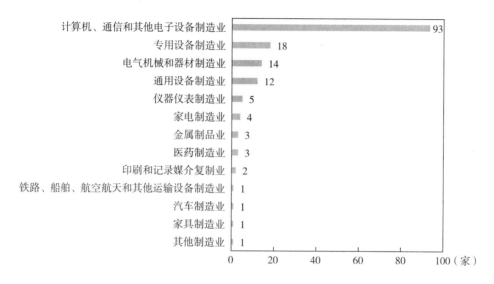

图 9-10　样本节点所属制造业分布

资料来源：笔者自制。

本章小结

使用创新网络研究人工智能创新涌现是一种较好的处理方式。人工智能创新涌现并不容易在宏观上进行有效的界定和描述。网络指标能够提供一种较为有效的计量方式。多渠道、多方法的信息检索方式保证了所获取信息的完整性，为分析的有效性提供支持。

作为中国人工智能发展的三大核心区域之一，广东省走在了前列，尤其是以深圳市和广州市形成了技术创新和技术应用的交互驱动核心，人工智能在华为、腾讯、中兴通讯等平台的推动下快速发展。京津冀区域的人工智能发展侧重于基础研究和在消费领域的应用；长三角区域的人工智能发展侧重于芯片领域，且区域内交互不够明显。广东省除了在消费领域有较好的发展，更侧重制造领域的智能化。工业领域尤其是制造业是下一阶段人工智能创新涌现的核心领域。

第十章　人工智能创新涌现机制的价值网络实证研究

本章是实证研究的核心部分，采用价值网络分析方法对人工智能创新涌现进行分析，主要包含五个部分。第一，通过静态统计复杂网络相关指标，阐释人工智能创新涌现机制之中多元主体的复杂交互作用，阐释创新网络结构、多元创新主体交互结构、技术结构等对人工智能创新涌现的影响。第二，通过动态统计复杂网络相关指标，分析技术创新和技术应用（技术输入和技术赋能）之间的动态交互、技术体系复杂化等推动的人工智能创新生态系统演变。第三，从通用目的技术专用化视角分析产业生态、技术生态等反映的人工智能专用化和人工智能通用化过程，阐释其对人工智能技术成熟度的影响。第四，通过网络相关指标的统计分析，阐释人工智能创新涌现机制中复杂反馈结构的形成和发展，讨论群体协同的产生。第五，通过分析政府参与创新网络的演变，讨论政府的作用。

第一节　多元创新主体复杂交互分析

一、价值网络结构拓扑图

从图 10-1 可以看出，广东省人工智能产业是由华为、腾讯、云从科技、优必选、中兴通讯、中国平安等少数大节点支持发展，大量的小节点散落在周围，形成一种层级结构。网络图中存在大量区域集聚，即拥有大量社区。使用 Python 中的复杂网络分析库 Networkx 对相同节点数和边数下的 BA 无标度网络、ER 随机网络、WS 小世界网络进行模拟①生成结果如表 10-1 所示。相比于规则网络（WS 小世界网络 p=0.1 比较接近于规则网络），人工智能创新网络的直径明显较

---

① Networkx 中相应生成 BA 无标度网络、ER 随机网络、WS 小世界网络的函数具有固定参数设置，实际生成的节点数和边数未必完全与人工智能创新网络保持一致，本书尽量使其保持在较小的误差范围内。

小。与 BA 无标度网络、ER 随机网络、WS 小世界网络等网络相比，人工智能创新网络的网络效率最高。

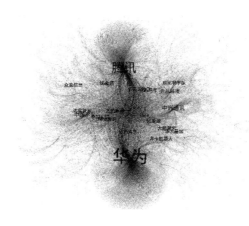

图 10-1　价值网络结构拓扑图

资料来源：笔者自制。

表 10-1　网络指标对比分析

网络类型	节点数	边数	平均度	平均路径长度	网络直径	平均聚类系数	同配系数	模块化	网络效率
人工智能创新网络	9755	22462	2.303	3.331	11	0.07021	−0.28856	0.593	0.32
BA 无标度网络	9755	19506	2	4.972	9	0.01091	−0.04546	0.534	0.21
ER 随机网络	9668	22818	2.36	6.114	12	0.00111	0.00122	0.461	0.169
WS 小世界网络 p=0.1	9755	19510	2	12.539	24	0.74704	−0.03315	0.888	0.084
WS 小世界网络 p=0.5	9755	19510	2	7.59	12	0.12848	−0.08461	0.597	0.137
WS 小世界网络 p=0.9	9755	19510	2	7.191	11	0.00163	−0.10318	0.531	0.144

注：p 为重连概率。

资料来源：笔者自制。

　　本部分所使用的数据为截至 2021 年 12 月 31 日的网络数据的累计值，以分析网络发展至今的一个整体状况。静态分析主要是研究人工智能创新的涌现状态，从网络结构数据中总结可能影响人工智能创新的重要因素。

二、度数中心度 TOP20 节点

（一）度数中心度 TOP20 样本节点

　　如表 10-2 所示，度数中心度排名前二十的节点均为样本节点，主要包括三

类企业：第一类是以华为和腾讯为代表的综合平台；第二类是以云从科技和云天励飞为代表的 AI 核心企业；第三类是以中兴通讯和优必选为代表的非平台人工智能企业。广东省人工智能产业发展的重点在工业领域，集中在以 vivo、美的集团、神州数码、格力电器等为代表的消费电子和家电领域，以比亚迪、小鹏汽车为代表的智能网联汽车领域，以及以大族激光、库卡机器人（广东）①、格力智能装备②为代表的智能装备领域。人工智能在消费互联网的应用为其在工业互联网的应用提供了经验支持，然而相对于消费互联网巨量、同质的数据类型，工业互联网少量、异质的数据类型向人工智能提出了重大挑战，互补性创新将表现得更为活跃。

表 10-2　度数中心度 TOP20 样本节点

节点名称	度	入度	出度	节点企业所在城市	一级分类
华为	6886	1389	5497	深圳市	AI 平台
腾讯	4917	873	4044	深圳市	AI 平台
中兴通讯	755	180	575	深圳市	AI 核心企业
中国平安	596	156	440	深圳市	AI 平台
优必选	405	132	273	深圳市	AI 核心企业
云从科技	355	84	271	广州市	AI 核心企业
vivo 公司	245	125	120	东莞市	AI 应用企业
美的集团	197	85	112	佛山市	AI 应用企业
神州数码	187	77	110	深圳市	AI 应用企业
比亚迪	184	73	111	深圳市	AI 应用企业
小鹏汽车	182	115	67	广州市	AI 应用企业
海思半导体	164	36	128	深圳市	AI 核心企业
云天励飞	153	41	112	深圳市	AI 核心企业
中国长城	132	59	73	深圳市	AI 应用企业
大族激光	130	64	66	深圳市	AI 应用企业
达实智能	120	33	87	深圳市	AI 应用企业

---

①　库卡机器人建立于德国，是世界领先的工业机器人制造商之一。2017 年 1 月，美的集团通过要约收购成为库卡控股股东，持股比例达 94.55%。2022 年 11 月，美的集团 100% 控股库卡机器人。库卡机器人作为美的集团的子公司被列入广东省的样本节点中。

②　格力智能装备全称为珠海格力智能装备有限公司，为格力电器旗下全资子公司，成立于 2015 年 9 月，是一家集研发、生产、销售、服务于一体的智能装备生产企业。专注于工业机器人集成应用、大型自动化生产线解决方案，产品覆盖了伺服机械手、工业机器人、智能仓储装备、智能检测、换热器专用机床设备、无人自动化生产线体、数控机床等 10 多个领域。

续表

节点名称	度	入度	出度	节点企业所在城市	一级分类
高新兴	117	64	53	广州市	AI 应用企业
库卡机器人（广东）	116	48	68	佛山市	AI 核心企业
众安信息	116	30	86	深圳市	AI 应用企业
格力电器	114	59	55	珠海市	AI 应用企业

资料来源：笔者自制。

（二）度数中心度 TOP20 关系节点

如表 10-3 所示，度数中心度排名前二十的关系节点包括四类：第一类是以百度、阿里巴巴、京东为代表的综合性平台；第二类是以中国移动和中国联通为代表的基础设施平台；第三类是以英特尔和高通为代表的国外芯片企业；第四类则是包括清华大学、华南理工大学和上海交通大学在内的具有人工智能基础研究和人才培养实力的研究型大学。度数中心度 TOP20 的关系节点中有 5 所高校或科研院所，占比 25%；包含 4 家国外重要人工智能企业，占比 20%；4 家信息通信技术研究单位，占比 20%。这显示出人工智能创新具有三个重要性质：一是高度依赖基础研究；二是开放性，需要国际先进技术和知识的支撑；三是与信息通信技术存在高度技术相关。

表 10-3 度数中心度 TOP20 关系节点

节点名称	度	入度	出度	节点企业所在城市	一级分类
京东集团	114	62	52	北京市	AI 平台
中国电信	112	53	59	北京市	AI 应用企业
中国联通	105	50	55	北京市	AI 应用企业
中国移动	105	55	50	北京市	AI 应用企业
百度公司	88	42	46	北京市	AI 平台
美国英特尔公司	72	29	43	美国	AI 核心企业
清华大学	71	37	34	北京市	AI 院所
阿里云公司	69	24	45	杭州市	AI 应用企业
小米公司	66	36	30	北京市	AI 平台
美国高通公司	65	23	42	圣迭戈市	AI 核心企业
阿里巴巴	60	31	29	杭州市	AI 平台
科大讯飞	54	18	36	合肥市	AI 平台
美国微软公司	47	22	25	雷德蒙德市	AI 平台
华南理工大学	42	22	20	广州市	AI 院所
360 公司	39	19	20	北京市	AI 平台

续表

节点名称	度	入度	出度	节点企业所在城市	一级分类
上海交通大学	37	20	17	上海市	AI 院所
美国英伟达公司	37	13	24	圣克拉拉市	AI 核心企业
中国信息通信研究院	33	18	15	北京市	AI 院所
蚂蚁科技集团	33	19	14	杭州市	AI 应用企业
北京大学	31	18	13	北京市	AI 院所

资料来源：笔者自制。

三、多元创新主体的交互结构

（一）跨类别交互特征

如图 10-2 所示，技术合作来源属性类别 TOP5 分别是企业、政府、高校、科研院所、其他事业单位，技术合作数分别为 16432 项、2379 项、1493 项、806 项、360 项，占比分别是 73.15%、10.59%、6.65%、3.59%、1.60%。技术输入来源属性类别 TOP5 分别是企业、高校、科研院所、产业联盟、医院，技术输入数分别为 4380 项、630 项、362 项、94 项、55 项，占比分别是 77.95%、11.21%、6.44%、1.67%、0.98%。人工智能创新网络是由政府、高校、科研院所、企业、行业协会等多元主体构成的相互作用的生态系统。不同主体在创新网络的作用并不相同，异质性成为网络涌现的一个微观基础。政府在推动人工智能的应用与普及方面发挥了重要作用，高校为人工智能的创新演进提供了有力的研究支持，两者对人工智能创新演进的作用是人工智能创新涌现的重要基础。

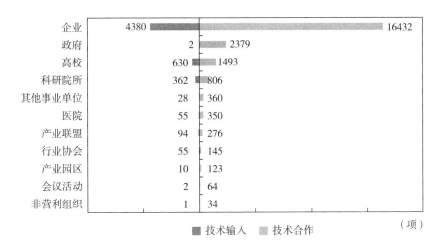

图 10-2　技术合作的属性分布

资料来源：笔者自制。

（二）跨区域交互特征

1. 国际分布

如图 10-3 所示，技术合作排名前 5 的国家分别是美国、德国、英国、日本、法国，技术合作数分别为 771 项、187 项、144 项、124 项、91 项，占比分别是 39.08%、9.48%、7.30%、6.28%、4.61%。技术输入排名前 5 的国家分别是美国、德国、英国、日本、韩国，技术输入数分别为 333 项、56 项、44 项、40 项、23 项，占比分别是 52.86%、8.89%、6.98%、6.35%、3.65%。无论是从技术合作还是技术输入角度看，美国对中国人工智能产业的发展具有重要影响，深度影响着人工智能的创新演进过程。首先，人工智能发源于美国，在美国拥有较为深厚的研究和应用基础，以谷歌、微软、亚马逊、苹果、IBM 等为代表的科技公司较早进入人工智能相关领域的研究，并长时间保持一定领先地位。中国人工智能产业的发展在很大程度上基于学习美国企业的经验。其次，美国的基础研究长期领先于世界，为人工智能的技术进步提供了重要支持，许多深度影响人工智能创新演进的研究成果均由美国的研究人员做出。例如，2006 年的深度学习由谷歌的研究人员杰弗里·辛顿（Geoffrey Hinton）提出，其获得 2018 年图灵奖。人工智能创新演进中的算法、算力、数据中的算法和算力资源大量掌握在美国手中。人工智能领域常用的深度学习框架 Tensorflow（谷歌）、Caffe（加利福尼亚大学伯克利分校）、Keras（谷歌）、MXNet（亚马逊）和 PyTorch（Facebook）等由美国企业开发。目前流行的人工智能编程语言 Python 中的很多人工智能相关函数库也由美国相关研究人员开发，如 NLTK、Spacy 等。在算力方面，无论是在 CPU 领域还是 GPU 领域、大型机还是小型机，美国均具有较为领先的优势，拥有大量实力较强的企业如英特尔、英伟达、IBM 等。此外，美国目前依然是基础研究较为领先的国家。人工智能是深度依赖基础研究的通用目的技术，中国很多人工智能企业的核心成员都有国外留学的经历。

从技术合作的国家分布上可以看出，人工智能创新网络具有高度开放性。网络中不仅有美国这样具有全方面科技领先的国家，还有德国、英国、法国、日本、韩国等在某个重要领域具有一定领先地位的国家。我国广东省人工智能产业发展与东南亚等国家的联系较为密切，表现出一定的区域关联性。

2. 国内省份分布

如图 10-4 所示，技术合作排名前 5 的国内省份分别是广东省、北京市、上海市、浙江省、江苏省，技术合作数分别为 5771 项、4660 项、1782 项、1077 项、980 项，占比分别是 28.17%、22.74%、8.70%、5.26%、4.78%。技术输入排名前 5 的国内省份分别是广东省、北京市、上海市、浙江省、江苏省，技术输入数分别为 1607 项、1425 项、429 项、298 项、228 项，占比分别是 32.21%、

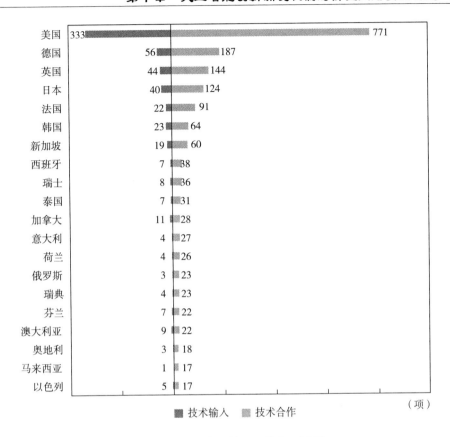

图 10-3　技术合作的国际分布 TOP20

资料来源：笔者自制。

28.56%、8.60%、5.97%、4.57%。资源互补是区域交流的一个重要基础。除了广东省本地的创新资源为人工智能产业发展提供重要支持外，来自北京市、上海市、浙江省等地区的创新资源同样发挥着重要作用。北京市集聚了中国科学院、中国工程院、中国信息通信研究院等重要科研院所，以及清华大学、北京大学、北京航空航天大学等高校，同时拥有百度、商汤科技、格灵深瞳、旷视科技等重要人工智能创新企业，拥有大量的基础研究资源。上海市同样是中国人工智能产业发展的重点地区，拥有上海交通大学、复旦大学、同济大学等高校，同时中芯国际、澜起科技、依图科技、联影医疗等也对中国人工智能产业的发展具有重要作用。从技术合作的国内省份分布可以看出，人工智能创新网络具有高度开放的特点。开源开放成为人工智能创新的一个重要特点，是人工智能创新涌现的另一个微观基础。

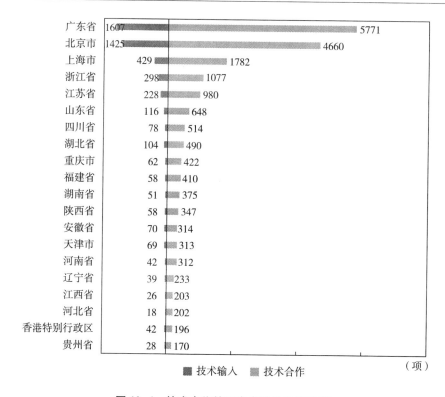

图 10-4 技术合作的国内省份分布 TOP20

资料来源：笔者自制。

3. 国内城市分布

如图 10-5 所示，技术合作排名前 5 的国内城市分别是北京市、深圳市、上海市、广州市、杭州市，技术合作数分别为 4660 项、3273 项、1782 项、1619 项、803 项，占比分别是 22.74%、15.97%、8.70%、7.90%、3.92%。技术输入排名前 5 的国内城市分别是北京市、深圳市、上海市、广州市、杭州市，技术输入数分别为 1425 项、989 项、429 项、416 项、259 项，占比分别是 28.56%、19.82%、8.60%、8.34%、5.19%。技术合作城市分布所显示出的特征与技术合作省份分布基本一致，技术合作关联和创新资源互补性及经济互补性高度相关，区域相关其次。网络空间的发展并不能完全取代地理空间的区域优势所带来的创新资源的便利流动。广东省在拥有较强的人工智能技术创新能力的同时，具备良好的人工智能产业应用基础，尤其以深圳市的智能电子产业和广州市的汽车产业最为突出。技术创新和技术应用之间的反馈依然受到地理空间的限制。随着数据平台的发展，以数据为核心的反馈要素可能通过网络空间发挥更大的作用，有利于创新资源在更广范围地理空间内优化配置。

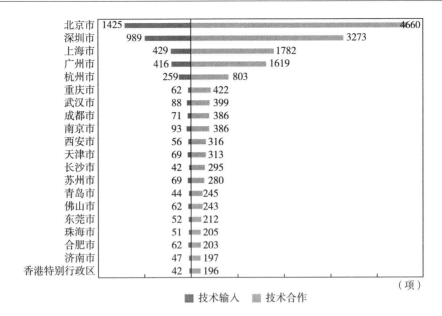

（项）

■ 技术输入　■ 技术合作

图 10-5　技术合作的国内城市分布 TOP20

资料来源：笔者自制。

（三）跨行业交互特征

1. 三次产业分布

如图 10-6 所示，三次产业中第三产业、第二产业、第一产业技术合作数分别为 7597 项、2326 项、42 项，占比分别是 76.24%、23.34%、0.42%；技术输入数分别为 1506 项、431 项、5 项，占比分别是 77.55%、22.19%、0.26%。中国人工智能的产业应用最先从消费领域开始，以智能手机为主要平台，在新闻资讯的智能分发和推荐、安全保护（指纹识别和人脸识别）、信息辅助功能（智能语音、文字识别、图片识别）等领域得到大量应用，推动了一些企业的快速发展，如字节跳动、科大讯飞、腾讯等。人工智能在工业领域尤其是制造领域主要在 2018 年之后才开始出现较为快速的增长。

2. 第二产业分布

如图 10-7 所示，第二产业分别是制造业，电力、热力、燃气及水生产和供应业，建筑业，采矿业，技术合作数分别为 2028 项、138 项、124 项、36 项，占比分别是 87.19%、5.93%、5.33%、1.55%；技术输入数分别为 406 项、14 项、11 项、0 项，占比分别是 94.20%、3.25%、2.55%、0.00%。在工业领域，制造业是人工智能产业应用的重点。从技术合作规模看，人工智能在制造业领域的应用方兴未艾，还需要经历较长的一个发展时期。

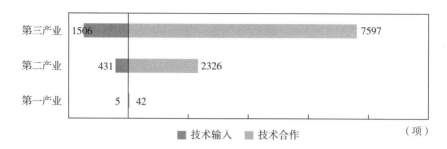

图 10-6 技术合作的三次产业分布

资料来源：笔者自制。

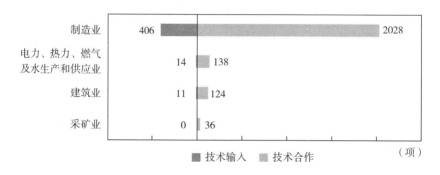

图 10-7 技术合作的第二产业分布

资料来源：笔者自制。

3. 第三产业分布

如图 10-8 所示，技术合作排名前 5 的第三产业行业分别是信息传输、软件和信息技术服务业，科学研究和技术服务业，租赁和商务服务业，批发和零售业，金融业，技术合作数分别是 2306 项、1906 项、886 项、785 项、753 项，占比分别是 30.35%、25.09%、11.66%、10.33%、9.91%。技术输入排名前 5 的第三产业行业分别是信息传输、软件和信息技术服务业，科学研究和技术服务业，租赁和商务服务业，批发和零售业，金融业，技术输入数分别是 615 项、512 项、119 项、117 项、46 项，占比分别是 40.84%、34.00%、7.90%、7.77%、3.05%。产品化是一项新技术走向市场的重要环节。软件化是人工智能技术走向产业应用的关键步骤。大量人工智能技术的应用都依托于优秀软件的实现，一个软件产品是多种技术的集成，能够实现人工智能技术成熟度的提高。人工智能在批发零售、住宿餐饮、金融、物流等消费或生产服务领域的应用较为成熟。

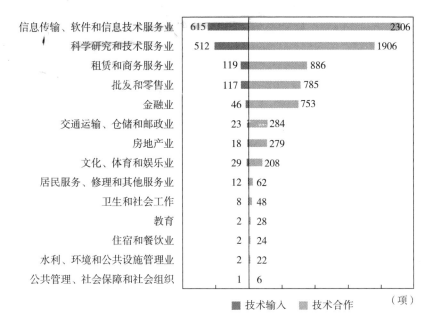

图 10-8　技术合作的第三产业分布

资料来源：笔者自制。

4. 制造业分布

如图 10-9 所示，技术合作排名前 5 的制造业行业分别是计算机、通信和其他电子设备制造业，汽车制造业，电气机械和器材制造业，专用设备制造业，通用设备制造业，技术合作数分别是 615 项、385 项、241 项、131 项、104 项，占比分别是 30.33%、18.98%、11.88%、6.46%、5.13%。技术输入排名前 5 的制造业行业分别是计算机、通信和其他电子设备制造业，汽车制造业，电气机械和器材制造业，专用设备制造业，通用设备制造业，技术输入数分别是 192 项、56 项、50 项、25 项、21 项，占比分别是 47.29%、13.79%、12.32%、6.16%、5.17%。计算机、通信和其他电子设备制造业，汽车制造业，电气机械和器材制造业等是广东省的支柱产业，同时是与人工智能高度关联的产业。以智能手机为代表的消费电子领域是较早应用人工智能技术的产业。以智能网联汽车为代表的汽车行业是与智能手机一样，也是拥有市场战略价值的产业领域，近些年各国在自动驾驶领域加大了研发投入和政策支持。装备行业的智能化是实现工业智能的基础。可以看出，人工智能创新涌现不仅表现出高度的地区产业相关性，还与市场发展规律高度相关。智能手机和智能网联汽车都是具有广泛产业链影响力、市场想象力的战略产业，对于企业、地区乃至国家而言均具有重要地位。智能网联汽车被很多企业视为一个拥有四个轮子的机器人，技术复杂程度很高。人工智能在汽车制造业的广泛应用能够带动制造业领域整体的技术进步。

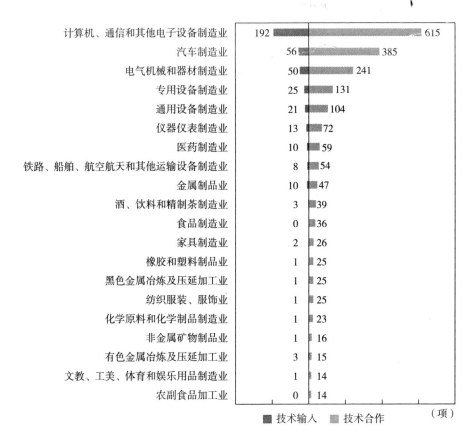

图 10-9 技术合作的制造业分布

资料来源：笔者自制。

（四）跨技术跨领域交互特征

如图 10-10 所示，技术合作排名前 5 的技术类别分别是大数据与云计算、先进通信技术、物联网、智能机器人、智能芯片，技术合作数分别是 5898 项、3336 项、2443 项、1987 项、1390 项，占比分别是 29.33%、16.59%、12.15%、9.88%、6.91%。技术输入排名前 5 的技术类别分别是大数据与云计算、先进通信技术、智能机器人、物联网、智能芯片，技术输入数分别是 1378 项、919 项、684 项、668 项、467 项，占比分别是 24.62%、16.42%、12.22%、11.93%、8.34%。大数据与云计算、先进通信技术（5G）、物联网是人工智能技术产业应用的基础。

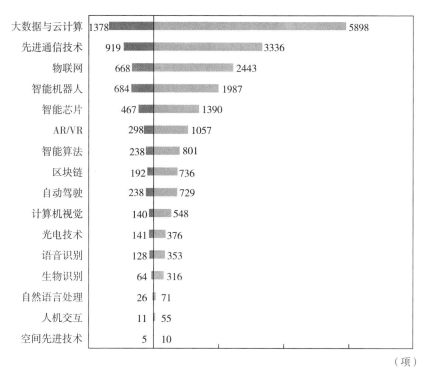

（项）

■ 技术输入　　■ 技术合作

图 10-10　技术合作的技术类别分布

资料来源：笔者自制。

如图 10-11 所示，技术合作排名前 5 的应用领域分别是智能制造、智慧园区、智慧城市、企业智能管理、智慧医疗，技术合作数分别是 2365 项、1999 项、1954 项、1739 项、1300 项，占比分别是 12.10%、10.23%、10.00%、8.90%、6.65%。技术输入排名前 5 的应用领域分别是智能制造、智慧园区、智慧城市、智能网联汽车、企业智能管理，技术输入数分别是 618 项、394 项、392 项、386 项、352 项，占比分别是 13.81%、8.80%、8.76%、8.62%、7.86%。智能制造在广东省发展迅速，超过了企业智能管理、智能商业等一系列人工智能在商业领域的应用。2015 年 7 月，《广东省智能制造发展规划（2015-2025 年）》发布，提出"到 2020 年：先进制造业规模跃上新台阶，全省先进制造业增加值超 2.4 万亿元，占规模以上工业增加值比重达到 53% 以上，智能装备产业增加值达 4000 亿元，面向工业制造业的生产性服务业发展水平达到国内领先水平"，"到 2025 年：全省制造业全面进入智能化制造阶段，基本建成制造强省"。2022 年 2 月，广东省工业和信息化厅发布《广东省智能制造生态合作伙伴行动计划

（2022 年）》，提出构建包含智能制造装备、关键软件、信息网络基础设施、智能制造系统解决方案等各领域相互协同的生态体系。制造业是一个国家和地区的经济命脉，在制造领域实现人工智能技术的大规模应用，是在第四次工业革命中赢得发展先机的重要基础。人工智能在制造业领域的应用能够推动其快速演进，加快形成涌现结构。

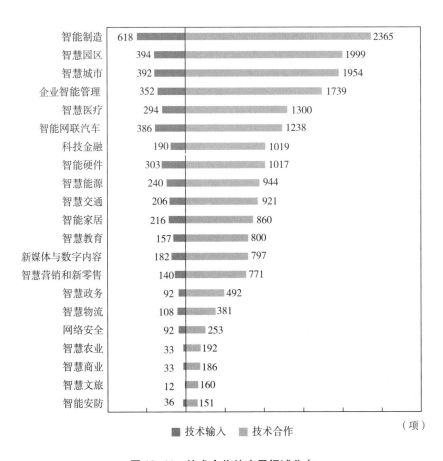

图 10-11　技术合作的应用领域分布

资料来源：笔者自制。

　　图 10-12 表征了人工智能创新涌现过程中技术类别和应用领域之间的交互，以及人工智能技术在产业应用过程中的集成化和复杂化。其中，大数据与云计算、先进通信技术、物联网为很多应用领域提供基础技术支持。智能网联汽车、智能制造、智慧城市领域的技术复杂程度较高。

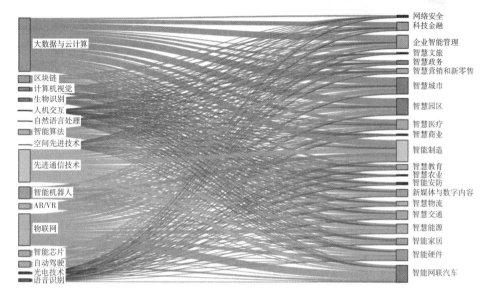

图10-12 技术类别和应用领域的交互

资料来源：笔者自制。

四、社团结构特征

使用Python语言的Networkx库对网络进行社团分析，共得到6个社团，具体如表10-4所示。

表10-4 社团分类信息

社团名称	节点数	核心节点
第一社团	9754	华为、腾讯、中兴通讯、中国平安、美的集团、优必选、云从科技、小鹏汽车、中国电信、比亚迪
第二社团	9595	腾讯、中兴通讯、中国平安、美的集团、华为海思、优必选、比亚迪、云从科技、vivo、神州数码
第三社团	1192	腾讯、中兴通讯、中国平安、vivo、比亚迪、华为海思、优必选、高新兴、神州数码、云从科技
第四社团	247	比亚迪、vivo、中兴通讯、格力电器、高新兴、中国平安、广电运通、神州数码、华为海思、优必选
第五社团	36	比亚迪、格力电器、vivo、高新兴、广电运通、神州数码、中国平安、中国联通广东省分公司、中国一汽、优必选
第六社团	3	格力电器、比亚迪、中国一汽

注：核心节点指在该社群中度数中心度排名靠前的节点，表中排序为从前到后。

资料来源：笔者自制。

社团分析结果表明，大多数节点分布在少数几个社团之中，同时社团之间存在较强关联，表明多元创新主体之间的交互较为紧密。华为、腾讯、中兴通讯、中国平安等此类平台企业在主要的社团中占据重要位置，汽车产业在人工智能创新演进过程中具有重要作用，六个社群中均包含了汽车企业。汽车产业是广东省的支柱产业，传统汽车领域有广汽集团、广汽本田等汽车厂商，新能源汽车领域有比亚迪、小鹏汽车、广汽埃安等。广东省不仅是整车制造的重要区域，还在汽车零部件和汽车制造装备领域拥有重要地位。

五、分析与讨论

人工智能创新涌现建立在一个高度开放的复杂创新网络基础上。多元创新主体的复杂交互是人工智能创新涌现的核心。跨地区、跨类别创新主体之间的交互推动异质创新资源在物理空间、网络空间和生物空间中流动、重组，推动人工智能创新涌现。多元创新主体交互结构特征主要表现在：第一，交互双方的资源具有互补性。个体之间的相互作用往往建立在竞争和互补的基础上，互补对于创新而言更为重要。中国以庞大的产业数据资源与国际上先进的算力、算法优势互补，成就了中国人工智能产业的快速发展，以产业应用推动了人工智能创新演进。第二，应用领域的产业影响具有广泛性。北京市、深圳市、上海市、广州市之所以成为人工智能产业发展的重要地区，不仅在于其拥有深厚的经济发展基础，还因为其拥有与人工智能高度相关的产业基础，如电子制造、软件、汽车、芯片等。智能手机带动了人工智能在消费领域的应用，智能网联汽车将带动人工智能在生产领域的应用。第三，产品化是新技术走向市场的重要环节。人工智能得到迅速推广需要很多简单易用且易于获取反馈、快速迭代的产品。从技术到产品，不仅意味着技术成熟度的提高，还促进了以需求推动创新的反馈机制的形成和发展。人工智能创新涌现首先在消费领域（第三产业）。随着人工智能技术成熟度的提高、人工智能专用化和人工智能通用化的增强，人工智能开始在工业领域发挥较大的作用。工业领域复杂多元的场景为人工智能创新演进提供了丰富的创新资源，可能引发更高浪潮、持续的创新涌现。

综合表10-2和表10-3可以发现，度数中心度较高的企业具有产业链"链主企业"的特征。《广东省战略性产业集群重点产业链"链主"企业遴选管理办法》中提出，"产业链'链主'企业是指处于产业链供应链核心优势地位，对于优化资源配置、技术产品创新和产业生态构建有重大影响力的企业，有能力且有意愿对增强我省产业链供应链稳定性和竞争力、健全和壮大产业体系发挥重要作用的企业"。该文件提出的主要评审标准包括："规模实力：战略性支柱产业集群重点产业链'链主'企业营业收入原则上不低于50亿元；战略性新兴产业集群重点产业链'链主'企业营业收入原则上不低于 10 亿元";"市场影响力：主导产品在国内市场占有率排名前十";"自主创新能力：具有较强的研发实力，研发费用占营业收入比重原则上不低于 3%，有核心自主知识产权、拥有领军人才，主导或参与相关领域国际、国家或行业标准";"产业带动能力：资源整合能力突出，产业链上下游合作企业原则上不少于 20 家"等。"链主"企业采用人工智能后将对其所处产业链产生直接的重要影响，此类企业对人工智能的积极态度是人工智能创新涌现的产业基础。

从区域视角而言，一个地区的人工智能创新涌现是以本地区内部的多元创新主体交互为基础、本地区内部和外部创新要素相互作用共同推动的。地区内部多元创新主体的交互作用推动形成区域内部反馈循环，对创新涌现的促进作用表现在两个方面：第一，地区产业集聚提升了反馈效率，人工智能从一个场景获得的改进能够更快速地在其他场景获得应用，进而提升整个产业的应用水平；第二，区域内创新主体在本地统一的政府政策支持下，更容易发挥协同作用，形成创新合力，提升创新资源的流动和配置效率。

第二节　人工智能创新涌现的特征分析

一、价值网络的演化

表 10-5 列出了 2010~2021 年广东省人工智能科技产业价值网络结构性指标的变动情况。本书以 2010 年作为动态分析起点是出于以下三点考虑：一是 2010 年是中国智能手机发展元年，也是移动互联网元年。3G 网络以及随后的 4G 网络和智能手机的普及为移动互联网的发展奠定了基础。智能手机和移动互联网的发展为人工智能的商业应用提供了坚实的市场基础和深厚的数据资源。人工智能通过在消费互联网的应用获得明显的优化和改善。二是自 2010 年开始，国内市场开始对人工智能给予较多关注。创新主体之间关于人工智能合作的数量足够多才能够进行一定的分析。三是很多学者对人工智能发展历程的划分是以 2010 年为分界线的（谭铁牛，2019）。

2010~2021 年，价值网络样本节点数、关系数（边数）都呈现快速增长态势，尤其是 2018~2020 年，关系节点与样本节点的比值和关系数出现了爆发式增长。

表 10-5 2010~2021 年价值网络指标年度变化①

年份	节点数	边数	平均度	平均路径长度	网络直径	平均聚类系数	同配系数	模块化	网络效率
2010	158	172	1.089	1.908	5	0	−0.30678	0.841	0.065
2011	204	233	1.142	3.132	7	0	−0.30534	0.842	0.07
2012	253	290	1.146	3.471	9	0	−0.28117	0.863	0.06
2013	316	361	1.142	4.235	11	0	−0.2768	0.861	0.087
2014	444	535	1.205	4.071	12	0	−0.21516	0.857	0.094
2015	766	997	1.302	4.502	15	0.00273	−0.21061	0.85	0.142
2016	1310	1732	1.322	5.204	19	0.00366	−0.19982	0.842	0.158
2017	2120	3136	1.479	4.485	18	0.00451	−0.21745	0.794	0.203
2018	3532	5861	1.659	4.116	13	0.00886	−0.21783	0.751	0.232
2019	5386	9596	1.782	3.853	13	0.01158	−0.22268	0.709	0.266
2020	8231	18189	2.21	3.371	11	0.06623	−0.29537	0.613	0.308
2021	9755	22462	2.303	3.331	11	0.07021	−0.28856	0.593	0.32

资料来源：笔者自制。

2015 年，网络性质发生了重大变化，网络的平均聚类系数明显不为 0 且自此呈现逐年递增的趋势，表现出明显的小世界网络特征，验证了推论 7。与此同时，伴随的是网络加速扩张，网络中的节点数和边数快速增长，网络的平均度在不断提高，网络实现了从量变到质变的过程，并且这种质变过程依然伴随着量变的发展。网络直径在经过不断增大之后开始稳定，网络中的一个点可以通过较短路径到达网络中的任意一个点。网络效率在不断提高，表明网络内信息或能量流动的效率在上升，进一步促进了网络的发展。

以 2015 年为临界时间点，2015 年之前网络的平均聚类系数为 0，2015 年及之后网络的平均聚类系数不为 0，根据序参量的定义，平均聚类系数可以作为类似于序参量的一个指标，衡量网络的相变过程②。模块化参数的降低说明网络内部小社团正在融合为一个大社团，节点之间的连接更加紧密。同配系数表示网络

①　表中节点和边数为网络的累计值。
②　平均聚类系数可以作为网络临界状态的重要参考指标，但并不被作为唯一指标考虑。从平均聚类系数的算法来看，选择的样本节点数量关系到平均聚类系数的数值。当样本量少时，平均聚类系数很容易就变小或延迟不为零。网络临界状态可以同时考虑网络直径、平均路径长度、网络效率等的变化。

中度数小的节点更倾向于连接度数大的节点，印证了优先连接规则。

从历年网络的拓扑结构图（见附录 A）来看，人工智能复杂创新网络从几个相对独立的子网络逐渐形成以华为和腾讯等平台企业为核心的相互联系的、统一的复杂结构。由于华为在 ICT 领域具有深厚技术积累，前期华为在网络中的地位相对领先。人工智能首先应用于消费领域，进而在工业领域扩散，以华为的技术合作作为人工智能在工业领域的应用，以腾讯的技术合作作为人工智能在消费领域的应用。如图 10-13 所示，2017 年、2018 年腾讯年度新增技术合作数量高于华为，2019 年华为略高于腾讯，2020 年华为大幅领先于腾讯，表明人工智能的应用正从消费领域逐渐转向工业领域。如前所述，这主要是因为消费领域巨量、相对规范的数据更容易使人工智能训练学习，进而获得较好的应用体验。当人工智能在消费领域获得相应迭代优化之后，在工业领域的应用会变得相对容易。正如人工智能在消费领域的应用扩张推动了以 ChatGPT 为代表的大模型的产生，以 ChatGPT 为代表的通用人工智能的发展为人工智能在工业领域的应用带来了新的契机。

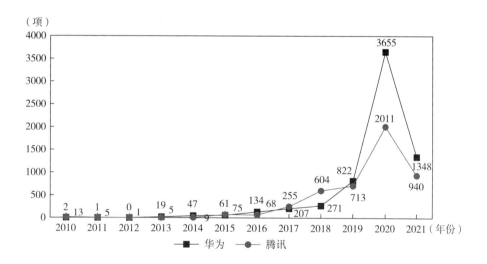

图 10-13　华为和腾讯年度新增技术合作对比

资料来源：笔者自制。

如图 10-14 所示，2010 年和 2013 年，网络节点度数中心度分布已经具有呈现幂律分布的趋势。2015 年，随着节点的增多，网络节点度数中心度分布呈现的幂律分布特征更为明显。

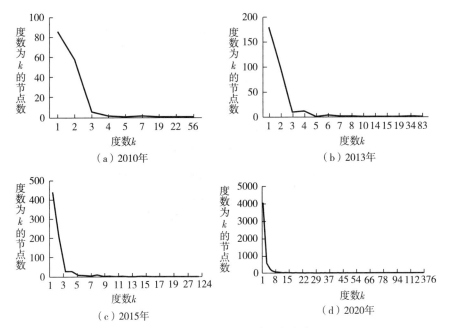

图 10-14　度数中心度的分布变化

资料来源：笔者自制。

如图 10-15 所示，2010 年之后网络结构熵呈现增加趋势，2019 年之后有下降趋势。网络结构熵表征网络无序的程度，网络结构熵越高越表明网络处于一个无序状态。网络正处于一个偏离平衡态的演化阶段，处于一种混沌状态。2020年网络结构熵呈现小幅下降，表明网络有走向稳定的可能。越来越多的主体加入人工智能创新网络，多元异质创新资源的流动对系统造成冲击，使系统表现出一种相对无序状态。这种相对无序是人工智能创新网络逐渐发生质变的反应。

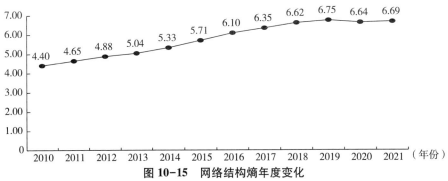

图 10-15　网络结构熵年度变化

资料来源：笔者自制。

二、技术输入和技术赋能的动态分析

2015 年网络发生重大变化，技术赋能开始加速发展。从图 10-16 可以看出，人工智能创新网络的技术输入和技术赋能表现出高度同步性，技术输入和技术赋能之间存在某种程度的协同作用。一项新技术产生之后需要通过在产业中应用才能发挥其对经济社会发展的作用。人工智能作为新时期的主导技术，必然需要通过与产业融合推动生产力的发展。

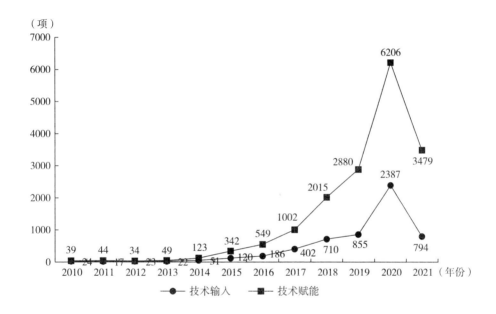

图 10-16 技术输入和技术赋能年度变化①

资料来源：笔者自制。

人工智能与产业的融合过程是一个通用目的技术专用化的过程。通用目的技术专用化过程中产生大量互补性创新，即在应用过程中针对新技术与应用领域的融合问题进行一系列微改进，这些改进作为一种渐进式创新反作用于人工智能的创新过程。这种反馈表现在两个方面：第一，微改进过程中必然会生成与实际应用领域相关的数据，数据作为人工智能的"粮食"，能够改善人工智能的自学习过程，提升自优化能力。第二，微创新所蕴含的隐性知识为人工智能的优化演进过程提供支持。不同的行业数据反映了行业的技术特性，某种程度上可以被视为

---

① 图中数据为网络中技术输入和技术赋能的年度新增数据。

关于行业的隐性知识。人工智能这项技术工具需要根据行业特性进行改造，改造依据就是在应用过程中探索出来的一系列微改进。随着隐性知识从应用端传导到创新端，我们需要对隐性知识进行重新解构，这涉及一个隐性知识显性化的过程。这个过程往往意味着需要大量研究力量的介入，进而技术输入会伴随着技术赋能的增加而增加。

如图10-17所示，2020年来自国内的技术输入获得了高速增长。自2018年开始，来自国内的技术输入开始明显增长，占比逐步提高，可能原因在于以美国为首的西方国家对中国以人工智能为代表的战略性新兴产业的无理打压限制了中国与外界的技术交流。不可否认的是，在中国人工智能技术创新和产业发展的过程中，与国外的技术交流发挥了较为重要的作用。中国不断加强在基础研究上的投入，为人工智能产业持续发展提供了重要支持。国内可以形成更有效率的基础研究和应用研究之间的反馈循环，为人工智能技术进步提供持续动力。经济要开放，创新也要开放，开放的前提是我们要有足够的能力面对开放的风险。中国不能仅以广大的市场前景吸引外部技术流入，还应以强大的技术创新能力推动技术的内外交流。

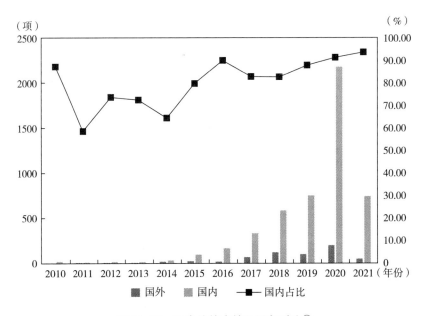

图 10-17 国内外技术输入历年对比①

资料来源：笔者自制。

与第三产业的技术交流主要是人工智能技术在消费领域的应用，由此促进了

---

① 数据为网络中国内和国外技术输入的年度新增数据。

一系列消费领域人工智能应用的发展，如智能语音、人脸识别、智能推荐等，进而推动如滴滴出行、拼多多、抖音等企业的快速发展。以智能手机为代表的移动终端设备成为推动人工智能技术在消费领域应用的重要平台。相对于在消费领域的应用，人工智能在生产领域的应用要复杂得多。2019 年，来自第二产业的技术输入占比开始呈现上升趋势。人工智能在第二产业尤其是制造业领域的应用是推动产业优化升级、实现经济高质量发展的关键。制造业不同行业间存在较大差距，对于人工智能应用的影响主要表现在三个方面：一是行业间数字化水平差异较大，智能化较慢。智能化的前提是自动化、数字化，不同生产工序之间首先能够基于数字技术完成联通，而很多行业的中小企业可能连自动化都未能完成，距离智能化道路更远。一些市场集中度较高、数字化程度较高的行业，如计算机、通信和其他电子设备制造业和汽车制造业，能够率先实现智能化。二是技术迁移较为困难。由于行业之间的异质性，人工智能在一个制造领域完成的专用化很难直接迁移应用到另一个领域，这就可能造成前期人工智能在制造业领域的扩散会相对缓慢。三是难以形成跨行业的数据生态。不同行业生产数据的含义差别较大，尤其是工艺数据涉及专利等企业机密，难以在消费领域形成丰富的数据生态，工业领域大模型的训练更为困难。然而，正是行业间巨大的异质性为人工智能提供了广阔的应用天地。在消费领域，大模型的出现虽然在某种程度上能够快速推动人工智能的技术扩散，但是其高昂的训练成本使得中小企业难以涉足，因此形成一种创新垄断。工业领域巨大的异质性为中小企业提供了创新的机会。

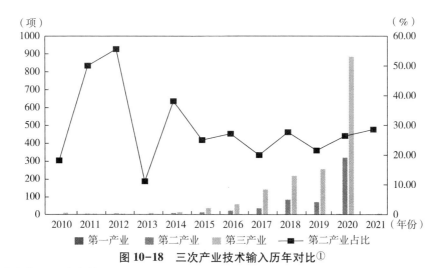

图 10-18　三次产业技术输入历年对比①

资料来源：笔者自制。

---

① 数据为网络中三次产业技术输入的年度新增数据。

三、人工智能创新的技术涌现特征

从图 10-19 和图 10-20 可以看出，不同的技术类型和应用领域在 2014 年之后不同程度地呈现涌现结构。其中，技术类别中大数据与云计算、先进通信技术、物联网、智能机器人等涌现较为明显，应用领域中企业智能管理、智能制造、智能网联汽车、智慧能源、智慧园区等涌现较为明显，与前述关于多元创新主体的复杂交互分析保持一致。

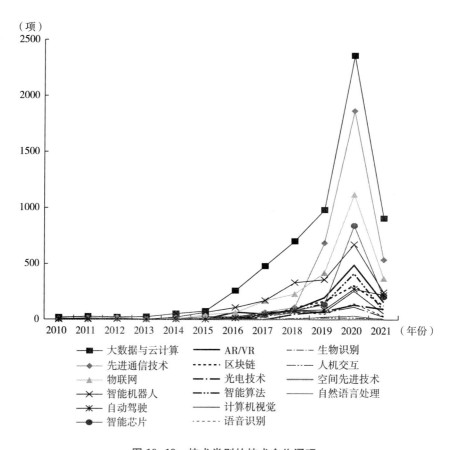

图 10-19　技术类别的技术合作涌现

资料来源：笔者自制。

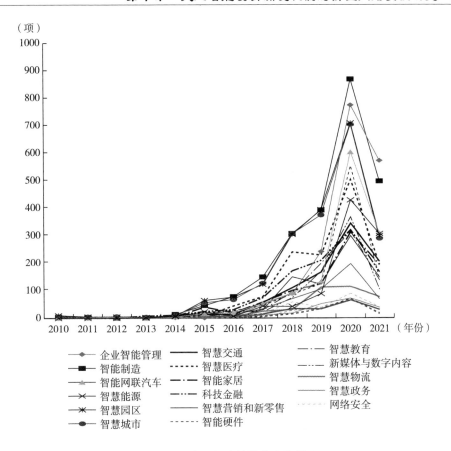

图 10-20　应用领域的技术合作涌现

资料来源：笔者自制。

大数据与云计算作为平台技术，为人工智能创新涌现提供了快速扩散的重要支持。先进通信技术等的应用为人工智能在各领域的扩散提供了快速的信息反馈通道。物联网是人工智能应用的基础，是数据产生和流动的技术基础。智能机器人是人工智能在很多领域应用的基础技术，如智慧物流、智慧教育、智能网联汽车、智能制造等。图 10-19 同时表达了与图 10-12 相同的含义，不同技术之间在相互融合，形成一个相互作用的技术体系，表现为很多技术的应用增长曲线变动趋势是同步的。

人工智能在商业领域的应用较为成熟，如企业智能管理、智慧营销和新零售；在工业领域同样发展迅速，如智能制造、智能网联汽车。人工智能在商业领域应用的异质性相对较低，在进行相应优化迭代之后可以迅速在多领域扩散。人工智能在工业领域应用的异质性较高，在一个领域优化迭代的成果很难直接被应用于另一个领域，目前工业领域的人工智能以技术的持续学习、优化迭代为主。图 10-21 直接表达了市场规模逐渐扩大的含义，同时还表达了劳动分工的含义，针对各个领域的技术创新均在深化。

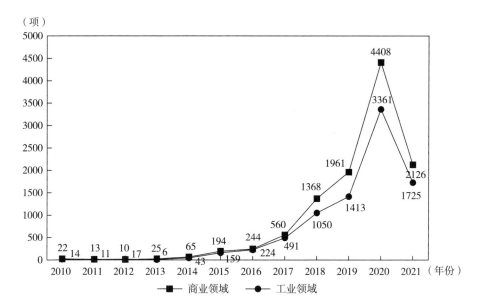

图 10-21　人工智能在商业领域和工业领域应用的动态变化①

资料来源：笔者自制。

四、分析与讨论

广东省人工智能创新涌现过程可以分为两个阶段：一是 2014 年及之前，创新生态系统的无序发展阶段；二是 2015 年及之后，创新生态系统的涌现发展阶段。创新生态系统的无序发展阶段同时是反馈结构形成阶段，人工智能创新系统内部处于技术正反馈和商业正反馈的形成和发展阶段。涌现发展阶段是复杂反馈结构形成之后驱动的持续涌现过程。

在创新生态系统的无序发展阶段，高校和科研院所的基础研究、政府资金、国内外人才等发挥了重要作用。在政府支持下，随着技术的不断进步，市场对新技术体系的预期将趋于乐观，进而引发群体协同。在涌现发展阶段，保持多层次的反馈结构是持续涌现的基础。来自产业端的反馈是至关重要的。学术界在探讨

---

① 本部分以智能制造、智能网联汽车、智慧能源、智慧城市、智慧医疗、智慧物流、智慧农业、智能安防 8 个需要较强硬件支持的应用领域作为人工智能在工业领域的应用。图中数据为年度新增数据。

创新演进时一般认为其存在两种路径：一是研究驱动，即通过研究的不断深入和拓展加快技术进步；二是应用驱动，即通过市场需求的扩张推动技术进步。人工智能的创新演进同时包含了这两种驱动力量。鉴于此，中国在提出加强基础研究的同时，注重产业端对技术进步的重要作用。2022 年 8 月，教育部印发了《关于加强高校有组织科研推动高水平自立自强的若干意见》，提出"加快目标导向的基础研究重大突破""加快国家战略急需的关键核心技术重大突破"等，推动基础研究在促进技术进步方面发挥更大作用。2019 年 3 月，中央全面深化改革委员会第七次会议审议通过了《关于促进人工智能和实体经济深度融合的指导意见》，提出要坚持以市场需求为导向，以产业应用为目标，推动人工智能技术进步，发挥人工智能在促进经济发展方面的重要作用。

第三节　人工智能专用化和通用化

一、技术深度和技术广度

人工智能专用化指人工智能技术在某个产业领域应用的深入，伴随的是人工智能技术体系化和复杂化，表现为技术深度的增加。人工智能通用化指人工智能技术在广泛产业领域的应用，伴随的是应用领域的快速扩张，表现为技术广度的增加。2015 年，伴随着人工智能创新网络的质变过程，人工智能的技术深度和技术广度在不断上升。技术深度表示人工智能技术的体系化、复杂化在加强，与人工智能技术相关的一些技术开始融合，如云计算、区块链、先进通信技术、空间技术等，丰富和发展了人工智能技术体系。技术广度表示人工智能技术在应用领域的拓展，是人工智能技术成熟度的表征。图 10-22 显示出技术深度和技术广度的协同作用。技术深度的上升推动技术广度的增加。技术深度上升表明作为通用目的技术的人工智能在通用目的技术专用化过程中不断加强技术融合，创新在不断演化以满足不同应用领域的异质需求。技术广度的扩张将更多实际问题反馈给创新过程，推动技术深度的上升。技术深度和技术广度之间的相互作用是人工智能创新涌现的另一项重要因素。

二、产业生态和技术生态

（一）产业生态分析

产业生态是人工智能专用化和通用化过程中基于多元主体互动形成的能够推

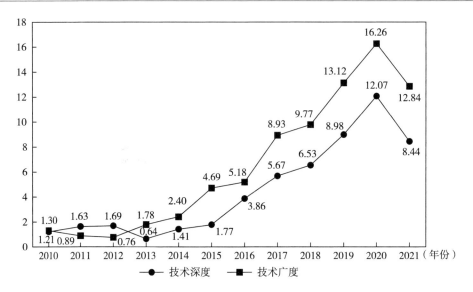

图 10-22 技术广度与技术深度

资料来源：笔者自制。

动创新资源高效流动的创新生态系统局部结构。产业生态的计算方法与平均聚类系数有一定关联。伴随着 2015 年人工智能创新网络的质变过程，网络中产业生态数量快速上升，呈指数级变化趋势（见图 10-23）。随着网络中节点数量的增多，已处于网络中的节点之间相连接的概率越来越大，网络的小世界特性越来越明显，网络中的能量流动效率越来越高。

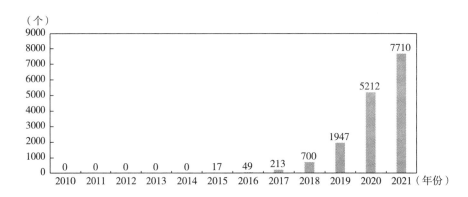

图 10-23 2010~2021 年产业生态数量变化

注：图中数据为年度新增数据。

资料来源：笔者自制。

以变异系数来判断五类产业生态结构变化情况①，其中变化最大的是应用研究+基础研究+应用研究（见图10-24、图10-25）。人工智能创新过程中科学与技术之间的相互作用为创新提供了演进动力。应用创新与基础创新之间的相互作用推动技术正反馈的加强。

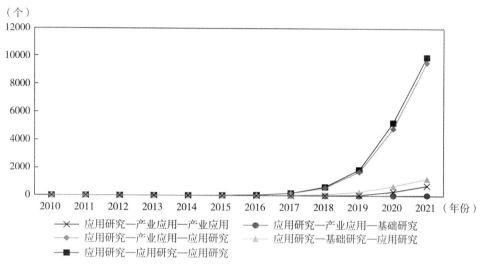

图 10-24　产业生态结构演变（数量）

资料来源：笔者自制。

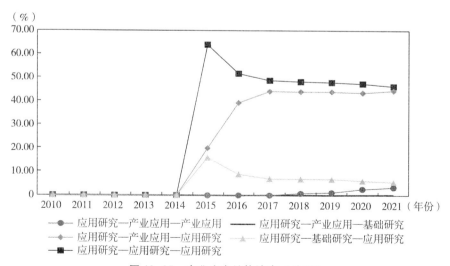

图 10-25　产业生态结构演变（比重）

资料来源：笔者自制。

① 变异系数=标准差/均值。

（二）技术生态分析

无论是人工智能专用化还是人工智能通用化，由于互补性创新的推动，均可以表现为技术体系化的发展，即技术生态的形成和发展。技术生态是从相互作用的角度分析技术与技术、技术与产业、技术与社会的关系。技术生态包含两个方面的含义：一是技术生态至少由两种功能不同的技术构成，且技术之间要具有互补关系；二是技术之间能够产生协同效应（孙恩慧、王伯鲁，2022）。从图10-26可以看出，人工智能的技术生态在不断丰富，除了如计算机视觉、智能机器人、自然语言处理等典型人工智能技术以及大数据和云计算等底层支持技术，区块链、光电技术、空间先进技术等也在不断深入参与人工智能的产业应用过程。通用目的专用化过程中互补性创新推动围绕人工智能形成的技术生态不断丰富。例如，华为在人工智能领域的起步较晚但发展迅速，得益于其围绕先进通信技术在智能芯片、先进物联网、计算机视觉等技术领域的不断拓展。

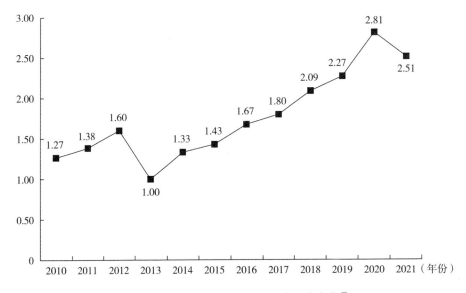

图10-26　人工智能创新网络技术生态变化①

资料来源：笔者自制。

根据华为官网及华为年报对其技术演变过程进行总结，如图10-27所示。华为从交换机开始根据需求拓展进行技术研发。2010年以前，华为专注于通信领

___

① 技术生态的计算方式和技术深度类似，但也有所不同。技术生态可以采用存量计算方法，即计算累积技术合作所涉及的技术类别种类。本书采用流量计算方式计算年度新增技术合作所涉及的技术类别种类，主要是因为这种计算方式更明显体现了企业当前的技术生态特征。

域的相关技术积累，包括交换机、通信基站、通信芯片、数据存储、通信标准等，通过由此积累的技术基础进行技术领域的拓展。2021 年，华为以深圳鹏城云脑 II 为基础，孵化出"鹏程·盘古"大模型，以及面向生物医学行业的"鹏程·神农"平台；2021 年，中国科学院自动化研究所，联合华为发布全球首个图、文、音三模态大模型"紫东·太初"；2022 年，武汉大学与华为团队联合打造的业界首个遥感影像智能解译专用深度学习框架"武汉·LuojiaNet"发布。大模型成为平台对外赋能的重要方式，推动平台生态化进程。华为的技术体系逐渐丰富，形成以先进通信技术、智能芯片、人工智能等为核心的技术生态。

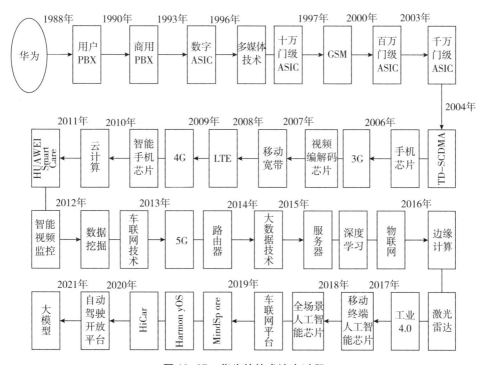

图 10-27　华为的技术演变过程

资料来源：笔者根据华为官网和华为年报整理得到。

图 10-28 展示了中兴通讯、华为等六家人工智能企业的技术生态变化情况。整体而言，六家企业的技术生态呈现不断丰富的趋势。从图 10-26、图 10-27 推知，技术生态推动了大模型等平台技术的形成和发展，其也是人工智能创新涌现的重要因素。技术生态推动创新资源的集中和整合，促进技术创新（毛荐其、刘娜，2015）。从图 10-28 和附录 E（图 E1 至图 E4）中华为和腾讯的技术生态和产业生态可知，人工智能创新生态系统中创新主体的技术生态和产业生态具有较

大异质性，意味着各个创新主体拥有高度异质的创新资源。多元异质的创新资源在创新主体复杂交互作用下流动、交换、重组，引发基于大量创新资源重组的创新涌现。人工智能技术生产结构如图 10-29 所示。

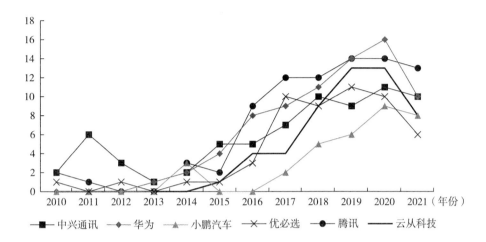

图 10-28 部分企业的技术生态变化

资料来源：笔者自制。

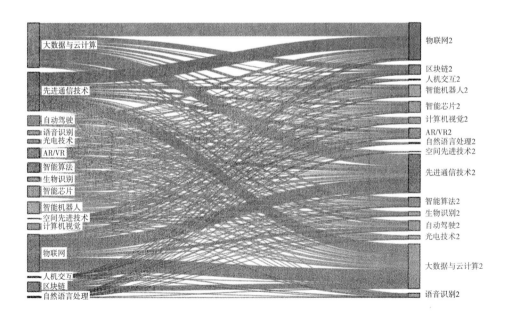

图 10-29 人工智能技术生态结构

注：图中左右两边的技术类型是一致的，即物联网 2 和物联网是一种技术，此处是为了作图需要。

资料来源：笔者自制。

（三）技术生态和产业生态的交互作用

1. 技术生态是产业生态发展的基础

产业生态的形成依托于企业足够强的核心技术能力，技术生态正是企业核心技术能力的反映。产业生态的发展与丰富意味着企业能够实现在多应用领域的技术扩散，表明企业掌握了多项相关技术以满足不同应用领域的异质需求。不同技术之间的协同是满足应用领域多样复杂需求的前提。从华为网络的发展来看，2018 年是华为网络快速扩张的重要年份，这一年其技术生态发展最为迅速，同时伴随着产业生态的快速发展。2018 年是华为人工智能技术能力全面提升的一年，发布了 AI 战略以及全栈全场景 AI 解决方案。全面的 AI 技术能力意味着华为能够为广大的产业领域提供人工智能技术赋能。2018 年之后，华为的技术输入和技术赋能均快速提升（详见附录 E 图 E1），意味着华为的 AI 能力提升迅速。这种进步得益于技术体系之间的协同所带来的增益效应。创新涌现是否产生的临界在于是否有趋向打破新技术体系与旧技术体系之间的收益平衡，使新技术体系变得更有优势。技术生态推动的人工智能技术成熟度的提高使人工智能相对于旧技术体系具有更大的收益优势，同时这种优势会随着应用的深入而增加。

技术生态和产业生态是典型的平台特征。赋能广泛的产业领域是平台生态化的关键过程。丰富的技术生态为平台提供广泛赋能应用领域的可能，成为平台涌现的基础。芯片、算法、算力、数据存储、信息传输等多项技术之间的协同和融合，极大提高了人工智能应对复杂应用环境的能力。平台作为一种资源聚合和流动的工具，为技术、数据、知识等的再造提供了良好的环境。

2. 产业生态推动技术生态的丰富

与技术创新和技术应用之间的反馈作用类似，产业生态与技术生态之间同样存在这种反馈作用。技术创新的动力来源于两个方面：科学研究和市场需求。产业生态中既包含基础研究与应用研究之间形成的产业生态结构，也包含应用研究和技术应用（创新扩散）之间形成的产业生态结构，即丰富的产业生态结构同时包含了来自科学研究和市场需求两方面的创新驱动。丰富的产业生态结构推动异质技术需求增加，进而要求企业不断丰富技术体系，推动技术生态发展。

从知识重组的技术创新视角而言，产业生态提供了丰富的知识流动和重组路径，有利于多元异质技术体系的形成。技术体系内不同技术之间基于产业应用要求形成的协同作用推动技术生态不断丰富与发展。

三、技术成熟度

无论是人工智能专用化还是人工智能通用化，其水平的提高均意味着人工智能技术成熟度的提高。技术成熟度很难以定量的指标进行衡量，只能参考其他指标进行定性分析。技术深度和技术广度都是技术成熟度的表现。技术深度表明了人工智能技术体系化的演进，是技术成熟度提升的内在驱动。技术广度表明了人工智能在应用领域的扩张，是技术成熟度提高的直观表现。通过观察附录 B 中 Gartner 发布的 2019~2022 年"人工智能技术成熟度曲线"可知，人工智能技术成熟度在不断提高，不同细分技术领域有较大差异（李梦薇等，2022）。

根据 2020 年安永和微软联合发布的《大中华区人工智能成熟度调研：解码 2020，展望数字未来》，人工智能技术成熟度在各个产业领域是不同的，其中信息技术与媒体、金融服务、零售等领域的人工智能技术成熟度相对较高，制造与能源领域次之，专业服务、医疗健康和基础设施与运输领域相对较低，与本章前述部分的分析相一致。

四、分析与讨论

产业生态是人工智能创新生态系统多元主体交互的微观结构反映。通过对不同结构的产业生态分析可知，基础研究对于推动人工智能创新演进具有重要作用。以基础研究为基础、基础研究和应用研究的交互为核心形成的产业生态对于巩固正反馈结构、促进创新涌现发挥着核心作用。

技术生态和产业生态对于人工智能创新涌现具有重要意义。技术生态的技术协同推动创新资源高效流动，促进技术创新。产业生态可以理解为局部创新资源的流通结构。在产业生态的三角形结构内，创新资源可以实现高效率流动，从而在基础研究、应用研究、技术应用之间形成高效的反馈循环结构。产业生态和技术生态之间彼此作用、相互促进，共同构成了推动人工智能创新涌现的重要动力。

技术复杂化是人工智能创新演进的必然过程，是人工智能技术成熟度提高的具体表现，推动技术平台化和平台技术的形成，促进人工智能的技术扩散。纵观以网络指标为基础的分析过程，影响人工智能创新涌现的各要素之间相互联系、彼此作用，共同推动人工智能创新涌现的产生和发展。

第四节　复杂反馈结构和群体协同

一、技术层反馈

（一）高校和科研院所网络分析

1. 高校和科研院所网络年度变化

高校和科研院所网络为选取原始网络中关系节点为高校或科研院所的数据构

成的子网络，用于分析高校和科研院所对人工智能创新的影响。伴随着网络的质变过程，高校和科研院所参与人工智能创新的程度在加强。高校和科研院所所主导的基础研究参与人工智能技术创新的发展与本章第二节中人工智能创新涌现的特征是同步的，与本书前述关于基础研究的分析相对应。高校和科研院所强化了人工智能创新过程中的技术正反馈，提升了人工智能企业对各类隐性知识的吸收和融合能力。在政府推动下，以高校为代表的公共研究机构加强与产业融合，推动需求和应用导向基础研究体系建设，加快人工智能技术创新。高校和科研院所网络年度变化如图 10-30 所示。

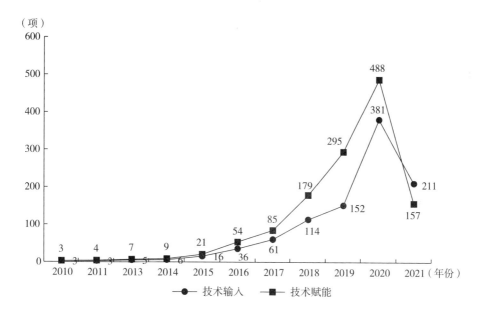

图 10-30 高校和科研院所网络年度变化

注：图中数据为年度新增数据。

资料来源：笔者自制。

2. 度数中心度 TOP20 样本节点

如表 10-6 所示，高校和科研院所网络中度数中心度排名前二十的样本节点均表现出较强的技术能力，大致分为三类：一是以华为、腾讯为代表的平台企业，这类平台企业以云计算为基础积极向人工智能的各个技术领域进行扩张，形成技术体系之间的协同效应；二是以云从科技、云天励飞等为代表的人工智能核心技术研发企业，这类企业以研发人工智能技术为业务核心，立足于基础研究，与高校和科研院所建立密切合作关系；三是以大族激光、库卡机器人（广东）、大疆创新等为代表的机器人类企业，机器人作为人工智能技术的典型应用，具有高度的技术集成性和复杂性，需要在材料、控制、计算机视觉、算法等技术领域进行深度研发。

表 10-6　高校和科研院所网络度数中心度 TOP20 样本节点

节点名称	度	入度	出度	节点企业所在城市	一级分类
华为	760	291	469	深圳市	AI 平台
腾讯	353	125	228	深圳市	AI 平台
中兴通讯	89	37	52	深圳市	AI 核心企业
云从科技	80	34	46	广州市	AI 应用企业
优必选	79	36	43	深圳市	AI 核心企业
中国平安	46	18	28	深圳市	AI 平台
越疆科技	31	16	15	深圳市	AI 应用企业
欧比特宇航	28	13	15	珠海市	AI 应用企业
华大基因	27	12	15	深圳市	AI 核心企业
云天励飞	22	10	12	深圳市	AI 核心企业
大族激光	18	10	8	深圳市	AI 应用企业
东方国信	18	9	9	中山市	AI 应用企业
云宏信息	17	9	8	广州市	AI 应用企业
广州数控	17	6	11	广州市	AI 应用企业
云洲智能	17	12	5	珠海市	AI 应用企业
高新兴	16	8	8	广州市	AI 应用企业
库卡机器人（广东）	15	7	8	佛山市	AI 核心企业
大疆创新	14	5	9	深圳市	AI 核心企业
微众银行	14	6	8	深圳市	AI 应用企业
智影医疗	13	7	6	深圳市	AI 应用企业

资料来源：笔者自制。

3. 度数中心度 TOP20 关系节点

如表 10-7 所示，从科研网络高校分布来看，支持广东省人工智能创新的主要是更偏重于工科的清华大学、上海交通大学、哈尔滨工业大学、华中科技大学等，优势学科主要分布在计算机科学与技术、电子科学与技术、信息与通信工程、控制科学与工程、软件工程、统计学、系统科学等领域，同时在基础学科如数学、物理学拥有较强优势。人工智能创新与基础学科的突破高度关联。人工智能创新三大驱动力之一的算法依赖于数学领域的研究突破，算力依赖于计算机、电子、信息等学科的研究进步。

表 10-7　高校和科研院所网络度数中心度 TOP20 关系节点

节点名称	度	入度	出度	节点企业所在城市	一级分类
清华大学	71	37	34	北京市	AI院所
中国信息通信研究院	53	26	27	北京市	AI院所
华南理工大学	42	22	20	广州市	AI院所
上海交通大学	37	20	17	上海市	AI院所
北京大学	31	18	13	北京市	AI院所
中山大学	28	15	13	广州市	AI院所
中国科学院	27	14	13	北京市	AI院所
复旦大学	25	14	11	上海市	AI院所
同济大学	24	12	12	上海市	AI院所
哈尔滨工业大学	22	11	11	哈尔滨市	AI院所
华中科技大学	22	10	12	武汉市	AI院所
北京航空航天大学	22	12	10	北京市	AI院所
深圳大学	21	14	7	深圳市	AI院所
南方科技大学	21	10	11	深圳市	AI院所
南京大学	18	10	8	南京市	AI院所
天津大学	18	11	7	天津市	AI院所
华东师范大学	17	10	7	上海市	AI院所
武汉大学	17	10	7	武汉市	AI院所
北京交通大学	17	8	9	北京市	AI院所
重庆大学	15	9	6	重庆市	AI院所

资料来源：笔者自制。

（二）基础研究和应用研究之间的反馈与协同

从历史文献来看，技术的发展越来越离不开科学的支持，科学与技术之间的关系越来越紧密（Chaves and Moro，2007），这在人工智能领域尤为突出。科学和技术之间的紧密联系推动基础研究和应用研究之间产生交互，这种交互作用不仅表现在研究之间的协同，还表现在研究之间的反馈。研究协同不仅表现在不同基础研究领域之间、不同应用研究领域之间的内部协同（即"研究内协同"），还表现在基础研究和应用研究之间的协同（即"研究间协同"）。图 10-31 显示出基础研究和应用研究发展变化之间的较强关联，表明存在这种协同作用。

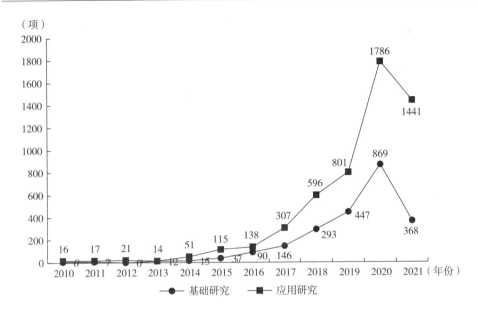

图 10-31　基础研究和应用研究之间的动态交互

注：图中数据为年度新增数据。

资料来源：笔者自制。

　　研究内协同在于基础研究领域的多学科协同和应用研究领域的多技术协同。协同创新有利于提高创新资源利用效率，促进异质性知识之间的流动和重组（刘雨梦、郑稣鹏，2022）。当代基础研究越来越表现出跨学科的高度复杂性。不同基础研究之间的协同有利于相互启发，推动基础研究持续推进。认识事物是一个复杂过程，其可能推动相关多个学科的研究进展和促进学科融合（Deveau et al.，2018）。不同应用研究之间协同有利于推动技术转化的多样化，实现产品多样化，提升创新转化效率。基础研究成果往往具有通用性，能够引发多个技术领域的创新活动。应用研究旨在推动基础研究成果的技术转化，在这个过程中，一项新技术的产生可能引发更多新技术的研究，从而使技术创新呈现一种集聚特征（Chen et al.，2022）。技术多元化对拥有较强核心技术能力的创新企业而言更有效（Kim et al.，2016）。应用研究协同推动的技术多元化能够规避单一技术路线所带来的潜在机会风险。不同技术体系之间的协同推动通用技术专用化过程中产生的隐性知识之间的流动重组，从而加快人工智能这类前沿技术的创新（Garcia-Vega，2006；Van Rijnsoever et al.，2015）。技术多元化推动技术繁荣和市场发展，对新兴技术的长期进步十分重要（Metcalfe，2010）。

　　研究间协同主要表现在异质知识的流动和重组对两个研究过程的共同推动作用上。创新过程是异质显性知识和隐性知识之间的有机重组。从科学知识到产品服务，其转化过程不仅涉及显性知识和隐性知识的重组，还是通用技术专用化的过程。基础研究一般具有较高规范性，其产出的知识具备较明显的显性特征，属于显性知识，具备通用性；应用研究较为依赖应用环境，相比而言差异性较大，其产出的知识具备较明显的隐性特征，属于隐性知识，具备专用性。显性知识与隐性知识之间的协同能够加快创新转化，推动企业形成核心竞争力（赵蓉英等，2020）。显性知识和隐性知识之间重组带来创新的同时，会生成新的知识。新知识的形成推动基础研究的延伸和深化。

研究反馈主要表现在应用研究对基础研究的推动作用上。应用研究过程中出现的各种问题可能成为相关基础研究的源头。应用研究过程中可能产生目前基础研究尚未涉及的新问题，推动基础研究的延伸。第四次科学范式更凸显数据对基础研究的重要性，应用研究与产业深度对接能够获取大量数据，进而为基础研究提供丰富的研究资源（黄欣卓等，2022）。科学的发展得益于实践的成功，如热力学是在蒸汽机之后、半导体电子理论是在晶体管成功之后发展起来的（Nelson，1962）。技术发展可以推动科学发现的进步（Gazis，1979），技术发展还能够改善基础研究的条件，如显微镜、粒子加速器、超级计算机等的出现。基础研究成果表现出一定的通用属性，其所形成的技术类型一般具备通用技术属性。应用研究可以认为是通用技术专用化的过程。数字经济时代，数据成为核心创新要素，同时是基础研究和应用研究之间的反馈媒介。数据对于基础研究十分重要，大量的数据来源于应用研究。应用研究产生大量异质性数据，能够为基础研究提供更为全面的原理验证支持，推动基础研究的深化。任何研究过程都不是直线前进，而是一系列的、阶段性的决策过程，在每一个阶段的下一步都有许多不同的道路可供选择。应用研究能够为基础研究提供一种更为有效的研究方向，提高研究效率，同时基础研究成果为应用研究提供方向性支持，推动技术开发效率的提升。用户创新、公民创新等在创新过程中发挥着重要作用（Von Hippel，2010；Chen et al.，2020）。用户创新、公民创新强调创新扩散过程中由于异质性需求所产生的互补性创新对创新过程的反向推动作用。创新扩散过程中市场对创新的反馈能够为应用研究提供有效的方向指导，进而向基础研究传导，提高研究效率。研究是否有效率，最终要由市场进行检验。从研究到技术再到产品，完成整个创新过程，关键在于大量隐性知识的参与，而隐性知识来源于实践过程。基础研究成果通过应用研究形成初步技术转化，只有在产品化过程中通过与市场的不断交流，获取关于通用技术专用化的隐性知识，才能有效实现通用技术专用化，进而完成新的产品开发。通过这样的方式，应用反馈过程能够加快研究成果的产品转化，进而加速构建研究过程和应用过程之间的交互作用，推动研究过程和应用过程之间形成螺旋式演进机制。应用过程产生的大量互补性创新作为创新资源进行重新组合有可能会产生实质性的突破式创新。突破式创新能够推动应用研究实现跨越式发展，进而推动基础研究获得重大发现。

二、产业层反馈

(一) 两部门子网络结构

如本书前文所述，人工智能创新的两个部门（核心产业部门和融合产业部门）分别对应技术创新和技术应用，交互形成核心核心网络和核心融合网络。如图 10-32 所示，核心核心网络和核心融合网络均形成了以华为和腾讯为核心节点的复杂网络结构。以华为、腾讯为中心聚集了云从科技、优必选等为代表的技术层 AI 企业和以三大运营商为代表的数字基础设施企业等为融合产业部门提供人工智能技术支持。在人工智能的螺旋式创新演进中，以华为和腾讯为代表的平台型企业发挥了重要作用，在增强双螺旋创新机制对人工智能演进的推动作用的同时，也在不断加强其在网络中的核心地位。螺旋式创新演进增强了网络中的集聚效应。

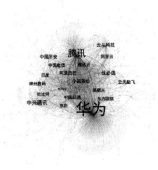

| （a）核心核心网络 | （b）核心融合网络 |

图 10-32 核心核心网络和核心融合网络拓扑图

资料来源：笔者自制。

两个网络的度分布均符合幂律分布特征，即少数几个节点拥有较大的度数中心度。从两个网络的历年指标来看，核心核心网络于 2015 年开始表现出越来越明显的小世界网络特征，平均聚类系数显著不为 0 且呈逐渐增大趋势，平均路径长度从最高点开始呈逐渐下降趋势，网络直径从最高点开始呈逐渐下降趋势并趋于稳定（见表 10-8）。核心融合网络于 2018 年开始表现出越来越明显的小世界网络特征（见表10-9）。核心核心网络先于核心融合网络趋于稳定且表现出小世界网络特征，表明人工智能技术作为通用目的技术在与专用技术进行融合时对融合产业部门进行技术赋能有时间上的滞后。人工智能技术只有经过数次创新迭代之后才具备在更多应用领域快速扩散的条件。核心融合网络的质变过程在于部分融合产业部门中的节点通过被核心产业部门数次赋能以及加强在人工智能技术领域的研发，形成了对外进行人工智能技术赋能的能力。平均度可以反映平均连接概率的变动；表10-8、表10-9为核心核心网络、核心融合网络平均度呈现增长趋势，表明两个网络的平均连接概率呈现协同增长特征，验证了推论5。

表10-8 核心核心网络指标

时间	节点数	边数	平均度	平均路径长度	网络直径	平均聚类系数	同配系数	模块化	网络效率
2010 年	48	51	1.062	1.49	3	0	−0.27921	0.869	0.055
2011 年	63	75	1.19	2.642	6	0	−0.25916	0.807	0.082
2012 年	78	96	1.231	2.734	7	0	−0.26787	0.82	0.076
2013 年	95	122	1.284	4.137	10	0	−0.30023	0.803	0.113
2014 年	136	188	1.382	4.045	12	0	−0.19451	0.804	0.113
2015 年	228	340	1.491	4.293	13	0.00176	−0.17835	0.808	0.128
2016 年	369	568	1.539	5.147	15	0.00309	−0.15075	0.797	0.134
2017 年	553	1021	1.846	4.117	11	0.01838	−0.18654	0.721	0.185
2018 年	872	1911	2.192	3.97	12	0.03954	−0.19318	0.669	0.209
2019 年	1290	3155	2.446	3.725	10	0.03836	−0.20089	0.614	0.252
2020 年	1855	5799	3.126	3.257	9	0.10198	−0.28925	0.516	0.305
2021 年	2314	7597	3.283	3.245	10	0.10176	−0.28774	0.505	0.324

资料来源：笔者自制。

表10-9 核心融合网络指标

时间	节点数	边数	平均度	平均路径长度	网络直径	平均聚类系数	同配系数	模块化	网络效率
2010 年	98	103	1.051	1.764	2	0	−0.31019	0.77	0.093

时间	节点数	边数	平均度	平均路径长度	网络直径	平均聚类系数	同配系数	模块化	网络效率
2011 年	128	134	1.047	1.933	4	0	−0.26485	0.833	0.07
2012 年	157	161	1.025	1.922	4	0	−0.25258	0.872	0.051
2013 年	194	194	1	1.924	4	0	−0.2449	0.87	0.049
2014 年	278	285	1.025	1.957	4	0	−0.20225	0.871	0.051
2015 年	471	515	1.093	2.375	6	0	−0.21421	0.891	0.064
2016 年	782	866	1.107	3.127	8	0	−0.20147	0.905	0.074
2017 年	1241	1530	1.233	4.808	14	0	−0.20483	0.882	0.111
2018 年	2099	2888	1.376	5.472	14	0.00032	−0.20989	0.841	0.159
2019 年	3159	4663	1.476	5.042	15	0.00319	−0.2219	0.8	0.195
2020 年	4958	9257	1.867	3.988	13	0.00729	−0.30582	0.685	0.257
2021 年	5941	11108	1.87	3.939	13	0.00606	−0.29172	0.669	0.269

注：从理论上而言，核心融合网络的平均聚类系应该始终为0，但实际并非如此，原因在于原属于融合产业部门的节点可能随着加强在人工智能领域的创新，经过一段时期后具备对外赋的技术能力。如此一来，在进行数据判定时，前期被判定属于融合产业部门的节点在某个时期后可能被判定属于核心产业部门，如格力电器、美的集团等。

资料来源：笔者自制。

基于本书前文关于人工智能创新的两部门划分，核心核心网络是技术创新，核心融合网络是技术应用。从两个网络指标的变动情况而言，技术创新先于技术应用取得发展，与实际情况相符。人工智能在未达到临界点之前，依靠的是创新企业的企业家精神和政府支持，大部分企业仍处于观望状态。技术应用过程是试错性的缓慢发展过程，技术创新保持较为稳定的发展。这是核心融合网络的质变时间比核心核心网络的质变时间延后的重要原因。

（二）技术创新和技术应用的协同分析

关于创新的两部门子网络协同创新结构如图10-33所示。核心核心网络和核心融合网络的扩张趋势是一致的，核心融合网络的连接度会影响核心核心网络的连接度。同时，也容易推理得知，核心核心网络的连接度也会影响核心融合网络的连接度。核心融合网络的扩张与技术深度的变化趋势是一致的，技术扩散会提高技术深度。从2014年开始，核心融合网络的技术合作迅速增加且明显快于核心核心网络（见图 10-34）。从两类网络的技术合作及占比的年度变化上看，自 2013 年开始两类网络开始有稳定的变化趋势，核心核心网络的占比开始出现下降趋势，核心融合的比例开始出现上升趋势（见图 10-35）。

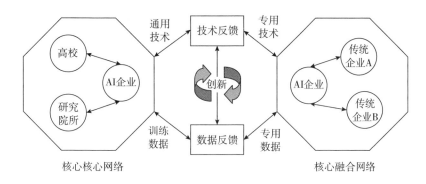

图 10-33　两部门子网络协同创新结构

资料来源：笔者自制。

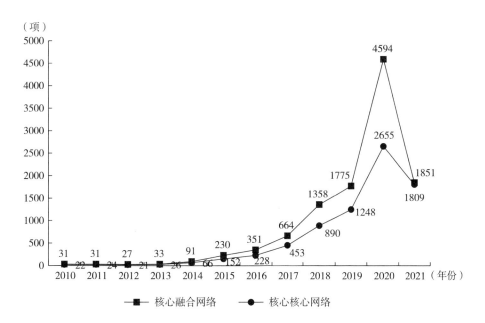

图 10-34　核心核心网络和核心融合网络年度技术合作

注：图中数据为年度新增数据。

资料来源：笔者自制。

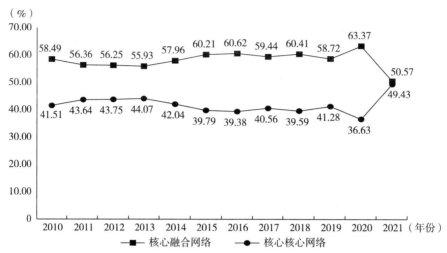

图 10-35　核心核心网络和核心融合网络年度新增技术合作数占比

资料来源：笔者自制。

图 10-36 表明来自融合产业部门的技术反馈正成为样本企业技术创新的重要来源。随着人工智能技术在各个应用领域的应用进一步深入，这种反馈对创新的产生和发展越来越重要。无论是显性知识还是隐性知识，其在系统中的流动都能推动流经的个体核心能力的提升，进而提升整个系统的发展水平。反馈作用加速了这个流动过程。

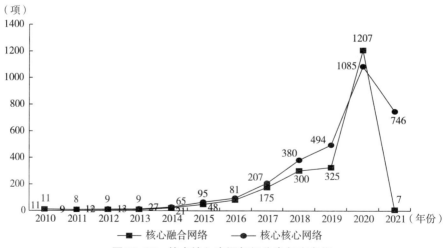

图 10-36　技术输入来源部门分类年度变化

注：图中数据为年度新增数据。

资料来源：笔者自制。

（三）网络协同下的技术深度与技术广度

从图 10-37 两个网络技术深度的年度变化来看，两个网络的技术深度在 2021 年之前基本都在上升，且在多数情况下尤其 2016 年之后，核心融合网络的技术深度一直保持高于核心核心网络的状态。这表明在人工智能技术进行扩散时，新技术需求首先会在人工智能技术与融合产业部门的专业技术体系融合的过程中产生，这种新技术需求随之反馈到核心产业部门，推动核心产业部门对新技术需求进行研究，促进核心核心网络的技术深度提升。在 2017 年之前，核心核心网络的技术深度并没有明显表现出滞后于核心融合网络的技术深度。在这个时期，核心核心网络依然主导着人工智能技术的创新。自 2017 年之后，核心核心网络的技术深度变化明显滞后于核心融合网络，表明人工智能技术的创新已经开始转向依赖于核心融合网络的反馈。

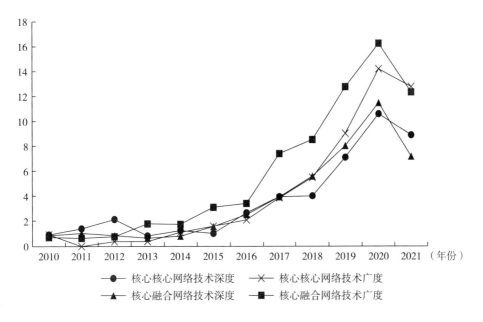

图 10-37　两部门网络技术深度和技术广度年度变化

资料来源：笔者自制。

从两个网络技术广度的年度变化来看，两个网络的技术广度在 2021 年之前都在上升，且核心融合网络的技术广度明显高于核心核心网络的，与技术深度反映出的情况基本一致。人工智能技术在融合产业部门开拓应用领域时，会遇到与该应用领域专用技术体系的融合问题，这种问题会反馈到核心产业部门，推动核心产业部门对人工智能技术在该应用领域的应用问题进行研究，促进核心核心网络技术广度的提高。与技术深度相比，核心核心网络的技术广度明显滞后于核心融合网络。在针对特定应用领域的人工智能技术创新上，始终表现出依赖于核心融合网络的反馈。核心产业部门在对人工智能技术本身的创新上反应较为迅速，而随着人工智能技术的创新越来越依赖于融合产业部门的反馈，核心产业部门无论是在针对人工智能技术本身的创新还是针对特定应用领域的技术创新上均表现出明显的滞后。

核心核心网络与核心融合网络是具有交互作用的。核心核心网络的发展对促进核心融合网络的发展具有重要作用，同样地，核心融合网络的发展对促进核心核心网络的发展也具有重要作用。核心核心网络和核心融合网络之间的交互影响，不仅促进了样本企业创新的产生和发展，还通过形成正反馈机制不断推动两个网络内部之间的技术交流和碰撞融合，促进越来越多互补性创新的产生，从而推动整个人工智能科技产业的发展。

三、市场层反馈

（一）技术进步、劳动分工和市场规模的计量

1. 衡量技术进步

衡量技术进步是一项比较困难的工作，可以通过技术进步所带来的影响进行考察。人工智能技术进步的过程中必然伴随着技术的多元化和复杂化，同时技术进步的实质在于技术成熟度的提升，进而导致应用领域的扩张。因此，技术进步可以采用技术深度和技术广度指标进行定性衡量。

2. 衡量劳动分工

劳动分工指随着人工智能创新演进而产生的技术分化形成的多个细分领域的创新活动特征，主要表现为现有企业关于新技术的部门创立和相关新创企业的产生。前者很难被广泛观察到，后者可以通过网络进行整体统计。通过统计广东省关于人工智能新创企业的应用领域分布变化可以观察产业分工的情况。劳动分工采用新创企业的技术类别和应用领域的数量变化进行衡量，如图10-38所示。

截至2022年，在天眼查上查找出4569家标签为"人工智能"的广东省企业，对其进行行业划分。根据企业的简介对其核心技术和应用领域进行识别，共计获得同时被识别出核心技术和应用领域的企业1356家，统计结果如图10-39所示。

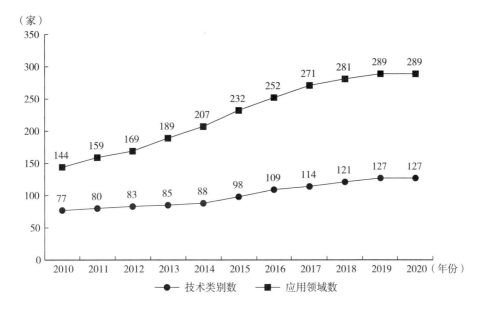

图 10-38　劳动分工的分析结果

注：此处进行的数据处理以企业简介中出现的技术名词（如"语音识别"）和领域名词（如"智慧城市"）为基础，不同的技术名词即视为不同的技术，不同的领域名词即视为不同的领域。处理方式不同于本书前述章节所陈述的技术类别和应用领域的规范处理方式。

资料来源：以天眼查数据为基础，笔者进行处理得出。

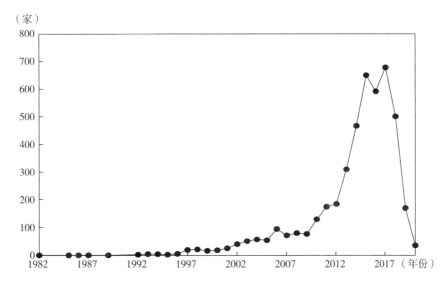

图 10-39　截至 2022 年天眼查标签为"人工智能"的 4569 家广东省企业成立时间分布

资料来源：天眼查。

3. 衡量市场规模

借助网络数据，市场规模可以很容易被观察到。市场主体之间关于人工智能的技术合作可以视为一种创新行为，同时也可以视为一种市场行为。核心产业部门与融合产业部门之间交互形成的技术扩散网络的发展可以作为市场规模的定性考察指标。市场规模增长如图 10-16 和图 10-21 所示，核心融合网络的规模扩张即是市场对人工智能技术需求的增长；无论是商业领域还是工业领域，市场规模在 2021 年之前均在加快扩张。

（二）技术进步、劳动分工和市场规模反馈结构分析

可以发现，技术进步、劳动分工、市场规模处于同步变化中。图 10-39 所展示的广东省人工智能新创企业的涌现临界点与本书前面所陈述的样本企业基本一致，自 2010 年开始，人工智能开始产生涌现趋向，2015 年形成明显的涌现现象。反馈过程同时涉及创新演进带来的经济组织结构的改变。标准化和劳动分工是现代经济体系的基石。亚当·斯密把劳动分工作为经济增长的核心要素，劳动分工通过提高劳工的熟练度推动生产效率的提升。在现代复杂经济体系下，劳动分工的形式和影响变得更为多元。规模报酬递增是产生人工智能创新涌现的重要原因，而报酬递增来源于技术进步、劳动分工、市场规模等多方面因素的交互作用。

技术进步、劳动分工和市场规模的相互作用主要表现在三个方面：第一，技术进步推动市场规模的快速增长。如前所述，对于人工智能而言，技术进步主要表现为其在产业领域的易用性的提高，即技术成熟度的提高。技术成熟度的提高不仅表现在企业能够以更低的学习成本使用人工智能技术，还意味着人工智能带给企业的预期收益也会增加。这种乐观预期在一些企业应用人工智能技术获得成功之后得到迅速扩散，进而吸引更多的企业加入人工智能技术的阵营，形成市场规模的提升。第二，市场规模的扩张意味着实际和潜在的市场在不断扩大，需要更多的创新企业提供人工智能技术服务。纵然平台化能够提升人工智能技术的规模使用收益，然而专业化更能通过发挥企业的专用资本价值而获得更高的独享收益。在数据要素日渐成为一家企业资产的时代，把数据贡献给平台以获取易用的人工智能技术并不是唯一的选择。很多企业可能偏向于选择更为专业的特定行业领域企业进行合作以开发相关人工智能技术，这样就推动了人工智能技术领域的劳动分工。第三，劳动分工的发展意味着人工智能技术在处理相应产业领域的应用问题时需要更加精细。人工智能技术进步依赖于丰富的数据资源。劳动分工推动更多更精细的数据和产业需求被开发出来，进而促进人工智能技术的进步。如此，技术进步、劳动分工、市场规模之间形成一个相互促进的循环（见图 10-40）。

图 10-40　技术进步、劳动分工和市场规模的正反馈循环示意图

资料来源：笔者自制。

四、技术正反馈和商业正反馈

技术正反馈和商业正反馈是包含在三个层次反馈结构中的两类正反馈。技术正反馈主要指数据、互补性创新、隐性知识等对技术创新的推动作用。技术正反馈作用于创新上下游，推动创新上下游效率的提升，本质上是科学与技术之间的交互。技术正反馈的根本在于互补性创新所承载的数据、隐性知识等使人工智能在产业领域获得改进。商业正反馈主要指技术应用产生的创新收益对技术创新的资金激励，以及由此产生的乐观预期对市场的激励作用。商业正反馈的根本在于提升了处于观望状态的企业关于人工智能技术的乐观预期，这种乐观预期主要通过已采用人工智能技术企业的良好市场反馈传导。这个过程还伴随着市场规模的扩大而产生的劳动分工细化，以及由此带来的规模报酬递增。劳动分工的细化推动技术创新的规模扩大，即进一步推动了技术创新。规模报酬递增带来商业正反馈的强化。

在技术层反馈中，技术正反馈表现为应用研究所获得的数据和知识带给基础研究的推动作用。商业正反馈表现为基础研究推动应用研究发展带来的乐观预期反作用于创新主体，使其加大在基础研究领域的投入。在产业层反馈中，技术正反馈表现为来源于技术应用的数据、知识、互补性创新等创新资源对技术创新的推动作用。商业正反馈表现为技术应用过程产生的超额收益推动创新主体深入技术创新过程。在市场层反馈中，技术正反馈表现为劳动分工的细化带来多元异质创新资源推动技术进步。商业正反馈表现为技术进步带来的收益增长推动市场规模扩张。

五、自适应特征下的群体协同

群体协同是形成涌现的重要原因。多元异质主体构成的复杂创新生态系统是推动群体协同的重要基础。群体协同表现为市场对应用人工智能的整体乐观趋向，决定于人工智能技术成熟度。无论是人工智能专用化还是人工智能通用化，结果都表现为人工智能技术成熟度的提高。技术成熟度指一项新技术能够应用于产业并产生实际价值的程度。这个过程有赖于以高校和科研院所、创新企业（以研发和应用人工智能为核心业务的企业）为代表的核心产业部门和以应用企业（应用人工智能以改进自身业务的传统企业）为代表的融合产业部门在政府支持下的复杂交互作用。

（一）价值网络同步分析

NW 小世界网络同步能力随着重连概率 p 线性增强，同时随着接入节点数的增加而线性增强（陆君安等，2016）。以网络图的邻接矩阵的拉普拉斯矩阵的特征值作为计算网络同步能力的依据是文献常用的方式（Barahona & Pecora，2002）。现代创新体系的网络化和生态化为群体协同提供了结构基础。从图10-41 可以看出，人工智能创新网络在经历震荡之后，网络同步能力呈现上升趋势，这与其越来越明显的小世界特征相一致。

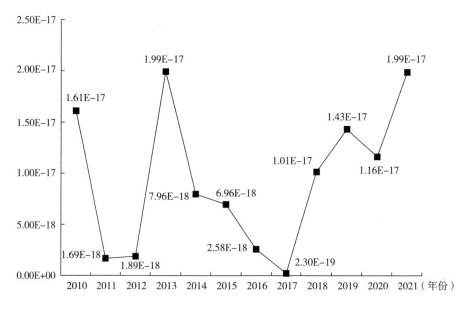

图10-41 人工智能创新网络同步能力变化

资料来源：笔者自制。

人工智能创新网络同步能力的震荡主要是因为网络规模扩张过程中网络直径的扩大。从表 10-5 可知，人工智能创新网络直径呈现先增大后减小继而稳定的发展过程，其中 2016 年、2017 年较大，之后开始明显下降。网络同步能力的上升表明网络内节点之间的相互作用在加强。网络内节点更容易受到相邻节点和整个网络发展状态的影响。可以认为，人工智能创新生态系统中个体之间的系统作用在 2017 年之后是逐渐上升的，原因可能在于随着越来越多的主体参与人工智能的创新活动，形成越来越复杂的创新网络，越来越多的创新资源在系统中流动。系统中创新资源的流动不断加强主体之间的相互作用。系统内主体在面临环境变化时更容易采取趋于一致的反应。

（二）群体协同的内在机制

群体协同表现为两个方面，即人工智能技术创新和人工智能技术应用，两者均建立在人工智能技术成熟度的提高所带来的预期收益增加的基础上，是人工智能技术发展到一定阶段才能表现出来的。人工智能技术创新的群体协同可能表现为短时间内多领域创新创业活动的增加。人工智能技术应用的群体协同可能表现为短时间内多领域采用人工智能活动的增加。资本的趋利属性决定了人工智能技术创新的群体协同可能要先于人工智能技术应用，正如本书前述章节中核心核心网络先于核心融合网络形成网络的突变一样。群体协同的形成可能来源于人工智能创新演进推动的一致性预期、组织学习过程推动的跟随性选择、竞争压力下的系统裹挟。

1. 一致性预期和跟随性选择

在复杂自组织创新网络理论中，组织学习是企业适应性的来源。系统中个体通过不断获取流动的知识和信息，在提升核心能力的同时，获取周围其他个体的决策信息，预测其行为，由此推动形成基于群体信息的一致性预期（徐浩等，2019）。系统内个体之间的互动是推动一致性预期形成的重要方式（Lo，2013）。人工智能创新生态系统内个体之间以非线性交互的方式交换知识和信息，通过观察邻近个体的行为对系统的整体走向进行判断。产业领域的反馈推动人工智能技术成熟度的提高，系统内个体对此信息的获取依赖于观察其他相关个体的行为达成。系统内广泛存在的相互作用推动系统内的个体依据所获取的信息形成一致性预期。跟随性选择是在一致性预期下形成的。

在动物群体中，个体被认为遵守基于模仿的简单行为规则：它们调整自己的速度，使其与同伴的速度相一致，以协调自己的运动，被同伴吸引而不离开群体，并保持最小距离以避免碰撞（Giardina，2008）。椋鸟为对抗鹰隼的袭击而聚在一起飞行，其中单个椋鸟往往根据观察到的周围少数几个椋鸟的飞行状态来调整自身的状态，使自身不掉队或被鹰隼袭击，以及避免队伍过于拥挤而影响飞行。群体协同是群体对环境变化的一种整体反应（Cavagna et al.，2010）。

2. 产业链协同

在现代分工体系下，每一个企业均是某项产品和服务生产工作中的一环。有些企业会在产业链①中占据核心位置（以下简称"产业链核心企业"），对产业链其他企业的生产行为产生重大影响（李春发等，2020）。产业链同时是创新链，创新资源会在产业链中流动（刘友金，2006）。产业链中一家企业的创新行为会对链中其他企业产生影响。标准化是现代分工体系的基石。产业链核心企业的创新行为一旦对产业标准产生影响，那么这种影响将沿着产业链迅速扩散，进而影响产业链中的每一家企业。每一个产业可能存在由不同主体构成的多条产业链，多条产业链之间构成竞争关系。一旦某个产业链核心企业采用新技术，并获取了初步竞争优势，这种行为除了在产业链内传导，还会对同产业内的其他产业链构成重要影响。这种由标准化决定的产业链内部协同和竞争推动的产业链外部协同构成人工智能创新涌现的一个重要临界条件（沈能等，2014）。

3. 竞争压力下的被动协同

群体协同除了主动协同，还可能存在被动协同。主动协同是指主体主动获取环境变化信息和群体状态信息，主动调整自身状态以与群体保持一致。被动协同是个体在竞争压力下被迫采取的与系统方向一致的选择。产业链关系是影响企业创新选择的重要因素。不同产业链之间的相互竞争构成了产业链协同的基础。在现代标准化体系下，标准化成为规范广大企业创新选择的重要方式。市场竞争是推动企业趋向选择新技术的重要动力。如前所述，群体协同出现在人工智能技术成熟度提高到一定程度之后。

六、分析与讨论

随着技术进步，科学和技术之间的边界越来越模糊，基础研究和应用研究之间的互动关系越来越复杂。基础研究和应用研究之间的交互反馈作用构成人工智能创新演进的基础，是人工智能创新涌现的核心反馈机制。基础研究和应用研究交互作用推动的人工智能技术成熟度的不断提高，是技术创新和技术应用之间形成反馈回路的重要原因。基础研究和应用研究之间的反馈结构同时是技术创新和技术应用之间反馈结构的基础。作为新型通用目的技术，人工智能在产业实践中不断得到改善，改善过程中需要来自产业端反馈的各种创新资源。产业端的应用需求是算力、算法不断优化与发展的核心动力。基础研究和应用研究之间的交互

---

① 本部分所指产业链区别于一般意义上按照部门划分的产业链，而是按照企业所属部门以企业为单位划分的产业链，如在智能手机产业，华为、小米、OPPO、vivo等作为整机厂商，可能与不同的中下游厂商合作，形成不同的产业链。

推动算力、算法的迭代升级，技术创新和技术应用之间的交互推动形成人工智能数据生态，两类反馈结构共同构成人工智能创新演进的核心动力，同时推动技术进步、劳动分工、市场规模之间宏观层面反馈结构的形成。

劳动分工根植于市场规模的不断扩张，市场规模的扩张来源于技术的不断进步。劳动分工使人工智能得以深入更为精细的产业领域，人工智能创新网络变得更为多元开放。高度异质的产业形态是各种隐性知识产生和流动的基础。隐性知识构成的专用资产在劳动分工推动下变得更为丰富多元，将在与作为通用资产的人工智能的融合过程中推动人工智能的不断进步。人工智能在推动企业平台化的同时，同样会通过劳动分工丰富经济组织形态。人工智能创新系统受到同时来自系统内部和系统外部的持续能量冲击，进而依托于上述的三层反馈结构形成持续的涌现过程。

第五节　政府的作用

一、政府网络演变

政府网络为选取原始网络中关系节点为政府的数据构成的子网络，用于分析政府对人工智能创新的影响。从图 10-42 可以看出，伴随着网络的质变过程，政府在加大参与人工智能产业发展的力度。政府的参与推动了人工智能创新涌现的形成和发展，与前述章节系统动力学仿真模型四的分析一致。政府与人工智能样本企业之间的合作主要集中在智慧城市、智慧交通、智慧政务等领域。无论是智慧城市还是智慧交通，都是涉及广泛技术类别的应用场景，政府所拥有的大量异质数据为多领域人工智能技术的创新演进提供了丰富的资源。政府直接参与人工智能产业的发展强化了人工智能创新过程中的商业正反馈，提升了人工智能企业的发展预期。

二、度数中心度 TOP20 样本节点

如表 10-10 所示，政府网络中度数中心度排名前二十的样本节点，大致分为三类：一是以华为、腾讯、中兴通讯为代表的平台类企业。平台企业对地方经济的发展具有巨大推动作用，很多地方政府开始扶持本地的平台类企业发展，如上海市依托商汤科技建设"商汤科技上海新一代人工智能计算与赋能平台"，广东省先后依托云从科技、大疆创新等建设十余家"广东省新一代人工智能开放创新平台"。二是以佳都科技、达实智能、华大基因为代表的人工智能核心技术研发和应用企业。三是以比亚迪、工业富联等为代表的广东省优势制造业企业。

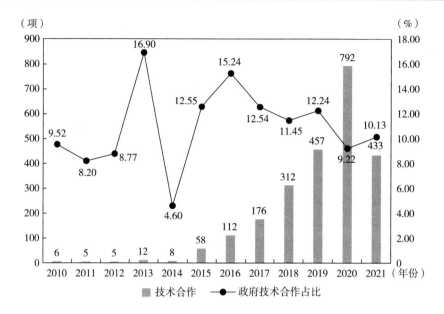

图 10-42　政府网络年度变化

注：图中数据为年度新增数据。

资料来源：笔者自制。

表 10-10　政府网络度数中心度 TOP20 样本节点

节点名称	度	入度	出度	节点企业所在城市	一级分类
华为	807	1	806	深圳市	AI 平台
腾讯	675	0	675	深圳市	AI 平台
中国平安	167	0	167	深圳市	AI 平台
中兴通讯	60	0	60	深圳市	AI 核心企业
华大基因	40	0	40	深圳市	AI 核心企业
亿航智能	41	0	41	广州市	AI 核心企业
优必选	35	0	35	深圳市	AI 核心企业
云从科技	30	0	30	广州市	AI 应用企业
广东省信息工程	24	0	24	广州市	AI 应用企业
云天励飞	20	0	20	深圳市	AI 核心企业
东方国信	14	0	14	中山市	AI 应用企业
比亚迪	14	0	14	深圳市	AI 应用企业
德生科技	13	0	13	广州市	AI 应用企业
佳都科技	12	0	12	广州市	AI 核心企业

续表

节点名称	度	入度	出度	节点企业所在城市	一级分类
达实智能	12	0	12	深圳市	AI 应用企业
云洲智能	11	0	11	珠海市	AI 应用企业
神州数码	11	0	11	深圳市	AI 应用企业
前海达闼	10	0	10	深圳市	AI 核心企业
工业富联	10	0	10	深圳市	AI 应用企业
珠海欧比特	9	0	9	珠海市	AI 应用企业

资料来源：笔者自制。

三、度数中心度 TOP20 关系节点

对广东省人工智能产业发展贡献较大的排名前五的省份分别是广东省、北京市、山东省、江苏省和重庆市（见图 10-43）。样本节点与广东省政府主要的合作领域为科技金融、智慧城市、智能制造、智慧交通、智慧医疗、智能网联汽车等。样本节点与北京市主要的合作领域为智慧城市、智慧交通等。样本节点与山东省主要的合作领域为智慧城市、智慧交通、智能制造、智慧政务等。样本节点与江苏省主要的合作领域为智慧城市、智慧交通、智能制造等。样本节点与重庆市主要的合作领域为智慧城市、智能硬件、智慧园区等。不同城市集合自身产业特点在不同产业领域支持人工智能技术的发展。

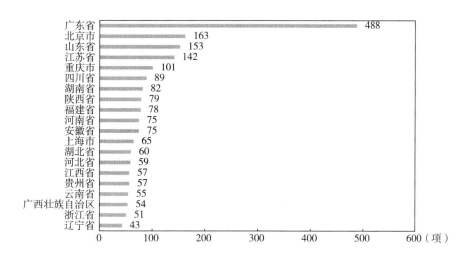

图 10-43　技术合作政府 TOP20（省份）

资料来源：笔者自制。

对广东省人工智能产业发展贡献较大的排名前五的城市分别是深圳市、北京市、广州市、重庆市和上海市（见图10-44）。深圳市、北京市、广州市和上海市是中国人工智能产业发展的核心城市。例如，样本节点与深圳市政府主要的合作领域为科技金融、智慧城市、智慧政务等。样本节点与北京市政府主要的合作领域为智慧城市、企业智能管理、智能制造等。样本节点与广州市政府主要的合作领域为科技金融、智慧城市、智慧政务、智能制造、智能网联汽车等。样本节点与上海市政府主要的合作领域为企业智能管理、智慧城市、智能制造等。

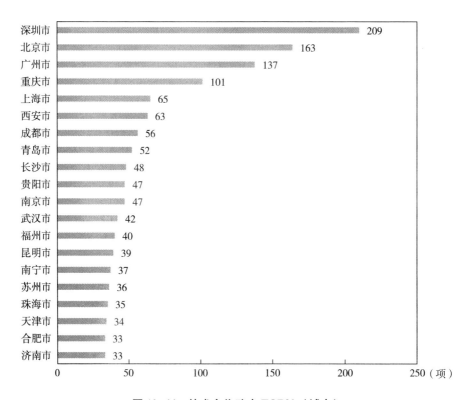

图 10-44 技术合作政府 TOP20（城市）

资料来源：笔者自制。

四、分析与讨论

政府在推动关键技术创新方面一直发挥着重要作用。很多文献阐释了政府在推动人工智能技术创新方面的重要作用（王佰川、杜创，2022；王华等，2023）。面对人工智能创新高度复杂的过程，党的十九届四中全会提出，要"构建社会主义市场经济条件下关键核心技术攻关新型举国体制"。举国体制是中国突破很多技术难关的重要优势（路风、何鹏宇，2021）。"两弹一艇一星"是典型举国体制下完成的重大技术攻关。正如《关于促进人工智能和实体经济深度融合的指导意见》所指出的，要发挥市场在创新资源配置中的决定性作用、企业创新的主体作用，政府发挥重要引领作用，做好创新资源高效配置的服务工作。政府除了在技术发展前期支持企业加强研发的持续投入、提升市场反馈预期，还需要集中优势研究力量突破一系列行业共性技术、推动技术平台化，实现研究和应用之间的高效反馈。政府可以通过不断为人工智能创新生态系统注入资源持续形成系统扰动，加快人工智能创新涌现。

Beraja 等（2023）以人脸识别为例探讨了中国企业与中国政府合作对人脸识别技术进步的巨大作用。除了产业政策，政府直接参与人工智能技术的创新能够为与其合作的企业提供非公开的大量数据。这些数据能够使与政府合作的企业获得技术优势。同时从表 10-10 可以发现，与政府建立合作的企业大多在其行业领域内占据重要地位。从政府处获得的大量独占性数据不仅能够提升企业对政府的服务能力，还会使其在商业领域具备较强优势。

本章小结

一、界定人工智能创新涌现

从人工智能创新网络的非线性增长来看，自 2015 年开始，人工智能创新呈现一种涌现特征。涌现特征主要表现在四个方面：一是大量人工智能新创企业产生；二是大量传统企业采用人工智能技术；三是大量资本投资人工智能领域；四是人工智能领域专利申请大量增加。四个方面的涌现现象可以归于一个共同的核心要素，即人工智能技术成熟度的提高。人工智能技术成熟度的提高，使人工智能能够以较低成本在广泛的产业领域进行扩散，这就促成大量在特定行业领域进行人工智能技术开发与应用的新创企业产生。这些企业的产生为人工智能技术的产业扩散进一步提供了有利条件，推动传统企业采用人工智能技术。资本是逐利的，人工智能技术成熟度的提高向市场展示了潜在的预期收益。在资本的推动下，以技术创新和技术应用的正反馈交互为核心推动人工智能创新持续涌现。如果大量不同产业领域的企业采用人工智能技术，必然推动人工智能领域专利申请量的提升。可以发现，近年来广东省专利申请量的变化曲线和创新网络的变化曲线高度一致（见图 10-45）。

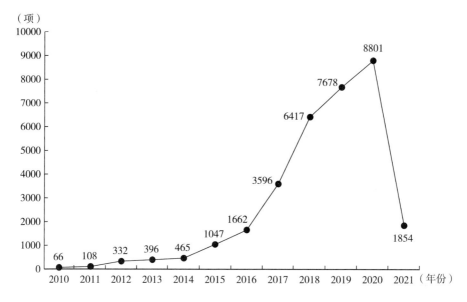

（项）

图 10-45　2010~2021 年广东省人工智能领域专利申请情况

资料来源：根据网络公开资料整理。

Li 等（2021）在研究人工智能相关技术的涌现时采用 DII（Derwent in Nova-tions Index）中人工智能相关的专利数据分析发现，自 2015 年开始人工智能相关专利呈现加快增加趋势，从年度分布来看，呈现幂律分布特征。

量变导致质变，人工智能创新涌现的本质表现在涌现过程中体现出的人工智能技术质变。从本书前述关于技术深度和技术广度的分析来看，人工智能逐渐从专用人工智能向通用人工智能发展，ChatGPT 的兴起就是一种很好的验证。专用人工智能往往侧重于某一领域的应用，如语音识别、图像识别、自然语言处理，而通用人工智能更接近于人工智能的本质含义，更全方位地模仿人类关于世界的处理方式，能够通过语音、图像、文字等进行综合判断。目前阶段，无论是 ChatGPT 还是其他同类产品，事实上只是通用人工智能的发展趋势，并不能说真正意义上达到了通用人工智能的标准。

质变引起进一步量变，这是创新涌现的核心要义。无论是人工智能技术扩散还是专利增长，都受益于人工智能的技术质变。而这种质变过程并不是容易被衡量的。随着数据的积累、算力的提升、算法的优化，人工智能的学习能力在快速增长、学习方式加大优化，这个过程使人工智能从不可用（错误率过高）到可用（错误率在可控范围内）再到好用（基本接近于人工甚至超越人工），是一个质变过程。

二、人工智能创新涌现的临界分析

人工智能创新网络呈现非线性发展特征，同时表现出多层次的复杂反馈结构，网络指标的重大变化显示人工智能创新网络处于动态发展之中，即人工智能创新网络表现出了一种耗散结构。系统中的涨落来源于多元异质主体交互作用推动的创新资源的流动冲击。随着网络主体越来越多、交互作用越来越复杂，系统中涨落的强度在不断上升。然而，随着网络边界的稳定和存量主体的限制，系统所受到的冲击最终会进入一个平稳发展期，即系统的涌现特征将减弱。

从广东省人工智能创新网络的整体结构而言，2014 年成为广东省人工智能产业发展的临界点。这种临界具有多个方面的表现，网络规模、网络性质、技术特征等均发生了重要变化。对比总网络、核心核心网络和核心融合网络的指标可知，三个网络在网络指标上具有明显相似性。在平均聚类系数方面，总网络和核心核心网络均在 2015 年出现突变，核心融合网络在 2018 年出现突变。网络效率均呈现上升趋势，模块化均呈现下降趋势。标度不变性是网络呈现的自组织的一个重要特征。网络临界决定于两个重要因素：小世界特征和复杂异质网络结构（Dorogovtsev et al.，2008）。

从人工智能创新网络的指标变化可以看出，2014 年前后网络经历了临界状态。将计算机技术、互联网技术等第三次工业革命的代表技术视为旧技术体系（Mendonça，2009），人工智能等第四次工业革命的代表技术视为一种新技术体系[①]（洪志生等，2019），此时新体系与旧技术体系相比，其技术成熟度到达一个平衡状态，即在收益方面新技术体系能够保持与旧技术体系处于相同水平，成为一个技术体系从一种状态到另一种状态的临界点。在政府的大力支持下，这种平衡状态很快被打破，人工智能创新网络进入了一个快速发展通道。

2014 年，中国人工智能创新网络处于突变状态的前夜，主要有四个方面的迹象。第一，人工智能新创企业数量迅速增加，意味着人工智能产业领域的分工开始细化。第二，技术深度和技术广度在此后迅速增加，说明人工智能技术处于演进的临界状态。第三，人工智能领域的投资迅速增加（见图 10-46），表明资本市场开始提高对人工智能发展的乐观预期。第四，人工智能的主要企业加强了在人工智能领域的布局。例如，2014 年 5 月，著名人工智能领域学者吴恩达加入百度，担任百度公司首席科学家，负责百度研究院相关工作及旗下的"百度大脑"计划；2014 年 5 月，微软亚洲研究院研发的微软小冰正式上线。

---

① 此处所讲的新旧技术体系之间并不是割裂的。恰恰相反，以计算机技术、互联网技术等为代表的旧技术体系是以人工智能为代表的新技术体系的重要前提。技术创新过程就是一个以一种新技术替代旧技术的过程。

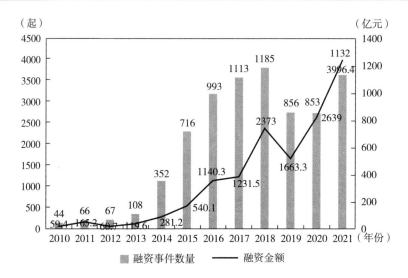

图 10-46　2010~2021 年中国人工智能融资事件数量及融资金额

资料来源：根据网络公开资料整理。

三、人工智能创新涌现机制探讨

（一）多元创新主体的复杂交互

人工智能创新涌现的形成和发展建立在人工智能创新生态系统内主体之间、子系统之间的复杂相互作用基础上。政府、高校、科研院所、产业联盟、行业协会、人工智能企业、传统企业等多元创新主体交互作用，推动异质创新资源在不同创新主体之间流动、重组，不断提升各创新主体的适应能力，促进产生更多创新。多元创新主体的复杂交互推动关于人工智能创新的信息流动，使得系统内主体能够快速获取系统环境变化信息，从而建立一致性预期、产生群体协同，进一步推动系统走向自组织。本章图 10-42 表明政府对人工智能创新发展的相对贡献自 2016 年开始呈现下降趋势，人工智能创新生态系统表现出一定程度的自组织特征。自组织创新是人工智能创新生态系统在市场力量主导下形成的、具有内在驱动的创新机制。大量异质创新主体在市场力量推动下，自发加入人工智能创新行列，推动创新涌现。

随着人工智能技术的不断成熟，人工智能创新生态系统会表现出一定程度的自组织特征。经济系统的自组织和物理、生物系统的自组织存在较大差别。经济系统的自组织很难排除外在规则如政府的影响，而经济系统始终在政府和市场的相互作用中不断发展，政府对经济系统的影响很难被忽视。经济系统的自组织是在市场力量主导下由利益驱使形成的一种组织形式。研究认为，自组织是涌现的重要基础（Halley and Winkler，2008），表现为系统内的能量流动从无序状态变为有序状态，能量流动方向趋于一致对系统形成动态推动力，使其不会因为无序而造成能量消散。在人工智能技术发展的不同阶段，创新的内在组织形式会有所不同。在人工智能技术远未成熟的前期发展阶段，政府的规制和引导作用发挥重要作用。在人工智能技术趋于成熟的中后期发展阶段，市场力量逐步成为主导力量，人工智能创新开始走向具有自组织特征的内在驱动模式。

（二）复杂反馈结构形成的内在创新驱动

持续涌现的基础是持续的正反馈作用。人工智能创新涌现过程形成的正反馈是复杂多元的，主要包含三个层次：一是技术层，即基础研究和应用研究之间的交互反馈结构；二是产业层，即技术创新和技术应用之间的交互反馈结构；三是市场层，即技术进步、劳动分工和市场规模之间形成的交互反馈结构。如前所述，形成如此三层反馈结构的根本在于人工智能的通用目的技术特征。在第四次工业革命中，技术创新不仅产生于生产实践中不断改善的积累，还在于科学研究的重要推动。技术进步主要表现为人类能够从更深层次去理解自然规律，进而利用这种自然规律，正如物理学从牛顿、麦克斯韦到爱因斯坦、玻尔、薛定谔、海森堡。从经典物理学到量子力学，人类所探测和理解的世界越来越深微，人类对宇宙的理解也越来越深入。基础研究和应用研究之间的交互对技术创新的作用正在于此。技术进步推动技术扩散，在正反馈作用下，技术扩散同时通过互补性创新的流动推动技术进步，形成技术创新和技术应用之间的反馈结构。技术扩散意味着市场规模的扩张。随着市场规模的扩张，在标准化为核心的现代经济体制下，劳动分工成为必然。劳动分工提高了人工智能技术的专用性，进而加快推动了人工智能在某个特定领域扩张，意味着广泛的劳动分工将推动人工智能在众多产业领域扩张，推动大量互补性创新的流动，进而促进人工智能技术进步。如此就形成了市场层面较为宏观的反馈结构。

复杂反馈结构推动人工智能创新生态系统形成创新的内在驱动。技术正反馈为人工智能技术进步提供创新资源，商业正反馈不断提升市场对人工智能创新的收益预期（王韧等，2021），两者协同作用推动形成市场力量主导的内在创新驱动机制，推动人工智能创新持续涌现。

（三）创新资源的有序流动和重组

多元创新主体的交互作用推动创新资源的有序流动和重组。人工智能和实体经济融合产生的互补性创新是推动人工智能持续演进的核心创新资源。互补性创新在复杂反馈结构基础上通过多元创新主体的相互作用，对人工智能技术进步施加影响。平台的形成和发展加速了这个过程。互补性创新通过复杂反馈结构推动基础研究的发展，产生更多新知识，丰富创新资源。随着人工智能技术的进步，人工智能在更广阔的产业领域得到应用，产生更多互补性创新，继而激发基础研究和应用研究产生更多创新资源。在如此循环作用下，系统中创新资源不断增多，并在多元创新主体的交互作用下有序流动和重组，从而产生创新涌现。

政府在推动创新资源从无序到有序的流动过程发挥重要作用。政府通过引导高校等公共研究机构展开有组织的科研，加强与产业端的合作，推动具有应用目的的科研体系建设，强化基础研究和应用研究之间的联系。同时，政府推动产业、企业间各种形式的合作，建设以各类人工智能开发创新平台为依托的创新合作机制，推动跨区域跨行业的创新资源流动。随着人工智能技术的不断成熟，在市场力量作用下，创新资源在利益引导下形成有序流动。创新自产生起就具有向能够产生价值的地方运动的趋向。在政府和市场的双重作用下，创新资源不断丰富、有序流动，加快提升创新资源配置效率，能够推动人工智能创新涌现。

第五部分

人工智能复杂创新体系

第十一章　人工智能时代创新组织的演变

本章主要探讨从创新网络的兴起到开放式创新的创新组织的发展过程。创新组织的演化伴随着技术及其创新范式的演化。开放式创新既是技术发展到一定阶段技术创新方式的必然选择，也是技术发展（互联网）的客观条件所推动形成的现实环境。

第一节　从创新网络到开放式创新

20世纪末，随着信息技术的发展和规模应用，创新过程开始变得愈加复杂。大型企业也感受到了独立创新的困难，创新网络的概念随之兴起。创新网络最早由Freeman（1991）首次提出，其将创新网络定义为"一种适应系统性创新的基本制度安排，其主要联结机制是以企业为主的创新主体间的合作关系"。创新从产生于车间到成为公司制下的独立部门再到创新网络的出现，创新的形式一直伴随着流行技术体系的变化而改变。创新网络为企业提供了新的创新形式，是创新资源的一种优化配置方式。企业通过创新网络从外部引进创意和技术，这样可以加强企业自身的创新基础，减少产品开发的时间，加快创新速度（Kessler and Chakrabarti，1996；Rigby and Zook，2022）。通过合作，不同组织共担创新风险和成本，共享双方互补的创新资源，缩短创新周期，提高创新效率（Pisano，1990）。合作还具有协同效应，不同领域知识的结合常常能够产生全新的技术，获得技术突破（Das and Teng，2000）。跨功能组织之间的协作有利于企业产生突破性创新（De Visser et al.，2010）。在技术发展迅速、知识来源分布广泛的今天，任何一家企业都不可能拥有在所有领域内保持领先并给市场带来重大创新所必需的全部技能（Powell and Brantley，1992；Powell and Smith-Doerr，1996；Hagedoorn，2010）。

Chesbrough（2003）首次提出了"开放式创新"的概念。开放式创新强调企业在面临创新困境时所需要采取的开放式创新策略。创新网络可以认为是以企业为主体形成的创新资源的优化配置方式，而开放式创新则进一步扩大了可以优化配置的创新资源范围。开放式创新提供了大学、公共实验室以及其他性质研究机构和企业等更多主体的创新资源进行重新优化配置的方式，推动创新的产生和技术进步。

第二节　开放式创新2.0和复杂创新生态系统

继 Chesbrough 提出"开放式创新"后，Martin Curley 根据对以人工智能为代表的新一代通用技术体系的观察提出"开放式创新2.0"的概念（胡德良、马丁·柯利，2016）。开放式创新2.0强调创新的复杂性和多元开放性。开放式创新1.0可能还以某个主体为核心，其他主体只是作为辅助，而开放式创新2.0更强调主体之间的复杂互动、创新网络的高度开放。高度开放的创新网络逐渐具备了生态系统特点，系统内各主体之间相互作用。创新生态可以认为是系统中的主体通过技术和数据流动，在一个公共平台上形成相互作用、相互依存的动态复合体（张得光等，2015）。李万等（2014）认为，创新生态是通过物质流、能量流、信息流进行群体之间、群体与环境之间的物质、能量、信息交换的系统，同时认为创新生态主要包含三方面群落：研究、开发和应用。开放式创新生态系统中的企业扩展了创新资源，通过跨组织协作，促进系统中资源的流动、聚合和集成，从而提升系统内企业的创新能力（Xie and Wang，2020）。

新阶段的创新组织变革主要表现为在政府战略引领下平台生态、开源生态和新型创新组织共同构建的复杂创新生态系统的丰富和发展。

平台生态是一种独特的创新生态系统。用户可以依托平台资源进行创新。平台为创新提供很多便利。一方面，平台提供大量的开源资源，使大量用户可以低成本介入人工智能这类的新技术，通过提供低成本的创新资源，深化与用户之间的互动，能够推动大量微创新的产生（Claussen and Halbinger，2021）。另一方面，平台畅通了各种创新资源的流动。不同行业、不同企业的创新资源通过平台进行交流、融合，推动了创新的产生。大量异质的创新资源使平台的边界变得越来越模糊，逐渐呈现生态特点（Xu et al.，2021）。

开源生态是一种高度开放、以共建共享为核心的创新生态系统。前沿技术往往以开源的形式首先提供给市场以获得相应的反馈和创新资源。以人工智能技术为例，其建立在数据训练的基础上，开放共享的开源模式成为人工智能技术扩散的重要方式。深度学习框架成为现在流行的人工智能开源技术。谷歌的 Tensorflow、Facebook 的 PyTorch 在深度学习开源框架中占据重要的地位，而国内的百度飞桨（PaddlePaddle）在国内市场占据一定地位，同时华为、腾讯等国内头部企业也开始建立自身的深度学习框架。开源社区可以看作是由一个个弱关系网络构成的复杂网络系统。通过人工智能技术连接的各类开发者、各种应用程序，构成了人工智能技术体系的应用网络。通过对代码的分析、反馈问题以及数据资源的整合，前沿技术体系在大量微创新的基础上获得进步的动力。

包含基础研究主体和应用研究主体以及市场推广主体的新型创新组织最能体现当代人工智能创新组织的特点。2014 年 9 月，广东省新型科研机构建设现场会在东莞召开。2015 年 5 月，广东省发布《关于支持新型研发机构发展的试行办法》。2016 年，《国家创新驱动发展战略纲要》和《"十三五"国家科技创新规划》正式提出"发展面向市场的新型研发机构"。中国新型研发机构进入快速发展的时期，各省区市开始筹建面向不同行业和应用场景的新型研发机构。新型研发机构包含了政府、高校、科研机构、企业等多元异质主体，是一种新型创新组织，可以认为是开放创新网络的实体化（朱建军等，2013；孟溦、宋娇娇，2019）。国内新型创新组织快速发展的同时，欧美发达国家也在探索建立自身的新型创新组织。2021 年 1 月，美国总统科技顾问委员会提交了《未来产业研究所：美国科学与技术领导力的新模式》咨询报告。未来产业研究所包含了政府、科研机构、产业界以及非营利组织等主体，涉及基础研究、应用研究、市场推广等领域，是高度开放的新型创新组织，是创新网络新的发展形式。创新组织的变革从另一个角度阐释了人工智能创新的复杂性和依赖应用反馈的特点。英国的"弹射中心"、德国的创意工场、法国的"融合"研究所均具有相似的发展方向。

无论是平台生态、开源生态还是新型创新组织，其发展均离不开政府的大力支持①。党的十九届四中全会提出，要"构建社会主义市场经济条件下关键核心技术攻关新型举国体制"。构建新型举国体制是中国发展人工智能等硬科技、解决"卡脖子"问题的重要路径（路风、何鹏宇，2021）。以新型举国体制为支撑，政府通过协调创新资源的有序流动、推动复杂创新生态系统发展，对人工智能创新发挥战略引领作用。第一，构建战略基础研究体系。在政府支持下，以国家实验室体系为支撑，以之江实验室、鹏城实验室等政企合作实验室为重点，构

---

① 2019 年 8 月，科技部发布《国家新一代人工智能开放创新平台建设工作指引》。自 2017 年起，科技部确定支持华为、百度、阿里云、腾讯、海康威视等多家国家新一代人工智能开放创新平台建设。国内最具影响力的开源机构开放原子开源基金会是工业和信息化部支持建设的，先后获得百度、华为、腾讯、浪潮等企业的开源项目捐赠。

建为人工智能创新发展提供核心支持的战略基础研究体系。2022 年 8 月，教育部印发了《关于加强高校有组织科研　推动高水平自立自强的若干意见》，推动高校和科研院所积极对接前沿技术创新，为产业发展提供研究支持。第二，通过政府采购、"国产化支持"等政策，推动复杂创新生态系统形成正反馈。产业化是形成创新链、检验创新成效的关键环节。由政府牵头推动的对国产人工智能等硬科技创新产品的采购和应用为人工智能等硬科技创新迭代提供了重要的产业应用数据来源和资金支持，推动正反馈机制的形成。正反馈机制主要表现在两个方面：一是产业应用过程中产生的数据反馈和问题，为人工智能创新的持续迭代提供源泉，推动创新不断丰富、成熟和完善；二是资金回流为人工智能创新企业提供激励反馈，吸引更多企业参与人工智能创新，进而丰富和发展人工智能创新生态系统。第三，通过财税政策引导金融资本加大对人工智能创新的支持，推动复杂创新生态系统的丰富和发展。2022 年 8 月，科技部、财政部联合印发了《企业技术创新能力提升行动方案（2022—2023 年）》，推动建立金融支持科技创新的长效机制。引入风险投资有利于对人工智能创新建立筛选、淘汰的市场机制，提升人工智能创新效率。

本章小结

　　商业创新是实现技术创新价值的必由之路，正如第一次工业革命的蒸汽动力广泛用于纺织、运输等领域，第二次工业革命的电力催生出电报、电话、电灯等，第三次工业革命的互联网催生网络资讯、在线办公、信息软件等，第四次工业革命的人工智能催生智能机器人、自动驾驶、智慧物流、智能制造等，为社会创造了巨大的财富。无论是纺织动力还是电报电话，或是在线办公、信息软件，抑或是自动驾驶、智能制造等，都是通用目的技术的商业创新，实现通用技术的商业价值。与此同时，技术创新是商业创新的前提。任何商业创新均建立在技术创新的基础上。

　　创新资源承载于人才、仪器设备、知识材料等。组织创新主要是重新配置创新资源以适应技术创新和商业创新。每一代通用技术的创新均有与其相适应的创新组织。第一次工业革命，工厂的车间成为创新的主要来源。第二次工业革命，以标准化流水线为代表的生产方式推动企业的形成和发展，创新成为企业的一项职能。第三次工业革命，互联网为分散的创新资源提供了建立广泛联系的平台，同时随着技术创新的不断复杂化，创新组织开始呈现网络化特点。第四次工业革命，数据成为创新的核心资源，以数据为核心，人工智能推动创新主体之间建立了广泛联系，表现出高度的开放性。

人工智能创新特征的变化反映在创新组织的变革上。人工智能的创新特点决定了其创新组织的特点。第一，通用技术属性决定了人工智能创新是由大型企业集团、平台或者政府支持的公共研究机构主导，同时创新主体更加多元、创新方式更为开放；第二，基础研究和应用研究的紧密结合决定了大学等传统科研机构在创新组织中的重要性；第三，技术复杂性决定了创新组织的跨组织跨部门甚至跨地域跨行业的组织方式。数字经济时代可以往前追溯至互联网时代（信息时代），人工智能是建立在互联网时代的信息通信技术基础上的，故而其创新组织变革也承继自互联网时代。

第十二章 新型举国体制和新型研发机构

本章主要介绍人工智能创新组织变革在宏观和微观上的突出特征，即新型举国体制和新型研发机构。虽然新型举国体制是中国式的概念，但是其他大国的创新体系也大多呈现如此特征，即国家力量在科技创新中发挥十分重要的作用；新型研发机构就是在国家力量推动下融合各类创新资源形成的一个复杂创新组织。

第一节 新型举国体制

一、新型举国体制的特征和内涵

党的十九届五中全会审议通过的《中共中央关于制定国民经济和社会发展第十四个五年规划和二〇三五年远景目标的建议》明确提出，要"制定科技强国行动纲要，健全社会主义市场经济条件下新型举国体制，打好关键核心技术攻坚战，提高创新链整体效能"。新型举国体制的提出存在其时代必然性，是中国发展到一定阶段、面临国际复杂局势提出的、发挥社会主义集中力量办大事优势的重要体制机制创新。从技术创新角度而言，中国已经从模仿者、跟随者逐步转向领跑者，需要进一步加强在基础研究以及技术转化方面的能力，全面提升创新水平。尤其在第四次工业革命的技术发展背景下，以人工智能为代表的新一代通用目的技术具有多技术融合、依赖基础研究等特征，需要多元创新主体通力合作。

新型举国体制是中国提出的面对国外技术封锁、为解决一系列"卡脖子"技术问题而建立的以政府为主导、企业为主体的新型国家创新体系。新型举国体制在本质上要求实现有为政府和有效市场的有机结合，亦即使市场在资源配置中起决定性作用并更好地发挥政府作用，特别是在新发展阶段要"科学把握政府与市场之间的协同关系和各自的功能定位边界"。新型举国体制与举国体制相比的

"新"，表现在两个方面：第一，形成以市场为导向的重大技术创新模式，尊重市场在配置创新资源中的决定性作用。与举国体制所需要攻关的技术类型不同，当今需要进行的重大技术攻关是已经高度市场化的商用技术，配置资源的方式必然要有所改变。第二，形成以企业为核心的创新主体。举国体制的创新主体主要是高校、科研院所、国家实验室等公共研究机构，在新型举国体制中公共研究机构依然需要发挥重要作用，为企业的技术创新提供支持。创新只有从实验室走向产业端才能发挥应有的价值。新型举国体制主要是促进创新的各个部门之间沟通交流，通过加强创新过程中创新链条上下级之间的反馈作用，推动创新效率的提升。

从制度的视角来看，新型举国体制不仅包括了正式制度体系中国家政治结构、经济制度体系，而且包括了整个社会文化与价值导向等非正式制度层面的系列集合（邹国庆、郭天娇，2018）。通过政府主导形成的正式和非正式规制，创新资源在国家战略科技力量的引导下按照市场规律定向流动和重组，服务于国家安全、重大产业需求等。

二、中国新型举国体制的建设实践

（一）推动战略基础研究

战略基础研究是在新型举国体制下整合研究资源、推动应用型研究体系建设，为企业技术创新提供支持的研究模式。鉴于科学和技术的深度融合，加快科学和技术、技术和商业之间的正反馈循环是促进技术创新的重要举措。战略基础研究不仅赋予了传统基础研究的方向性，还改变了创新资源的配置方式，通过加强不同创新主体之间的协同，促进异质创新资源之间的流动和重新配置，加强各个创新阶段之间的反馈作用，提升创新效率。

2012年，中国开始实施"2011计划"，以高校为核心建立协同创新平台，旨在推动高校间研究资源的有序流动和优化配置（唐震等，2015；蒋兴华，2016）。2019年9月，教育部公布了首批64个省部共建协同创新中心。各地方政府和高校以此为契机，开始展开协同创新平台建设。科研单位内部之间的协同主要是发挥多学科协同创新的信息优势，推动相互启发、彼此促进（余江等，2020）。各科研单位之间的协同在新型举国体制的框架内，实施"全国一盘棋"，能够优化研究资源配置，避免资源错配、资源过度集中的问题，提高资源配置效率，促进研究效率的提升（董直庆、胡晟明，2020）。

（二）加强国家战略科技力量

国家战略科技力量是实现高水平科技自立自强的中坚力量，同时是代表国家参与国际科技竞争、建设社会主义现代化国家的重要力量。2021年5月28日，习近平总书记在中国科学院第二十次院士大会、中国工程院第十五次院士大会和中国科协第十次全国代表大会上的重要讲话中指出："世界科技强国竞争，比拼的是国家战略科技力量。国家实验室、国家科研机构、高水平研究型大学、科技领军企业都是国家战略科技力量的重要组成部分，要自觉履行高水平科技自立自强的使命担当。"国家战略科技力量始终坚持"四个面向"，即坚持面向世界科技前沿、面向经济主战场、面向国家重大需求、面向人民生命健康，特别是重点坚持面向世界科技前沿、面向国家重大需求，既能在产业核心技术攻关方面发挥先锋骨干作用，又能在原创性、引领性基础研究和工程科技方面取得重大突破，并能够持续引领世界科技发展（陈劲，2022）。

中国在不断加强以国家实验室为引领的国家科技战略力量建设，《中华人民共和国国民经济和社会发展第十四个五年规划和2035年远景目标纲要》提出"加快构建以国家实验室为引领的战略科技力量。聚焦量子信息、光子与微纳电子、网络通信、人工智能、生物医药、现代能源系统等重大创新领域组建一批国家实验室，重组国家重点实验室，形成结构合理、运行高效的实验室体系"。国家实验室拥有最为深厚的研究资源，进行的研究是最为基础的"根技术"研究。与此同时，中国推动国家重大科技基础设施开放共享，提升创新资源利用效率，加快凝聚国家战略科技力量：目前已布局建设57个重大科技基础设施，中国"天眼"、全超导托卡马克、散裂中子源等一批设施处于国际先进水平；推动科研设施与仪器开放共享，已有4000余家单位9.4万台（套）大科学仪器和82个重大科研设施纳入开放共享网络。推动新型研发机构此类新国家战略科技力量建设，以高校和科研院所等公共科研力量为基础，以重点企业为支撑，围绕人工智能、脑科学、高端芯片等核心技术展开研究，建设一批具有强大基础研究能力和技术转化效率的新型创新组织，如鹏城实验室、之江实验室、深圳清华大学研究院等。

（三）构建多元创新平台体系

《中华人民共和国国民经济和社会发展第十四个五年规划和2035年远景目标纲要》中多次提出加强平台建设，其中第四章第四节即为"建设重大科技创新平台"，第五章第二节中提出"集中力量整合提升一批关键共性技术平台""打造新型共性技术平台"，第七章第二节中提出"构建知识产权保护运用公共服务平台"，第八章第一节中提出"建设生产应用示范平台和标准计量、认证认可、检验检测、试验验证等产业技术基础公共服务平台"，第八章第四节中提出"支持建设中小企业信息、技术、进出口和数字化转型综合性服务平台"，第十五章第三节中提出"在重点行业和区域建设若干国际水准的工业互联网平台和数字化转型促进中心"等，从不同层次分领域提出对各类平台的建设要求。

2019年8月，科技部发布《国家新一代人工智能开放创新平台建设工作指引》。自 2017 年开始，科技部依托百度、阿里云、腾讯、科大讯飞、商汤科技、华为、海康威视等多家企业建设国家新一代人工智能开放创新平台，涉及自动驾驶、城市大脑、医疗影像、智能语音、智能视觉、基础软硬件、智能安防等众多人工智能核心技术和产业领域。

2023 年，广州人工智能公共算力中心、国家超级计算长沙中心、河北人工智能计算中心、武汉人工智能计算中心、中原人工智能计算中心、国家超级计算郑州中心、西安未来人工智能计算中心、沈阳人工智能计算中心、南京智能计算中心 9 家算力中心获批建设全国首批国家新一代人工智能公共算力开放创新平台，另有 16 家算力中心筹建。

与此同时，更多地方省区市开展平台建设。以广东省为例，2018 年《广东省新一代人工智能发展规划》发布，明确要构建开放协同的创新平台体系，加快人工智能在智能机器人、智能医疗等 15 个领域多场景的示范应用。目前已经公布三批共 16 家省级新一代人工智能开放创新平台。

从中央到地方，从综合平台到专业平台，从开发平台到算力平台，中国正加快建设创新平台体系，形成包含基础研究、应用研究、市场推广的跨产业跨技术的多元创新形态。

三、国外类似于新型举国体制的组织方式

(一) 美国

举国体制并不是社会主义国家独有的科技创新体制。在面对国际形势的巨大挑战时，美国、英国、法国、德国等均采取过类似于举国体制的举措，以提升国家竞争能力，其中以美国最为成熟。美国的举国体制始于第二次世界大战期间，当时成立战时生产局、曼哈顿工程区等；冷战时期，美国成立国防部高级研究计划署（DARPA）；互联网时代，1993 年，美国宣布实施"国家信息基础设施"计划（简称"NII 计划"，又称"信息高速公路"计划）。这些都是非常典型的举国体制做法，尤其 DARPA 至今仍发挥着重要作用。下面以类 DARPA 项目和美国国家制造业创新网络为例阐释美国在新时期动员国家力量采取的战略举措。

1. 新型类 DARPA 项目

进入 21 世纪后，美国面对国土与国家安全、全球能源危机和气候变化等新挑战，在借鉴 DARPA 模式的基础上分别在国土安全、情报和能源等科技领域成立国土安全先进研究计划署（HSARPA）、情报高级研究计划署（IARPA）和先进能源研究计划署（ARPA-E）等机构来巩固和扩大科技领先优势以维护国家安全，同时也形成了独特的科技创新体系。2021 年 11 月，美国总统拜登正式签署了投资总额达到 1.2 万亿美元、美国近半个世纪以来最大规模的基建法案《基础

设施投资与就业法案》。该法案旨在通过对交通、能源、水和电信等传统基础设施的投资，创造大量的就业机会，促进经济复苏和持续性增长，确保美国在全球经济竞争中处于世界领先的地位。为了实现美国《基础设施投资与就业法案》和到 2050 年温室气体净零排放的目标，根据该法案的授权，拜登政府在美国交通部的研究与技术助理部长办公室（OST-R）中设立基础设施高级研究计划局（ARPA-I），加强对基础设施的开发。

以拜登政府于 2022 年通过立法率先在联邦机构美国国立卫生研究院（NIH）中设立的健康高级研究计划署（ARPA-H）为例，美国联邦政府作为研发综合体的重要组成部分，首先在国家层面上制定卫生健康领域战略以确定创新与优先发展方向，其次经由 NIH 等机构来指导和资助高等院校、联邦实验室及非营利组织等创新主体进行卫生健康领域基础科学研究（邱俊等，2023）。

2. 美国国家制造业创新网络

美国国家制造业创新网络（National Network for Manufacturing Innovation, NNMI）计划是 2012 年由美国奥巴马政府发起的一项制造业创新计划，旨在通过建立创新生态系统，重振并提升美国制造业的全球竞争力。2014 年 12 月，美国国会通过了《振兴美国制造业与创新法案》（RAMI 法案），正式确立国家制造业创新网络的法律地位。法案指定在国家标准与技术研究院设立先进制造国家项目办公室（AMNPO），协调各联邦部门及各制造业创新中心的合作，监督计划的执行。目前，美国商务部、国防部、能源部、教育部、卫生和公众服务部、劳工部、国家航空航天局、国家科学基金会、农业部共 9 个联邦部门参与该计划。2016 年该网络更名为"制造美国"（Manufacturing USA），它是与德国的"工业4.0"等类似的国家级制造业战略。

根据 RAMI 法案，为协调和监督国家制造业创新网络计划的执行，在国家层面建立了一个跨部门的协调机构，即先进制造国家项目办公室。参与计划的 9 个联邦机构通过先进制造国家项目办公室，对包括国家制造业创新网络计划在内的各类制造业研发计划进行跨部门协调，并与产学研各方以及州和地方政府、相关组织进行沟通联络。

美国国家制造业创新网络计划设计的初衷是在先进制造的若干重点领域建立和培育制造业创新研究所（Institutes for Manufacturing Innovation，IMIs），以创新研究所为节点形成全国性的协同创新网络，以点带面，带动整体制造业创新能力的提升。创新研究所作为国家制造业创新网络计划的关键节点，发挥着集成创新资源、带动相关领域和地方经济发展的重要作用（张华胜，2019）。每一个研究所聚集了利益相关者，诸如工业界、学术界（包括大学、社区学院、技术学院等）、国家实验室、联邦政府、州政府和地方政府，形成创新生态系统。在创新生态系统内，成员和联邦政府共同投入，形成强大的公私合作伙伴关系，促进非政府投入增加和加快美国先进制造能力的发展，从而提高美国制造业的竞争力。联邦政府确定重点支持领域和方向后，由国防部、能源部、商务部等联邦部门牵头负责创新中心的具体选址和建设工作。截至2023年8月，已建立了16家制造业创新中心，涉及领域包括增材制造、电力电子、柔性电子、数字制造、复合材料、轻型材料、机器人、生物医药、功能性织物、清洁能源等，均为影响未来先进制造的技术前沿，主要投资部门为美国国防部（9所）、能源部（6所）和商务部（1所）。

（二）法国

1958~1969年，由法国政府牵头，国立科研机构和国有企业共同参与技术推广和成果转化，推动政府—国立科研机构—国有企业协同科技创新模式诞生。1970~1981年，随着大型私有企业在科技创新领域的地位逐渐上升，法国政府开始增加对私有企业创新的支持，国立科研机构也陆续开始与该类型企业建立合作关系，政府—国立科研机构—国有企业—私有企业的创新模式开始稳定发展。1982年，国立科研机构以"共建、共管"的方式（每4年为1个合同周期），与高等教育机构围绕基础和应用研究创建联合实验室，并与企业围绕应用与开发研究创建协作实验室。政府、国立科研机构、高等院校、企业（含国有和私有企业）开启了各有侧重、相辅相成、协调发展的国家创新体系。在建设以政府为主导的国家创新体系过程中，为加快科学研究和创新扩散，法国政府根据国际局势变化和自身发展需要多次调整政府相关部门、调整国家科技创新体制机制（邱举良、方晓东，2018）。

1954年，法国政府成立科学研究与技术进步国务秘书办公室（SERSPT），加强对国立科研机构从事科学研究活动的集中、统一领导。20世纪80年代初期，在《科研与技术发展导向与规划法》（1982年）和《科学研究与技术振兴法》（1985年）两部科技立法的指引下，法国政府不断加大用于支持科学技术研究的公共研发投入，并成立了国家科学研究委员会、国家评价委员会、国家科研评价委员会、研究与技术高等理事会、议会科学与技术选择评价局等国家机构，加强中央政府对全国科技创新工作的管理。2009年7月，法国政府废除了自1946年起严格制定并执行"五年经济计划"和自1988年起重点围绕十余项单一学科领域发展而并行制定国家研发计划的传统，转而颁布实施集科学研究、经济发展、技术创新、人才培养等目标于一身的综合性科技战略规划，即国家研究与创新战略，统筹谋划医疗卫生、生命健康、食品安全、生物技术、环境资源、能源交通、信息通信、纳米技术等重点领域发展。自人工智能兴起以来，为保持法国在国际上的竞争能力，法国政府起草第二期国家综合性科技战略规划，即"法国—欧洲2020"，主动与欧盟

"地平线2020"计划的优先研究领域相对接（方晓东、董瑜，2021）。

（三）英国

1986年英国政府制定"联系计划"，以开展项目方式促进公共部门和私人部门之间的科研合作，激发企业创新活力。1993年，《实现我们的潜力：科学、工程和技术战略》白皮书发布，英国政府将科技创新上升为国家战略，并强调政府的引领作用，同时加大对技术创新研究的经费支持，政府开始介入企业"面向市场"的研究；同年设立科技预测推动委员会，分析未来科技重大领域对经济社会发展的影响，为英国政府制定科技创新政策规划提供指引。1995年，英国政府科技办公室（OST）启动以经济发展为导向的前瞻性科技政策计划，使政府、高校、科研机构、企业之间的联系十分紧密。2004年，英国在贸工部下成立技术战略理事会，对重大科技发展战略、科技资源配置等提出政策建议；2004年，英国政府发布《科学与创新投资框架（2004—2014年）》，通过中长期科技发展规划强化部门间以及各创新主体间的横向和纵向合作，并进一步明确加大政府科技创新投入、提高科技资源配置效率的政策发展方向。

2007年成立英国创新署，从国家层面推动创新活动，通过设立"弹射中心"，实施知识转移伙伴（KTP）计划、SMART计划、小企业研究计划（SBRI）等加强成果转化，服务英国科技发展战略。2018年成立英国研究与创新署（UK Research and Innovation，UKRI），对当前科技创新管理体制进行改革，使其更适应复杂创新过程（王胜华，2021）。英国政府通过适时调整科研管理机构，推动形成人才培养、体制构建、经费投入、环境营造、绩效评价"五位一体"的创新生态系统，有力促进了英国科技创新的稳定发展。

第二节　新型研发机构

一、新型研发机构的特征和内涵

2019年，科技部印发的《关于促进新型研发机构发展的指导意见》中给出了新型研发机构的定义："新型研发机构是聚焦科技创新需求，主要从事科学研究、技术创新和研发服务，投资主体多元化、管理制度现代化、运行机制市场化、用人机制灵活的独立法人机构，可依法注册为科技类民办非企业单位（社会服务机构）、事业单位和企业。"

新型研发机构是新型举国体制下依托国家战略科技力量、面向重大产业需求、发挥企业技术创新能动性建设的融合基础研究、应用研究、市场推广的新型创新组织。新型研发机构的"新"主要体现在四个方面：一是面向对象新。新型研发机构是新时期面对以人工智能为核心的新一代通用目的技术体系的复杂创新过程形成的创新组织。二是创新主体新。新型研发机构摒弃了企业研究机构和公共研究机构相互独立的运作方式，包括政府、高校、科研机构、企业等在内的多创新主体共建共享。三是组织形式新。新型研发机构根据所面临的需要解决的需求问题呈现多样化的组织方式。面向具有跨行业共性的基础技术问题，通常采取以政府为主导、以公共科研机构为主体、企业积极参与的组织形式；面向解决具体行业的技术应用问题，通常采取政府支持、企业主导、公共科研机构支撑的组织形式。四是创新结构新。新型研发机构具有跨阶段、全过程的创新结构，即同时涉及基础研究、应用研究和市场推广。即便主要面向技术推广应用的新型研发机构，也需要较强的基础研究对接能力。新型研发机构是推动形成正反馈创新循环的重要力量。

新型研发机构根据其机构性质可分为事业单位、企业和社会服务机构三种类型（周君璧等，2021）。三种类别的新型研发机构的区别不仅表现在机构性质上，而且在创新对象和组织方式上也有很大不同。如上所述，新型研发机构面向的技术创新过程不尽相同，有的偏向基础研究，有的偏向应用研究，有的偏向市场推广。偏向基础研究的一般主要依托公共科研机构，机构性质通常为事业单位，公共品属性较强，典型代表为深圳清华大学研究院、北京量子信息科学研究院、中国科学院深圳先进技术研究院等。偏向应用研究的一般主要依托企业，机构性质通常为企业，商业属性较强，典型代表是宁波工业互联网研究院、武汉智能装备工业技术研究院有限公司、中电科（宁波）海洋电子研究院有限公司等。偏向市场推广的一般依托行业协会等社会组织，机构性质通常为社会服务机构，社会属性较强，典型代表是上海产业技术研究院、北京协同创新研究院、浙江清华柔性电子技术研究院等。

二、国内新型研发机构

（一）国内新型研发机构发展现状

截至 2020 年 6 月，全国已有 26 个省（自治区、直辖市）出台了新型研发机构的认定办法。根据科技部火炬中心发布的《2022 年新型研发机构发展报告》，截至 2021 年底，全国新型研发机构数量共计 2412 家，同比增长 12.71%，从业人员总量 22.18 万人，其中 R&D 人员占比 64.60%；2021 年，新型研发机构平均研发投入强度为 35.96%，年度承担科研项目 3.5 万项，实现技术性收入501.26 亿元。该报告显示，全国新型研发机构数量逐年增长，群体规模持续壮大。从成立时间分布来看，2019 年注册成立的机构数量最多，达到 326 家；其次是 2018 年和 2020 年，分别注册成立 307 家和 262 家。从区域分布来看，我国新型研发机构主要集中分布于东部地区。截至 2021 年底，东部地区新型研发机构数量达到 1445 家，占总量的 59.91%。从产业分布来看，新一代信息技术产业领域的新型研发机构数量占比最高，达 33.15%；其次为高端装备制造产业领域和新材料产业领域，占比分别为 25.62% 和 25.37%[①]。

（二）国内新型研发机构组织和运行方式

以鹏城实验室为例，从鹏城实验室官网可知"鹏城实验室是中央批准成立的突破型、引领型、平台型一体化的网络通信领域新型科研机构。作为国家战略科技力量的重要组成部分，实验室聚焦宽带通信、新型网络、网络智能等国家重大战略任务以及粤港澳大湾区、中国特色社会主义先行示范区建设的长远目标与重大需求，按照'四个面向'的要求，开展领域内战略性、前瞻性、基础性重大科学问题和关键核心技术研究"。

在管理机制方面，实验室构建了"政府所有、地市主建、独立法人运行、机构自主管理"的体制机制，形成了"不定具体编制、不定行政级别、不设工资限额"的新型管理模式。实验室实行理事会领导下的主任负责制，理事长由深圳市市长担任，并设立学术委员会和战略咨询委员会（宋姗姗等，2022）。

在合作机制方面，实验室与哈尔滨工业大学（深圳）、北京大学（深圳）等高校、中国科学院（深圳）先进技术研究院等科研院所，华为、中兴、腾讯等高科技信息类龙头企业以及众多国内信息领域国家重点实验室协同共建，积极推进项目合作、资源共享和大科学装置建设。

在创新机制方面，实验室以重大基础设施为支撑，以重大攻关项目为核心，探索出"院士领衔，双轮驱动"的团队组织模式，以及"重点项目（研究中心）+基础研究（院士工作室）"双轮驱动的特色科研模式，其中研究中心专注于国家战略目标导向的应用基础研究，院士工作室则进行前沿性和创新性的自由探索研究，截至 2022 年，实验室现已设立 5 个研究中心和 14 个院士工作室。

在资金支持方面，实验室建立省市共同投资建设机制，预计总投资 135 亿元。在项目支持方面，采用考核奖补方式，即由实验室预先投入资金开展研发活动和提供科技创新服务，之后政府根据绩效评估结果给予补助资金。在经费使用方面，实验室作为专项经费使用和管理的责任主体，自主编制年度经费预算，并可根据实际情况的变化进行相应调整。

---

① 中国高新技术产业导报. 看见新型研发机构的力量！[EB/OL].（2023-05-29）[2024-04-11]. http://paper.chinahightech.com/pc/attachment/202305/29/7ec5f475-345a-4ea4-b1d6-b6f7383cab1d.pdf.

三、国外新型研发机构的组织和运行

（一）美国

美国的新型研发机构除各类联邦政府支持的科研创新计划设置的研发中心外，最为典型的是未来产业研究所。其中，研发中心有美国联邦政府资助的研发中心（FFRDCs）、能源前沿研究中心（EFRCs）、能源创新中心（EIHs）、制造业创新研究院（IMIs）等。

FFRDCs 是根据联邦政府的要求经国会授权设立，由合同单位（大学、企业和非营利机构）负责运营和管理，其大部分设施为合同单位所有；FFRDCs 为国家目标服务，完成长期、复杂、艰巨的研发任务，如从事国家所需的前沿基础研究、竞争前战略高技术研究、重要公益性研究及相关数据分析工作等。EFRCs 支持多年期、多机构研究人员的科学合作，关注克服有碍于革命性发现的基础科学问题。EIHs 通过政府之手大力引导战略性、前瞻性的重大科技项目实施，从而加快能源技术创新；EIHs 在特定目标下，将不同学科或工程背景的研究人员聚集到一起，在同一个地点（实体机构）致力于解决从基础研究到工程开发直至商业化投入前期的过程中遇到的科技难题。IMIs 建设属于美国国家制造业创新网络计划的组成部分，IMIs 是一种产学研合作伙伴关系，由联邦、州或者地方政府支持成立，重点是将公私资源结合在一起，营造更加有活力的国家创新生态系统，其合作伙伴包括行业、研究所和培训组织以及政府机构等。

为抢占未来科技制高点，维持美国全球科技霸主地位，美国总统科技顾问委员会（President's Council of Advisors on Science and Technology，PCAST）于 2020年 6 月在《关于加强美国未来产业领导地位的建议》报告中首次提出未来产业研究所的构想，又于 2021 年 1 月在《未来产业研究所：美国科学与技术领导力的新模式》的咨询报告中细化提出了未来产业研究所的建设方案。PCAST 总结未来产业研究所的七大功能：一是推进跨基础研发和应用研发领域的多学科和多部门合作创新；二是营造促进知识流动和创意涌现的研究环境；三是设计和构建技术快速开发和推广应用的创新框架；四是培育跨学科、跨领域多元化发展的优秀未来科技人才；五是为美国国家科研生态系统提供多样化组织结构创新的试验场；六是促进高技术人力资源发展；七是成为美国科技规划、科技政策和价值观的主要贡献者。

未来产业研究所实行理事会管理机制。每个未来产业研究所由独立的理事会管理，理事会由机构内部成员和外部专家组成，具体代表根据机构的重点领域和资源配置而定。未来产业研究所的研究课题由政府、学术界、产业界、社会等多方提供，并保持短期、中期和长期研究项目的组合，关注突破式创新商业化的潜力。

图 12-1 很好表达了未来产业研究所的定位。与美国先进制造研究所、美国制造业创新研究院等研究机构不同，未来产业研究所建设的主要目标是通过多个研究机构的科学、技术、工程、数学、商业等多领域的研发力量，构建跨越基础研究、应用研究、市场推广等研究阶段的研究能力，促进创新全流程整合，解决目前美国创新链上不同部门与环节割裂的问题。

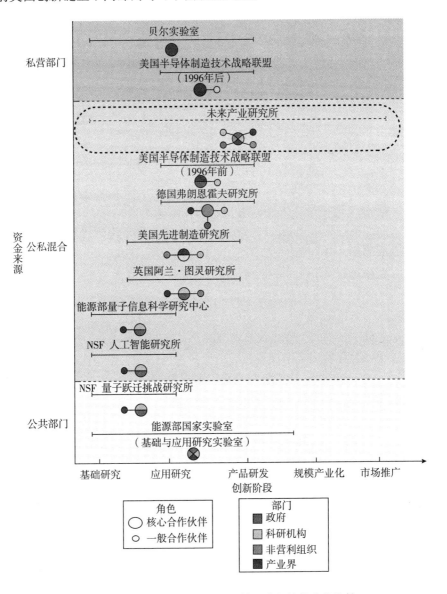

图 12-1 未来产业研究所和其他研究机构的定位比较

资料来源：王雪莹（2021）。

（二）法国

法国的融合研究所是较为典型的新型研发机构。2016~2017年，法国政府委托国家科研署（ANR）以项目招标的形式出资在全法境内组建了10家"融合"研究所。"融合"研究所具有以下三点特征：一是问题导向。"融合"研究所必须以应对全球或区域挑战、解决阻碍经济社会实现可持续发展的问题为主线开展科学研究活动。二是多学科融合。"融合"研究所必须从能源与材料科学、地球—宇宙—环境系统科学、生命科学与健康、数字科学与数学、社会科学、人文科学六大类学科中遴选两个及两个以上的学科作为其开展跨学科研究的学科范围。三是独立法人机构牵头、多方共建。"融合"研究所是一种虚拟式、网络化的科研组织模式，是法国政府基于开展融合科学研究的群体的一种官方认证标签，并非新组建的实体机构。一个"融合"标签只能由一家拥有独立法人资质的科研机构或高等院校牵头申请。为弥补牵头机构在多学科领域研究的不足，牵头机构还须从互补的角度出发寻找合作伙伴，伙伴数量没有限制。

（三）英国

2010年，英国开始推动构建国家技术创新中心（Technology Innovation Centre），2011年官方正式将其命名为"弹射中心网络"（Catapult Network）。根据弹射中心网络官网最新数据，迄今已建成9个弹射中心，遍布英国50多个地点。9个弹射中心分别在细胞核基因治疗、半导体、交通、数字技术、能源系统、先进制造、药物发现、海上可再生能源、卫星应用等领域展开研究。弹射中心网络旨在弥合研究与工业之间的差距，与企业开展合作，形成以弹射器为中心的区域增长产业集群，帮助应对社会和工业面临的挑战。根据官方网站数据，2013~2022年弹射中心网络开展与企业研发方面合同达18785个，开展研究协作项目5560个，管理研究和示范设施超过13亿英镑，开展国际项目1120个，对提升英国创新能力发挥了重要作用。

本章小结

人工智能创新组织的复杂性从侧面反映了人工智能创新过程的复杂性。通过总结美国、法国、英国等发达国家在面临人工智能创新问题所采取的战略措施可以发现，不同创新阶段的融合已经成为世界各国的共识。人工智能创新问题的解决并不能仅依赖某家大企业、某所大学，而是需要政府、公共科研机构、企业等协同合作的系统工程。

在面向具有长时间跨度、高度不确定性、强外部性、深度依赖基础研究的技术创新时，政府主导构建以国家战略科技力量为核心的研究平台是解决不同创新部门之间协同困难、异质创新资源流动受阻等问题的战略举措，同时可能也是目前经济社会环境下的最优方案。

人工智能创新具有自组织特征，创新体制要符合技术本身的创新特征。新型举国体制需要发挥市场推动创新的内在驱动作用，形成具有正反馈效应的创新循环，政府只需要在关键时点进行引导而不必全程进行大量投入。在开源开放的大环境下，人工智能创新融合了用户创新、社会创新等创新范式，成为包含全创新阶段、跨时空创新方式的复杂创新过程。国家创新体系正逐渐演化成为层次结构与分工合理、高度协同的国家创新生态系统。

第十三章　平台生态主导的复杂创新

平台是人工智能创新涌现的重要推动力量。平台通过强化正反馈机制，促进创新资源的流动和配置效率提升，进而加快创新涌现。本章主要讨论平台生态的发展及其对人工智能创新涌现的作用，主要包含三个部分：第一，阐释平台生态的内涵，分析平台生态的发展特征。第二，采用价值网络分析方法，阐释平台生态的结构及其演化特征。通过分析平台生态的产业生态和技术生态特征，研究基于平台生态的人工智能专用化和人工智能通用化特征。第三，以大模型和智能芯片为例，分析平台技术的发展，阐释其对人工智能创新涌现的影响，以及平台生态推动人工智能创新涌现的作用机制。平台既是人工智能创新涌现机制中复杂反馈结构、多元创新主体交互等形成过程中的伴生现象，也在不断增强创新涌现机制。

第一节　平台概述及其生态化

一、平台概述

国内较早出现的一批可以称为"平台"的是互联网企业以及由此而兴盛的电子商务企业，如腾讯网（新闻资讯平台）、淘宝和京东（购物平台）、支付宝（交易平台）等。可以看出，平台搭建起连接双方的一座桥梁，成为产品提供方和产品服务对象的中介角色。人工智能平台或者称之为人工智能创新平台，改变了通常意义上的平台概念，其以共创共享为核心，形成围绕人工智能的创新生态。相对于互联网平台、电子商务平台等类似于百货大楼的网络集成化中介角色而言，人工智能平台更像是多元主体构建的一个创新生态系统。人工智能平台的形成主要源自两个方面：一是由传统互联网平台演化而来，二是由拥有平台技术的企业发展形成。平台往往形成自身的平台技术，如华为的"鸿蒙"（Harmony）"HiCar"，百度的"飞桨""阿波罗"等。随着技术的进步，平台也在不断演化，其内涵和边界在不断拓展。以人工智能开放创新平台为代表的新型平台重塑了平台在经济中的功能和影响，其核心从产业和服务的提供者转变为创新资源的整合者，以共建共享的理念实现多元化的商业价值。

平台（指人工智能开放创新平台，以下简称"平台"，在表述其他类型平台时会加前缀，如"＊＊平台"）作为第四次工业革命中一种重要的经济组织形式和资源配置方式，对人工智能技术的创新起着重要作用（蔡宁等，2023），主要表现在三个方面：第一，平台拥有足够的实力和意愿投入研发人工智能技术。在实力方面，现阶段很多人工智能平台是从之前的互联网平台演化而来的，拥有深厚的资金或技术积累，如阿里巴巴、百度、腾讯等。在意愿方面，能够发展为平台的企业拥有足够高的市场地位和足够大的业务范围，其自身对人工智能的技术需求十分旺盛。平台型企业发展人工智能技术能够借助前期积累的平台地位构建技术平台或形成平台技术，从而提升人工智能技术的普及率。第二，平台作为一种资源配置方式，能够集中大量的人工智能创新资源，形成一种协同效应（吕明元、程秋阳，2022）。创新是知识重组的一种结果，平台能够从众多使用者处获取大量专用知识，通过与自身掌握的通用知识重组形成互补性创新，进而推动人工智能创新演进，增强平台的吸附能力。其他企业通过平台使用人工智能技术时往往需要贡献自身掌握的专用数据。平台通过大量的专用数据能够提升人工智能的技术成熟度，提升人工智能技术的扩散速度。第三，平台往往是人工智能技术的重要推动者（赵剑波，2020）。平台通过将多种技术进行集成和融合降低了人工智能的应用难度和应用门槛，同时通过开源方式推动技术的加速扩散。

（一）人工智能开放创新平台

人工智能开放创新平台的形成伴随的是人工智能创新发展，是人工智能创新涌现过程的一部分，对人工智能创新涌现具有重要作用。中国人工智能开放创新平台主要源自两个方面：一是由互联网平台转型发展而来，如科技部认定的国家新一代人工智能开放创新平台（详见附录C）中的阿里巴巴、百度、腾讯；二是依托于人工智能技术发展而来，如科技部认定的国家新一代人工智能开放创新平台中的明略科技、商汤科技。前者主要依托于互联网时代所积累的市场和资金以及相关技术基础，后者主要依托于高校和科研院所的基础研究。

从互联网平台到人工智能开放创新平台，百度等依托现有市场基础，以一定时间的巨量研发投资推动相关人工智能业务的发展，形成以云服务为基础的人工智能服务平台。虽然各家云服务平台均涉及较为全面的人工智能技术服务，但是不同企业依托于自身基础条件各有侧重，如百度侧重于自动驾驶和深度学习、腾讯侧重于图像识别、阿里巴巴侧重于云计算等。随着人工智能技术的兴起，数据成为重要创新要素，互联网平台所掌握的大量数据成为一种重要的创新资源，成为互联网平台转向人工智能开放创新平台的重要支撑。

新创人工智能企业依托于高校和科研院所的基础研究，在核心技术的基础上形成平台服务（胡登峰等，2022）。作为一个技术体系，人工智能具备通用目的技术属性，而人工智能的细分技术类别如计算机视觉、语音识别等，同样具备通用目的技术属性。这种技术特点是专注于某类技术研发的人工智能新创企业能够发展为平台的重要原因。获取和处理信息的能力决定了专注于一项技术的人工智能企业能够形成平台的特点。视觉比听觉能够获取更多信息，而且对于环境要求更低，尤其是在工业环境下，以计算机视觉为核心的人工智能企业形成的平台具有以语音识别为核心的人工智能企业形成的平台的能力，这是由技术的通用性决定的。

（二）开源平台和开放创新平台

开源形态最早出现于 20 世纪 60 年代，软件代码附属硬件产品以开源的形式分发。1984 年，Richard Matthew Stallman 发起成立自由软件基金会（FSF），启动 GNU 计划，推动自由软件概念成为开源软件早期形态；随后提出 GNU 通用公共授权许可证（GUN GPL），成为目前主流的开源软件许可证（金芝等，2016）。开源软件的明确定义由开源软件促进会（OSI）于 1998 年给出，包括十个方面，即自由再发布、源代码公开、允许派生作品、作者源代码完整性、不能歧视任何个人或团体、不能歧视任何领域、许可证的发布、许可证不能只针对某个产品、许可证不能约束其他软件、许可证必须独立于技术。开源是平台建设和发展的一种方式。开源平台指将平台技术进行开源，形成创新生态结构，如华为 Hamony 系统的开源版本 OpenHamony、百度的"阿波罗"平台和"飞桨"平台等。国内外很多平台企业都选择将自己的主流技术以开源的方式面向市场，同时保留商业化的可能。对于技术进步而言，开源将尽可能多的创新资源引入目标平台，形成开源技术、开发者、研究机构等创新主体之间广泛交互的生态结构（焦豪、杨季枫，2022）。

2019 年 8 月，科技部发布的《国家新一代人工智能开放创新平台建设工作指引》将新一代人工智能开放创新平台定义为"聚焦人工智能重点细分领域，充分发挥行业领军企业、研究机构的引领示范作用，有效整合技术资源、产业链资源和金融资源，持续输出人工智能核心研发能力和服务能力的重要创新载体"。自 2017 年开始，科技部依托百度、阿里云、腾讯、科大讯飞、商汤科技、华为、海康威视等多家企业建设国家新一代人工智能开放创新平台，涉及自动驾驶、城市大脑、医疗影像、智能语音、智能视觉、基础软硬件、智能安防等众多人工智能核心技术和产业领域。新一代人工智能开放创新平台秉持"开放共享"的建设发展理念，既是赋能平台又是创新平台。

二、平台的生态化

平台的演化是跟随人工智能技术的演化而进行的。平台技术的复杂化和集成化是人工智能创新演进的结果。可以观察到，很多专注于某项人工智能技术的平台企业都在极力拓展平台的技术服务能力和场景服务范围，如专注于语音识别的科大讯飞向图片识别技术领域拓展、专注于计算机视觉的海康威视向智能机器人技术领域拓展。伴随着劳动分工精细化过程的是平台技术的复杂化，两个过程是相辅相成的。劳动分工中针对特定领域进行人工智能技术开发的创新企业往往依托于平台的技术，如大模型。即便是实现较高智能水平的 ChatGPT，在实际应用中也需要进行二次开发。平台技术的复杂化主要是降低劳动分工下二次开发的成本和门槛，进而建立更为精细的分工体系，为产业领域提供更为优质的专业技术服务（朱晶，2020）。

平台生态化的演进过程推动平台向平台生态转变。关于生态系统有两种观点：一是将生态系统作为从属关系，即将生态系统视为由其网络和平台从属关系定义的相关行动者组成的社区；二是将生态系统作为结构，即将生态系统视为由价值主张定义的活动配置。基于结构观点，Adner（2017）认为生态系统是"由需要相互作用以实现重点价值主张的多边伙伴组合的结盟结构所定义的"。从属关系观点强调生态系统中主体之间的作用关系，结构观点强调生态系统内由于共同价值主张所形成的关系结构。生态系统中的从属关系并不会一成不变，结构观点更容易从动态视角考察生态系统的演变（赵天一等，2023）。如此可以将平台生态视为"以平台为核心形成的包含众多主体，且主体之间相互依存、相互作用形成的动态结构"。平台生态不仅是商业生态、产业生态，还是创新生态（周冬梅等，2024）。

第二节　平台生态的价值网络分析

一、多元主体交互结构

（一）价值网络结构拓扑图

根据数据采集情况，本书拟选择 11 家广东省平台企业为样本，分析平台对人工智能创新涌现的影响。[①] 对比平台网络和总网络的拓扑结构图我们可以发现，两个网络具有相同的结构特征，即以少数几个平台企业为核心，形成集聚结构（见图 13-1）。

---

① 11 家样本平台分别是华为、腾讯、中国平安、佳都科技、云从科技、云洲智能、金域医学、广电运通、大疆创新、格力电器、美的集团。

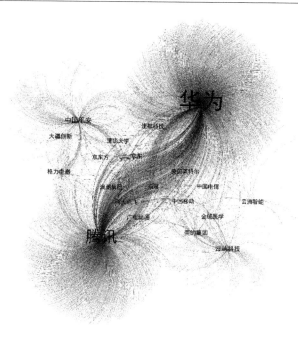

图 13-1　平台网络拓扑结构

资料来源：笔者自制。

由表 13-1 可以发现平台网络对于总网络的重要性。相对于 603 家样本企业形成的总网络，仅有 11 家平台企业的平台网络拥有的节点数占总网络的62.63%、拥有的边数占总网络的 56.85%。政府对平台的支持明显高于对其他类型企业的支持。平台既是技术研发的核心力量，也是技术扩散的主要推动者，对人工智能创新演进十分重要。

表 13-1　平台网络和总网络相关技术合作对比

指标	平台网络技术合作数（项）	总网络技术合作数（项）	平台网络占比（%）
总节点数	6110	9755	62.63
总边数	12770	22462	56.85
高校和科研院所	1296	2299	56.37
政府	1711	2379	71.92
融合产业部门	5944	9965	59.65

资料来源：笔者自制。

（二）关系数据统计分析

如图 13-2 所示，技术合作来源属性类别 TOP5 分别是企业、政府、高校、科研院所、医院，技术合作数分别为 9041 项、1711 项、874 项、422 项、214 项，占比分别是 70.80%、13.40%、6.84%、3.30%、1.68%。技术输入来源属性类别 TOP5 分别是企业、高校、科研院所、产业联盟、医院，技术输入数分别为 1847 项、327 项、172 项、36 项、22 项，占比分别是 75.67%、13.40%、7.05%、1.47%、0.90%。平台生态来自高校和科研院所的技术输入比重较大。

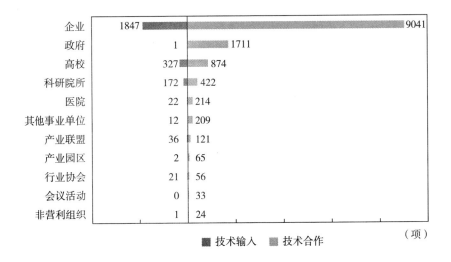

图 13-2　平台生态技术合作的属性分布

资料来源：笔者自制。

平台网络度数中心度 TOP20 关系节点与总网络的十分相似，包含以清华大学、中国科学院、复旦大学、上海交通大学、北京大学为代表的高校和科研院所，以美国英特尔公司、美国高通公司等为代表的人工智能创新企业，以中国联通、中国电信、中国移动为代表的人工智能应用企业（见表 13-2）。人工智能的发展深度依赖基础研究，一些核心技术需要美国提供支持，这一点需要我们特别警醒。虽然中国可以在一定程度上依托广泛的应用场景在人工智能应用领域获得较大发展，但是基础研究不足会严重限制中国人工智能产业的发展质量。

表 13-2　平台网络度数中心度 TOP20 关系节点

节点名称	度	入度	出度	节点企业所在城市	一级分类
清华大学	43	24	19	北京市	AI 院所

续表

节点名称	度	入度	出度	节点企业所在城市	一级分类
中国联通	39	21	18	北京市	AI 应用企业
美国英特尔公司	39	17	22	圣克拉拉市	AI 核心企业
中国电信	33	19	14	北京市	AI 应用企业
百度公司	30	13	17	北京市	AI 平台
中国移动	30	17	13	北京市	AI 应用企业
京东公司	29	17	12	北京市	AI 平台
科大讯飞	26	10	16	合肥市	AI 平台
小米公司	25	16	9	北京市	AI 平台
美国高通公司	24	10	14	圣迭戈市	AI 核心企业
美国微软公司	23	13	10	雷德蒙德市	AI 平台
东华软件	23	16	7	北京市	融合产业部门
复旦大学	21	12	9	上海市	AI 院所
上海交通大学	20	11	9	上海市	AI 院所
中国科学院	19	10	9	北京市	AI 院所
深圳市政府	18	15	3	深圳市	其他
永洪商智	18	12	6	北京市	AI 应用企业
中国银行	18	18	0	北京市	融合产业部门
长安汽车	17	17	0	重庆市	融合产业部门
北京大学	16	10	6	北京市	AI 院所

资料来源：笔者自制。

二、价值网络演化分析

从网络结构演变而言，平台网络和总网络的演变特征高度相似，再次印证了人工智能创新网络的无标度特性。对比总网络、平台网络可以发现量变对于质变的重要影响。总网络于 2015 年开始进入质变与量变的交互过程，平台网络晚一年才进入这个过程。从网络效率而言，平台网络>总网络>核心核心网络>核心融合网络。平台网络在推动整个网络涌现发展过程中发挥了主导作用。平台网络同配系数的绝对值高于总网络同配系数的绝对值，主要是因为平台网络中形成以各平台为核心的网络结构，平台之间的网络连接较少，与平台建立连接的节点往往是比较小的节点，大多是技术赋能产生的节点。平台网络历年指标如表 13-3 所示。

表 13-3　平台网络历年指标

年份	节点数	边数	平均度	平均路径长度	网络直径	平均聚类系数	同配系数	模块化	网络效率
2010	65	79	1.215	1.863	2	0	−0.63661	0.437	0.293
2011	75	90	1.200	1.883	3	0	−0.61862	0.501	0.267
2012	77	93	1.208	1.891	3	0	−0.62753	0.499	0.266
2013	98	119	1.214	1.914	3	0	−0.64652	0.485	0.271
2014	142	182	1.282	2.678	5	0	−0.62817	0.456	0.369
2015	281	356	1.267	2.623	6	0	−0.62778	0.592	0.36
2016	470	591	1.257	3.241	8	0	−0.60919	0.576	0.384
2017	818	1140	1.394	3.099	6	0.00429	−0.708	0.558	0.394
2018	1510	2261	1.497	2.957	6	0.00997	−0.66009	0.563	0.399
2019	2615	4101	1.568	2.735	6	0.01831	−0.6495	0.539	0.407
2020	4928	10096	2.049	2.505	6	0.08649	−0.72059	0.469	0.42
2021	6110	12770	2.09	2.517	5	0.09251	−0.68642	0.462	0.42

资料来源：笔者自制。

　　对比图 10-34 和图 13-3 可以发现，2019 年平台网络中核心融合网络的增长要明显快于核心核心网络，侧面说明平台是技术扩散的核心力量，是人工智能创新涌现的核心推动力。图 13-4 表明，平台对于人工智能技术扩散的作用、在基础研究领域的作用均呈现增强趋势，其是人工智能创新系统的核心。

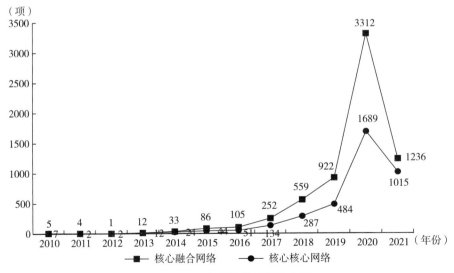

图 13-3　平台网络的两部门交互

资料来源：笔者自制。

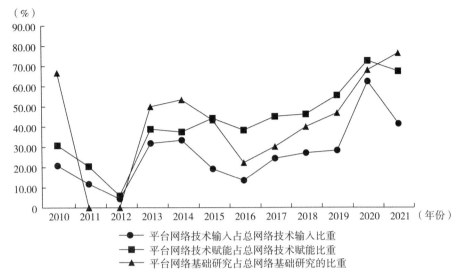

图 13-4　平台网络和总网络在技术输入、技术赋能和基础研究上的对比

资料来源：笔者自制。

分别对比图 10-22 和图 13-5、图 10-15 和图 13-6 可以发现，无论在技术深度、技术广度还是在网络结构熵方面，平台网络的指标均与总网络保持高度一致，再次印证了平台在人工智能创新涌现过程中的核心作用。

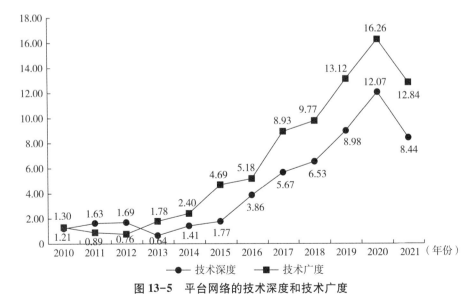

图 13-5　平台网络的技术深度和技术广度

资料来源：笔者自制。

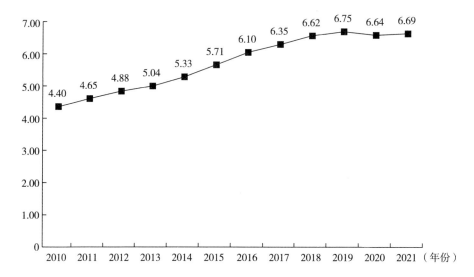

图13-6　平台网络的网络结构熵演变

资料来源：笔者自制。

三、产业生态和技术生态

平台的产业生态结构（见图13-7）与整体（见图10-24）相比具有一定差异，"应用研究—产业应用—应用研究"的产业生态结构明显优于其他四种，表明平台生态拥有更强的需求主导的创新倾向。从占比方面看，对于整体（见图10-25）而言，"应用研究—应用研究—应用研究"的占比更高，表明从科学研究到技术转化整体而言更为重要。相比之下，自2017年起，平台的"应用研究+产业应用+应用研究"占比较高（见图13-8）。原因可能在于，平台本身拥有更强的基础研究和应用研究能力，其无须更多地借助于外界的帮助实现技术转化，反而应用场景需求更能驱动其持续创新。

平台的技术生态发展（见图13-9）相比于整体（见图10-26）而言更为快速，技术生态结构没有表现出明显差异（见图10-29、图13-10）。平台依据其现有优势，技术扩张更快，以大数据与云计算、先进通信技术、物联网为基础，与包括计算机视觉、语音识别、自然语言处理等在内的人工智能核心技术相互作用，共同构成高度复杂的技术生态结构。

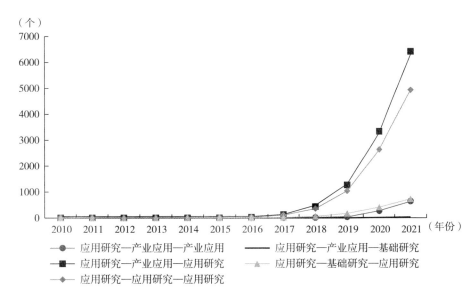

图 13-7　平台的产业生态结构演变（数量）

资料来源：笔者自制。

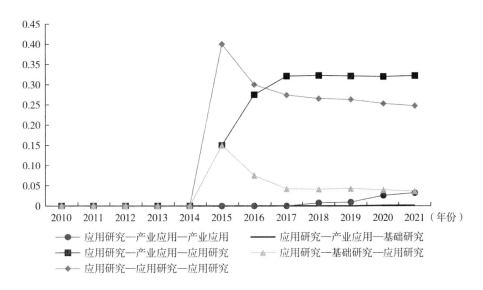

图 13-8　平台的产业生态结构演变（比重）

资料来源：笔者自制。

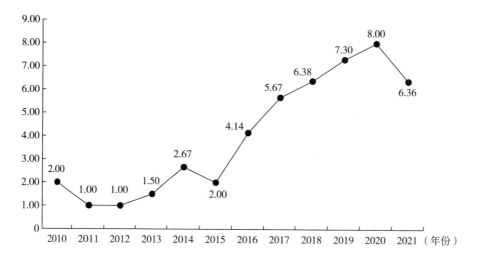

图 13-9　平台的技术生态演变

注：技术生态的计算方式和技术深度的类似，但有所不同。技术生态可以采用存量计算方法，即计算累积技术合作所涉及的技术类别种类。本书采用流量计算方式计算年度新增技术合作所涉及的技术类别种类，主要是因为这种计算方式更明显体现了企业当前的技术生态特征。

资料来源：笔者自制。

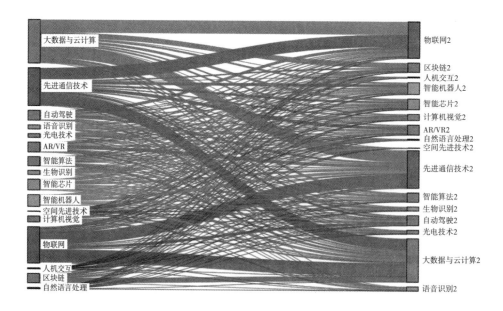

图 13-10　平台的技术生态结构

注：图左右两边的技术类型是一致的，即物联网 2 和物联网是一种技术，此处是为了作图需要。

资料来源：笔者自制。

第三节　平台生态推动下的人工智能创新涌现机制研究

一、人工智能通用化下平台技术的发展

（一）平台技术的形成和发展

平台技术的形成和发展可以归结为以下四个因素：一是算力的快速提升。算力的提升主要表现为超级计算机算力的提升。算力已经逐渐成为一个国家的战略力量，具有较强的公共属性。2019 年世界最快的超算系统是美国橡树岭国家实验室的 Summit 系统，每秒可进行 14.86 亿亿次的浮点运算。2022 年世界最快的超算系统是美国橡树岭国家实验室的 Frontier 系统，每秒可进行 150 亿亿次的浮点运算。三年时间，算力提高超 9 倍。二是数据的广泛积累。自 2015 年以来全球数据量每年增长 25%，50% 的数据源自边缘端。2025 年，全球数据预计达到 175ZB，相当于 65 亿年时长的高清视频内容。三是研究推动的算法突破。自 2006 年深度学习被提出以来，联邦学习、边缘学习、卷积神经网络、循环神经网络、图神经网络等众多算法被提出。麻省理工学院（MIT）的研究者在对比 130 余种算法的基础上发现算法对于计算速度的提升可能比硬件的提升更有效。[①] 四是应用推动的技术融合及复杂化。人工智能在各个产业领域的技术扩散过程中越来越需要提升人工智能技术的集成性和通用性。

平台技术是人工智能创新演进过程中不断吸收互补性资产并由专用智能逐渐向通用智能发展的产物，有力提升了人工智能处理不同应用领域问题的能力。单项技术在满足应用领域的需求时往往面临较高的失误率，需要其他技术进行信息的交互验证。例如，在进行人脸识别时，单纯的图片识别技术可能容易将图片判断为真实的人，需要集合红外技术、动态捕捉（摇摇头、眨眨眼）等进行更精确的识别。又如，在语音识别领域，单纯依赖对于语音的识别技术进行语音转文字，往往转换出的文字不太通顺，这时候就需要借助自然语言处理技术，根据识别出的文字所想要表达的含义进行多次修正，进而呈现更为精确的内容。同样地，在文字识别领域也存在这种技术融合。应用需求的不断细化是技术融合的核心推动力。在安防领域，画面和声音的同步识别监测能够更为精确地发现安全隐

---

① MIT News. How quickly do algorithms improve? ［EB/OL］. （2021-09-20）［2023-02-03］. https：//news. mit. edu/2021/how-quickly-do-algorithms-improve-0920.

患，及时提出预警，这种技术的应用能够预防弱势群体所面临的安全风险。

（二）典型案例分析

1. 大模型

大模型是一种典型的平台技术。大模型是集合多种人工智能技术并在海量数据训练的基础上形成的能够在多个领域进行拓展应用的平台型技术。AI 大模型即基础模型（Foundation Model），指通过在大规模宽泛的数据上进行训练后能适应一系列下游任务的模型，是人工智能迈向通用智能的里程碑技术。AI 大模型的"大规模"和"预训练"属性，决定了其具有能力泛化、技术融合、应用支撑三大核心作用。能力泛化方面，AI 大模型基于海量通用数据的预训练，具备多种基础能力，可结合多种垂直行业和业务场景需求进行模型微调和应用适配，能够在更广泛的产业领域获得应用。在技术融合方面，AI 大模型通过有效集成自然语言处理、计算机视觉、智能语音、知识图谱等多项技术，在性能上可实现"1+1>2"的效果。在应用支撑方面，AI 大模型已成为上层应用的技术底座，能够有效支撑智能终端、系统、平台等产品应用落地，可解决传统 AI 应用过程中存在的壁垒多、部署难问题。[①] AI 大模型正从支持图片、图像、文本、语音等单一模态下的单一任务逐渐发展为支持多种模态下多任务的通用人工智能。

AI 大模型是人工智能领域技术竞争的焦点，国内外领先企业均有所布局。国外方面，Google 于 2018 年提出 BERT 模型，掀起了预训练模型的研究热潮；微软支持的 OpenAI 于 2020 年提出首个千亿级的 GPT-3 模型，将模型规模推向新的高度；2022 年 11 月，OpenAI 推出面向商业领域的大模型 ChatGPT。国内方面，华为于 2021 年发布首个中文千亿级的盘古大模型，进一步增强了中文大模型研究影响力；中国科学院自动化研究所于 2021 年提出首个三模态的紫东·太初大模型，预示着 AI 大模型进一步走向通用场景；百度于 2022 年发布 10 个产业级知识增强的 ERNIE 模型，全面涵盖基础大模型、任务大模型、行业大模型。

大模型是多种技术高度融合的产物，包含了计算机视觉、自然语言处理、语音识别、知识图谱等多项人工智能核心技术，能够在广泛的领域进行应用，极大地提高了人工智能技术扩散水平，推动人工智能技术成熟度的跨越式进步。由 OPENAI 研发的 ChatGPT 大模型一经开源，即引发了在全球使用的狂潮。从 2022 年 11 月 30 日发布至 2023 年 1 月 31 日，ChatGPT 月活用户已经突破 1 亿，成为史上用户增长速度最快的消费级应用程序[②]。ChatGPT 带来的影响是深刻而

---

① AI 大模型：以"大规模预训练+微调"范式满足多元化需求［EB/OL］.（2022-06-16）［2023-02-04］. https：//baijiahao. baidu. com/s？id=1735770739273944604&wfr=spider&for=pc.

② 5 天注册用户超 100 万 ChatGPT 让谷歌百度坐不住了［EB/OL］.（2023-02-07）［2023-02-07］. https：//baijiahao. baidu. com/s？id=1757139070445438265&wfr=spider&for=pc.

广泛的，表明专用人工智能已经开始转向通用人工智能。

专用人工智能指在某个领域实现智能化的技术，如人脸识别、文字识别等。通用人工智能指具有类似于人类智慧，可以执行人类能够执行的任何智力任务的机器智能。通用人工智能的实现并不意味着其可以在任何领域应用自如，它依然离不开专用资产的补充或对专用数据的学习，正如人类在进行某个专业领域的劳动前需要对该领域的专用知识进行学习一样。相比于专用人工智能，通用人工智能的技术扩张能力将迅速提高，同时其对专业领域数据的学习能力和专用资产的融合能力将大幅提高，这将有力促进劳动分工和市场规模扩大，推动人工智能创新涌现。

2. 智能芯片

芯片技术是 21 世纪以来推动人类社会进步的关键技术之一（戚聿东、徐凯歌，2021）。智能芯片相对于传统芯片而言集成了相关人工智能技术，能够在工作过程中进行优化，是人工智能技术应用的重要载体。广义上，智能芯片指面向人工智能领域的各类芯片。狭义上，智能芯片包含四类：GPU、ASIC、FPGA、类脑芯片。① 目前，智能芯片主要朝着专用方向发展，如指纹识别芯片、智能语音芯片、计算机视觉芯片等，具有较强通用能力的智能芯片还不成熟。

在现代经济体系中，芯片行业占据了重要地位。无论是智能手机还是智能机器人，采用人工智能技术的应用都是通过集成相关芯片而实现功能的。智能芯片技术的发展和大模型的发展具有类似的作用，即快速提升人工智能的技术成熟度和降低人工智能技术的应用门槛。人工智能技术通过智能芯片首先被广泛应用到智能手机领域，如人脸识别、语音识别、指纹识别等。从某种意义上讲，芯片是人工智能赖以进步的数据、算法和算力的集成。通过芯片，应用端能够在一定程度上通过数据的积累获得人工智能应用的优化与改善。随着芯片能力的进一步发展，这种改善空间会越来越大，同时在 5G 等先进通信技术、云计算等的支持下，人工智能可以在边缘端进行迭代，而不需要在中心端重新训练后再进行部署，提升了人工智能产业应用效率。智能芯片推动人工智能在众多产业领域应用（Jiang et al.，2023）。

智能芯片是具有高度可拓展性的集成技术，但局限于移动算力，目前智能芯片还没有表现出对人工智能快速发展的巨大作用。智能芯片和大模型的结合可能带来人工智能发展的巨大变革。随着终端算力的提升和通信技术的进步，智能芯

---

① 广东省人工智能产业协会.《2022 中国人工智能芯片行业研究报告》［EB/OL］.（2022－07－14）［2023－03－25］. https：//mp. weixin. qq. com/s？_biz = MzUxMTQ0MjU2OQ = = &mid = 2247493550&idx = 1&sn = f0a2465e1f62636af7964f45a7b88b30&chksm = f9710c48ce06855e708ca4281137e844392ac4dce94c8db04cf4341a5bba9b1407201b7ec9e7&scene = 27.

片可能通过进一步加强其集成性而提升综合分析和处理问题的能力。智能芯片可能与大模型相融合产生真正意义上的"机器大脑",进而全面提升人工智能在广泛产业领域的应用能力。中美之间技术竞争的核心领域之一即是芯片领域(薛澜等,2022)。大模型的出现预示着人工智能创新可能逐步走向垄断,在目前阶段个体开发者乃至中小企业都难以承担大模型的开发任务,而智能芯片的技术突破可能带来创新方式的变化,进而推动更广泛的群体参与到人工智能创新之中。

二、平台生态推动人工智能创新涌现的机制分析

(一)平台生态是人工智能创新涌现的结果,同时推动涌现进一步发展

平台生态是人工智能创新演进形成的阶段创新涌现的结果。生态是多元主体之间相互作用形成的整体依存结构。随着人工智能技术的演进,平台本身的技术在不断发生变化,从单一技术逐渐转向多元技术,通过技术融合形成技术生态。平台生态是在人工智能与实体经济融合过程中,多元创新主体不断向平台集聚,并围绕平台形成的一种生态结构。在这个过程中,平台技术的形成和发展为推动人工智能创新涌现提供了重要推动力。

平台技术是平台生态的核心,是平台对外赋能的基础,是技术大融合的结果。平台技术改变了单类人工智能技术在进行产业应用时的技术困境,使人工智能技术能够更容易应对产业应用时出现的复杂情况。平台技术通过降低人工智能技术在应用时二次开发的门槛和难度,使广泛的劳动分工得以实现,在提升人工智能通用能力的基础上,进一步提升其专用能力。平台技术的发展是人工智能技术成熟度提高的集中表现,有力推动创新涌现的持续。2022 年 11 月底,美国 OpenAI 推出的 ChatGPT 在全球范围内引起的应用和讨论风潮便是平台技术广泛影响的明证。作为通用目的技术的人工智能在应用过程中会自然推动其创新发展。

多数涌现并不会直接表现为全局的涌现结构,尤其是动态涌现,往往首先表现为某个局部的涌现特征。平台生态作为人工智能创新生态系统的核心组成,凭借其市场地位能够率先通过自身的内部演化形成涌现结构,进而通过提升人工智能技术成熟度,在市场竞争推动下向系统全局扩散。

(二)平台生态通过加强复杂反馈结构推动创新涌现

平台经济是第四次工业革命经济体系中极为重要的一部分(刘刚,2021)。在人工智能创新涌现的三层复杂反馈结构中,平台生态发挥着重要作用。平台生态以其深厚的技术能力和广泛的市场能力推动技术层、产业层和市场层等反馈结构的形成和发展。

在技术层方面,平台的基础研究能力更强,能够形成更强的以内部研究正反

馈为基础的基础研究和应用研究之间的正反馈效应。基础研究推动技术复杂化，形成以智能芯片、大模型、操作系统、云计算等为代表的平台技术，降低人工智能技术扩散门槛，提升易用性和采用效率，进而以平台品牌为依托、以平台前期积累的市场优势为基础，产生群体协同，引发应用领域的爆发式增长。对于新技术的开发和利用，平台型企业是较有意愿的一个群体。人工智能的通用技术属性有利于平台企业利用自身的现有市场优势巩固技术和增强市场地位，同时通过提升现有业务的服务效率增强市场竞争力。平台企业涉及的商业领域一般比较广泛，为人工智能技术的应用提供了良好的产业基础。基础研究作为人工智能创新演进的核心动力，能够获得平台企业的大力支持，进而推动基础研究和应用研究之间正反馈的形成。以华为为代表的平台企业是人工智能领域基础研究的重要支持者。不同于整体结构的基础研究和应用研究之间的正反馈，平台生态的基础研究和应用研究之间的正反馈可能包含三种类型反馈，即内部基础研究和内部应用研究之间的正反馈（以下简称"内部研究正反馈"）、内部基础研究和外部应用研究之间的正反馈、外部基础研究和内部应用研究之间的正反馈，同时可能包含两类协同，即内部基础研究和外部基础研究之间的协同、内部应用研究和外部应用研究之间的协同。内部研究正反馈是平台生态基础研究和应用研究之间正反馈的核心动力。平台具有开展基础研究的动力和实力，基础研究能够为平台广泛的商业领域提供坚实的技术创新基础。因为是在平台内部进行的反馈过程，所以内部基础研究和内部应用研究具有资源聚合、快速反馈的优势，能够推动人工智能技术的快速迭代。外部基础研究和内部应用研究之间的正反馈是平台技术扩张的动力，是内部研究正反馈的有力补充。内部基础研究和外部应用研究之间的正反馈是平台生态基础研究和应用研究之间正反馈的重要基础。外部应用研究相比于内部应用研究具有广泛性、异质性等特点，能够为人工智能技术的演进提供更多、更异质的反馈，是平台生态化形成的基础。很多人工智能创新企业往往依托于某个平台的平台技术进行二次开发，为平台生态的演化提供反馈动力。外部基础研究能够有力补充内部基础研究的不足，从而为应用研究提供更为广泛的基础（Higón，2016）。华为在自建"2012实验室"基础研究体系的同时，深度参与鹏城实验室的建设，通过与其他研究机构的深度合作拓展自身的基础研究能力。平台与应用型人工智能创新企业的合作不仅是对后者的技术赋能，还可能通过来自后者的反馈与内部应用研究实现协同，加快人工智能的创新演进。

在技术创新和技术应用层次的产业层反馈结构中，平台拥有更强的内在技术创新驱动和以更为广泛的客户和合作伙伴为基础形成的平台生态，驱动形成更高效率的反馈结构。得益于平台企业广泛的商业布局，技术创新和技术应用之间的正反馈能够更容易形成。例如，华为的智能手机业务为其智能芯片技术的发展提供了强有力的商业支持，当其智能芯片获得较大发展之后又成为其智能手机的核心竞争力。这种相互作用、相互推动的反馈效应还反映在鸿蒙系统、物联网技术等领域。尤其在开源体系的推动下，以广泛开发者为代表的开源应用者能够增强技术创新和技术应用之间的正反馈效应。赋能广泛的产业领域是平台生态化的关键过程。全栈式全场景的 AI 技术能力为华为提供广泛赋能产业领域的可能，成为平台涌现的基础。芯片、算法、算力、数据存储、信息传输等多项技术之间的协同和融合极大提高了人工智能应对复杂应用环境的能力。硬件为主、软硬结合的基础软硬件平台是华为平台生态的基石。2019 年 8 月 29 日，科技部在 2019 世界人工智能大会上宣布，将依托华为建设基础软硬件国家新一代人工智能开放创新平台，面向各行业、初创公司、高校和科研机构等 AI 应用与研究，以云服务和产品软硬件组合的方式，提供全流程、普惠的基础平台类服务。① 基础软硬件平台是人工智能的基础技术和通用技术，众多行业的人工智能发展都必须高度依赖基础软硬件平台。

在技术进步、劳动分工、市场规模这个市场层正反馈结构中，技术进步推动的大模型、智能芯片等平台技术的发展会引领细分领域市场的爆发式应用，进而推动一系列细分市场创业活动的产生，即劳动分工的细化。大模型分为通用大模型和专用大模型，前者如华为以深圳鹏城云脑 Ⅱ 为基础孵化出的"鹏程·盘古"大模型和与中国科学院自动化研究所联合研发的"紫东·太初"大模型，后者如华为面向生物医学行业推出的"鹏程·神农"大模型。大模型的专用性表现为在泛专业领域拥有更好的应用效果，如 ChatGPT 主要在文本内容的处理方面具有较强能力，并不是在所有领域是通用的。智能芯片是未来人工智能技术应用的核心载体之一，其技术集成性会不断提高。目前智能芯片主要受限于终端算力不足、单位空间耗能较大等因素而无法承载具有较高算力需求的高度融合的复杂技术，随着新材料、量子计算、脑科学等基础研究所带来的技术突破，一系列瓶颈得到突破之后，人工智能将会进一步获得爆发式增长。细分领域市场的专用资产持续补充平台技术，不断深化通用资产和专用资产的融合，推动人工智能技术演进。

技术多元化是平台发展的重要体现。从华为的技术发展历程来看，前期以通信技术为核心向芯片技术、计算机视觉技术、多媒体技术等领域拓展的发展模式逐渐转变为以先进通信技术体系、人工智能核心技术体系、芯片技术体系、物联网技术体系等为基础的泛信息通信技术体系发展模式，表现出高度的技术集成性和复杂性。多技术体系之间的协同能够增强正反馈效应。平台内部多技术体系之

---

① 中国日报网．独特基础软硬件优势，华为入选国家 AI 开放创新平台［EB/OL］．（2019－09－02）［2023－03－25］．https：//baijiahao．baidu．com/s？id＝1643532703251004033&wfr＝spider&for＝pc．

间的协同会进一步提升这种增强效应。

在平台的统一管理下，多技术体系需要为共同的价值目标努力，这无疑会提高技术体系之间的协同能力。芯片技术的进步能够为人工智能技术服务提供更好的市场体验，进而促进人工智能的技术扩散。物联网技术的进步为人工智能在更广泛场景的应用提供基础。平台生态内无论哪一种技术体系得到增强，均能够通过协同效应提高其他技术体系所能够获得的市场价值，从而实现整体反馈激励的提升。

（三）平台生态作为创新资源的优化配置方式为创新系统提供持续扰动

复杂系统偏离初始平衡态向新的平衡态发展的过程，需要大量持续的能量扰动。本书前述章节阐释了政府对于系统扰动的重要性，然而单纯依赖政府的力量并不足以形成持续的创新涌现。作为以市场力量为核心配置资源方式的平台生态，是持续推动系统扰动的核心力量。平台生态的形成和发展，背后往往有各级政府的努力（参考附录 C、附录 D 所列举的各类人工智能开放创新平台的建设），平台本身是人工智能推动的、市场发展的产物。平台生态汇集了政府、高校、科研院所、应用企业、开发者等众多高度异质的创新主体，构建了创新资源开放流动、交互融合的生态环境，为创新资源的高效流动重组提供了条件。创新资源的广泛聚集和自由流动是创新的重要基础。正如优先连接所揭示的度数越高的节点越容易形成连接，平台本身拥有大量的创新资源，更易于吸引创新资源向平台流动以获取价值创造。异质创新资源大量流动和重组形成的创新冲击推动创新系统持续扰动。平台作为一种资源聚合和流动的方式，为技术、数据、知识等的再造提供了良好的环境。

（四）共建共享、价值共创的开放生态结构推动平台生态涌现式发展

生态系统的形成和发展建立在能够对系统主体实现普惠的共同价值创造基础上（依绍华、梁威，2023），包括开源体系的开放生态结构为群体协同建立基础，以技术大集成、大融合形成的大模型和智能芯片推动人工智能易用性的提高，以无投入小改善、小投入大改善的场景应用效果推动应用主体的大量涌入。如前所述，应用领域的拓展不仅带来被赋能企业经济效益的提高，还通过各种反馈为赋能企业带来技术进步的可能。这种正反馈在平台生态中更为普遍，且更为稳定有效。

技术流动伴随的是知识流动，创新来源于知识重组。大量异质行业通过平台汇集流动，各种行业专用资产、隐性知识能够互通，提升了通过重组实现创新的可能。平台生态是一种数据生态，通过集聚不同类型的数据实现信息的生产和利用，进而推动平台实现自身的演化。每个行业或者单个企业的数据并不具有创新潜力，而大量不同行业、不同企业的数据之间的映照是创造数据价值的重要路

径，正如人的学习往往依赖于对比，人工智能的学习亦是如此。

作为共同价值创造引导的、主体之间相互作用的生态结构，平台生态以"共创共享"的开放创新理念推动生态结构演化。如前所述，群体协同的产生依托于共同信念或者共同预期。作为市场主导者的平台，在不完全信息条件下，平台形成这个事件本身就是一种信息，这种信息提升了其他市场主体选择与平台合作时的乐观预期。平台的开源政策降低了市场主体对使用新技术的风险顾虑，平台的技术协同能力使得使用新技术的风险进一步降低，或者能够从平台的其他技术能力上获得补偿。

对于人工智能技术而言，生态化是其创新演进的关键。生态化不仅有大量创新者，还有大量应用者，系统内部是动态变化的。平台生态化的关键在于形成大量的应用者。从技术扩散角度而言，这些应用者作为平台的从属，为平台提供反馈，同时从平台处获取创新。从生态结构而言，这些应用者与平台共同形成了关于人工智能创新的生态结构。这种结构在正反馈作用下向市场释放了积极的信号，无论是收益提高、效率提升还是成本降低，都将导致群体协同的产生，继而推动创新涌现。

本章小结

第四次工业革命推动了平台的发展，形成了以人工智能技术为基础的开放创新生态系统主导下的平台生态。平台是一种双向交流机制，构建了技术和市场之间的反馈结构。以华为为代表的平台生态，在基础研究推动的技术复杂化进程中，通过技术融合或技术集成形成大量具有高度通用性的平台技术。平台技术降低了人工智能介入各应用领域的门槛，提升了应用效率，增强了传统企业参与人工智能创新的趋向，推动形成群体协同，进而加快创新涌现。

平台作为一种创新资源的配置方式，提升了来自技术创新和技术应用的通用资产及专用资产的配置效率，加快了人工智能的商业化步伐。平台作为一种新型商业形态，开放开源为其积累了大量潜在创新资源。平台以更为庞大的规模、更为复杂的结构推动自身生态化，形成了高度复杂多元的创新生态，成为推动人工智能创新涌现的核心力量。

第六部分

总结

第十四章　人工智能的复杂创新

第一节　自组织创新

一、正反馈和群体协同

作为通用目的技术，人工智能是第四次工业革命的引擎，具有应用领域广泛、能够持续改进和引发互补性创新等重要特征（Bresnahan and Trajtenberg，1995）。人工智能与实体经济深度融合，将激发历次工业革命累积的生产力潜力，催生新产品、新模式、新业态等一系列创新涌现，推动经济社会快速发展。人工智能创新涌现可以理解为围绕人工智能的一系列创新活动和创新成果的非线性变化，是开放环境下多元创新主体的复杂交互作用推动形成的宏观现象，与其通用目的技术属性高度相关。互补性创新推动人工智能持续改进，人工智能技术进步推动在更广泛应用领域的技术扩散，技术扩散催生大量互补性创新。如此推动形成正反馈，成为人工智能创新涌现的重要基础。

人工智能自组织创新形成的内在动力，主要有两个方面：正反馈和群体协同。正反馈是复杂系统形成自组织的基础（Nosil et al.，2017）。第一，正反馈是系统从初始平衡态转向动态非线性发展的重要驱动力。人工智能技术进步给系统带来了积极的变化，融合产业部门能够以更低的成本使用人工智能提升自身经营效益。更多个体的参与丰富了创新资源，进一步推动人工智能技术进步。第二，正反馈促使创新过程产生路径依赖，始终围绕人工智能展开（Mercure et al.，2016）。正反馈使人工智能在众多技术竞争中始终保持优势地位，创新过程围绕人工智能有序向前发展。第三，正反馈推动创新资源交互流动，提升创新资源配置效率。正反馈主要是将人工智能与实体经济融合产生的互补性创新及时反馈至人工智能创新端，加快人工智能技术进步。群体协同是形成自组织创新的重要原因（Corning，2012）。自组织是由个体自发行为形成的一种宏观组织现象。协同往往表现为有限尺度内个体之间的相互作用。系统内的子组件（子系统）之间同样会产生如同有限范围内个体之间的相互作用形成的协同。

在自组织创新过程中，创新扩散形成的正反馈环路发挥了重要作用。20世纪60年代人工智能发展初期，并没有观察到这种大规模的自组织创新活动，根本原因可能在于创新扩散的正反馈环路尚未形成，人工智能还未表现出应有的通用目的技术特征。创新者参与人工智能创新并不能获得相应回报，进而强化这种创新行为。在创新过程中路径依赖是一种规制性力量，创新者一旦介入人工智能创新，不断递增的创新回报会将创新者锁定在该创新道路上。当创新扩散规模足够庞大时，规模报酬递增的优势就显现出来了。

复杂反馈结构是人工智能创新涌现的核心。通过复杂网络仿真模型，本书揭示了在反馈结构下无论初始条件如何，系统最终都会走向涌现。复杂反馈结构包括三个层次：一是技术层，基础研究和应用研究的交互反馈；二是产业层，技术创新和技术应用的反馈循环；三是市场层，技术进步、劳动分工和市场规模之间的相互作用。技术层反馈是基础研究和应用研究之间的交互作用，是复杂反馈结构的基础。科学和技术的深度融合推动基础研究和应用研究加强联系，两者之间的边界在不断消融。基础研究和应用研究相互促进，共同推动人工智能技术进步。产业层反馈是技术创新端和技术应用端之间的交互，是复杂反馈结构的核心。人工智能与产业领域的融合，是技术创新和技术应用的交互过程。人工智能在产业应用过程中会产生大量的互补性创新，这些互补性创新反馈到技术创新端并作为一种创新资源参与人工智能的技术创新过程，能够提升人工智能技术在应用领域的应用能力，同时推动其他技术参与人工智能的创新过程，引发技术多元化和复杂化。人工智能技术进步促进人工智能在更广泛产业领域的应用，进一步引发更多的互补性创新。市场层反馈是技术进步、劳动分工和市场规模之间的相互作用。劳动分工是人工智能技术进步推动的技术细分和技术多元所引起的针对细分市场进行技术创新的分工方式。市场规模是实现劳动分工的基础，技术进步推动市场规模扩大。三个层次反馈之间构成反馈循环、相互作用，共同推动人工智能创新走向涌现。

二、多元创新主体的交互

多元创新主体的复杂交互作用是人工智能创新涌现的核心动力。无论是复杂网络仿真模型还是系统动力学仿真模型，均表明了多元创新主体之间交互作用的重要性，即使简单规则也能够推动形成涌现。多元创新主体之间的复杂交互推动了异质创新资源流动、交换和重组，产生更多的创新资源。创新资源的流动提升了系统中个体的创新能力和适应能力，同时提升了其市场竞争力。在市场竞争环境下，越来越多的企业主动或被动参与到人工智能的创新活动中，丰富和发展了人工智能创新生态系统。

如前所述，市场力量是推动自组织创新的核心。个体面临环境变化会不断调整自身的行为策略，而不同个体在面临环境变化时趋利避害的选择总体一致，继而在宏观层面能够观察到不同个体形成的组织性，即秩序性。当创新环境发生变化时，不同主体先后感受到这种变化并采取行动，后行动者跟随先行动者采取措施，正如椋鸟只需观察并跟随与自己相近的椋鸟行动，整个系统逐渐表现出秩序性。

首先，政府作为先行者推动高校和科研院所深化与企业的合作，推动人工智能技术快速进步。其次，政府作为创新扩散的对象，将人工智能应用于各个领域，加速人工智能的反馈迭代。产业政策和相关法律法规发挥引导支撑作用，向市场释放积极信号。创新主体根据环境变化调整自身创新策略。如前所述，当人工智能技术越过临界点时，报酬递增所推动的路径依赖就将越来越多的创新主体锁定在人工智能这条技术路径上，同时越来越多的创新资源汇聚并加速人工智能技术迭代。

政府是人工智能创新涌现的支撑力量。系统动力学仿真模型测度了政府在税收政策和政府购买方面对人工智能创新涌现的影响，结果表明降低人工智能创新企业的税收或增加人工智能产品和服务的政府采购对人工智能创新涌现具有正向积极作用。它的内在机理可能是，政府对人工智能创新的支持能够提升市场对人工智能的发展预期，带动大量创新资源流向人工智能创新领域，以量变促质变，推动复杂反馈结构的形成和发展。

第二节 科学和技术融合

一、科学和技术相互促进

高校和科研院所深度参与创新过程是第四次工业革命技术创新的显著特征。人工智能技术的不断发展不仅改变了创新范式，还改变了科研范式。从整个科学研究的历程来看，科学和技术之间的融合趋势越来越明显。从知识的角度来看，融合的概念可以定义为将来自不同领域或来源的知识结合起来，如科学和技术，以创造不仅包含集成价值而且包含组合知识协同效应的创新（Kogut and Zander,

1992；Curran and Leker，2011）。由于科学和技术在发明过程中的互补作用和影响，科学和技术的融合产生协同效应，导致比纯粹依赖科学或技术的过程更有影响力的创新的发展（Brooks，1994）。

科技融合对创新的积极作用表现在以下三个方面：第一，增加收敛性，提高研发效率。基于技术的研发活动包括通过使用积累的知识和经验形成规范，由于路径依赖，因此侧重于通过重组进行创新（Fleming and Sorenson，2004）。单纯依靠技术来解决问题会导致基于试验的问题解决方式产生错误，不仅耗费时间和成本，而且不能解决潜在的问题。第二，预测技术成分的特性（Fleming and Sorenson，2004）。当科学和技术在基于重组的研究和开发过程中融合时，它允许组织找到适当的解决方案，而不需要测试所有可能的组合，节省时间和资源（Brooks，1994；Nightingale，1998）。这使得焦点可以放在最好的替代方案或最有希望的研究方向上。通过明确研究领域来提高研究效率，减少资源浪费，这对于提高创新绩效具有重要意义（Gambardella，1992；Cassiman et al.，2008）。第三，推动新的解决方案产生。仅仅使用技术很难揭示问题的根本原因和解决办法，科学允许对问题的根本原因进行更深入的研究，能够通过深刻的理解而不是反复试验来解决问题（Ahuja and Katila，2004；Fleming and Sorenson，2004）。科学知识可以直接为技术问题提供解决方案，即使不提供解决方案，科学也可以提供有助于达成解决方案的洞察力（Gibbons and Johnston，1974）。这意味着科学不仅有助于重新解释技术问题，而且可以作为提供直接解决方案的信息来源。因此，科学和技术融合所产生的各种替代办法，可以通过创造新的解决问题的方法增强创新的影响。

二、战略基础研究

从前述章节我们可以了解到，高校和科研院所主导的基础研究正越来越深入地参与到人工智能创新过程中。人工智能自组织创新不仅影响应用创新端，还推动基础创新端形成新的科研范式，其中重要的特征是数据在科学研究中发挥越来越重要的作用。来源于商业实践的大规模数据和来源于实验室的专门数据结合，更有利于揭示科学研究的效果。同时，以创新扩散的商业成功持续推动相关科学研究，形成"基础研究—应用研究—市场扩散"的正反馈循环。

基础研究是人工智能创新涌现的动力源泉。系统动力学仿真模型验证了关于基础研究推动人工智能创新涌现的核心作用，结果表明增加基础研究的投入能够加速人工智能创新涌现。基础研究的增强同步促进了基础创新和应用创新。它的内在机理可能是，基础研究能够拓展应用研究的边界，通过丰富技术体系促进技术融合，推动互补性创新。

面对国际竞争压力，将有限的研究和创新资源进行整合以突破可能限制本国经济社会发展或构成技术威胁的前沿技术，成为大国谋求安全和发展的重要举措。战略基础研究通过国家力量将研究和创新资源集中起来，避免市场进行资源配置时产生的低效率和资源浪费，以期在较短的时间内获得预期创新成果。市场配置资源的有效性是通过市场主体之间长时间动态竞争形成的，在初期必然会呈现无序和低效状态。这个过程在日趋激烈的国际竞争中是后发国家不可承受的，获得先机是赢得竞争、获取进一步发展空间的重要前提。战略基础研究通过应用目的把各类研究工作协同起来，以加快获取最终的创新成果。在这个过程中，通过有效的组织加强各类研究工作之间的信息交流，不断优化配置创新资源，提高创新效率。

　　战略基础研究将不同类型知识的重组过程从无序转向有序，提高知识的重组效率。有序流动和重组能够推动创新涌现的产生。战略基础研究不仅赋予了传统基础研究的方向性，还改变了创新资源的配置方式，并通过加强不同创新主体之间的协同，促进异质创新资源之间的流动和重新配置，加强各个创新阶段之间的反馈作用，提升创新效率。

第三节　技术创新体系化

一、技术体系化

　　人工智能是一个大型复杂技术系统（Vannuccini and Prytkova，2021）。大型复杂技术系统主要表现为三个方面的特征：一是层级化。技术系统由多种技术构成，一类技术作为另一类技术发展和应用的基础。人工智能常被划分为基础层、技术层和应用层（张朝辉等，2023）。二是少数创新主体主导。大型复杂技术系统往往涉及各类创新资源的整合，需要具有强制力的领导者协调各类资源（吕铁、贺俊，2019）。三是涉及领域广泛。大型复杂技术系统涉及众多技术领域，对很多产业产生重要影响（江鸿、吕铁，2019）。

　　从前述章节可以看出技术体系化发展的明显趋势。无论是单应用领域所涉及的应用类别增加还是单技术在多应用领域的扩散，不同技术之间正加速融合。技术体系化的发展还在于越来越复杂的技术领域的发展，如自动驾驶和智能机器人。自动驾驶是多种人工智能技术融合的产物，需要物联网、智能芯片、图像识别、语音识别、遥感技术等多种技术的融合。搭载自动驾驶技术的智能网联汽车可以看作是拥有四个轮子的机器人。智能机器人尤其是无人机蜂群需要的技术更为复杂。多技术融合的平台的发展也可以看作是技术体系化的另一种例证。专注于智能语音的科大讯飞、专注于图像识别的商汤科技都将技术创新延伸到了机器人、物联网、计算机视觉或者语音交互等多个技术领域，呈现从垂直平台向综合平台发展的趋势。

二、多元技术协同创新

通用目的技术的进步并不仅仅依赖自身的创新突破，与其相关的技术体系共同进步。如果没有物联网、移动互联网、新材料等方面的技术进步，很难形成大规模的数据生态、超高的计算能力、不断优化的算法技术，那么人工智能技术进步也就无从谈起。创新扩散必然以产品的形式进行，而新技术必然需要新的产品形态，新的产品形态必然需要多种新技术的融合。一项技术产品必然包含多种技术。人工智能应用在移动终端产生智能手机，对手机的计算能力要求大幅提升，那么相应手机芯片的制程技术水平和处理能力要大幅提高。如果指纹识别和人脸识别应用在手机上，那么就要求摄像头和屏幕要足够清晰且需要感温模块。人工智能扩散过程中产生的互补性创新会推动相关技术的发展。人工智能的技术进步越来越趋向于一个复杂技术体系的发展。

第四节　平台生态

一、平台是一种组织结构

很多人工智能企业都具有平台化的发展趋势，尤其是在 ChatGPT 被推出之后，中国人工智能企业先后推出各类大模型平台，有 100 多种。平台成为人工智能技术发展的重要形态，其中 AI 开发平台是重要的平台类型。AI 开发平台是提供一整套 AI 应用开发流程支持，帮助开发者降低开发门槛，并快速集成数据处理、模型搭建和应用部署的一站式服务工具平台，包括数据标注、模型建立、模型训练、模型评估和模型部署五个基本模块。通过五个模块的搭建，使用者可以在低代码且无须担心底层基础设施运维的环境下开发 AI 应用。AI 开发平台可以大幅缩短企业部署 AI 应用的时间，帮助企业更好地应对变幻莫测的市场，同时可以提高各独立环节之间的合作效率。

平台不仅是一种商业形态，还是一种资源组织形态。从某种程度上讲，平台就是一个小市场。本书前述章节对平台生态有较为详细的阐释。平台的形成是人工智能发展的必然要求，是提升创新效率的必然路径。现阶段平台更倾向于是一种基础设施，作为各类创新资源的汇聚地和融合器。大数据是人工智能发展的重要基础。大数据的"大"不仅表现在数据规模上，还表现在数据种类和时空跨度上。知识的一个重要来源是不同事物之间的对比。只有异质数据之间的不同维度对比才能够给人工智能提供足够的经验借鉴。平台为各类数据的汇聚融合提供基础设施。

平台生态也是创新资源融合的重要场所。创新具有层级结构，只有大量的微创新汇聚融合形成新的规范，才能产生足够改变现有范式的突破性创新。平台生态为各类来自微观领域的互补性创新提供融合的通道。

二、平台生态是正反馈的重要动力

平台生态是推动人工智能创新涌现的重要驱动力。平台生态是人工智能创新演进的产物，同时推动人工智能创新进一步发展。在开源体系支持下，平台生态内部能够形成更高效率的反馈结构。首先，平台内部的基础研究和应用研究与外界的基础研究和应用研究形成协同，能够形成更有效率的技术层反馈结构。其次，平台有内在的技术创新动力和技术应用需求，驱动形成以市场需求为导向的技术创新与技术应用的产业层反馈结构。最后，平台通过技术融合形成以大模型为代表的平台技术，促进劳动分工的发展，进而引发人工智能技术在各产业中的迅速扩散，形成市场层反馈结构。平台生态内在的复杂反馈结构是人工智能创新形成涌现的重要依托。

技术生态和产业生态是人工智能创新涌现的重要表征。人工智能创新演进伴随着技术生态和产业生态的发展。技术生态是作为通用资产的人工智能技术和作为专用资产的产业专用技术不断融合形成的，通过推动人工智能通用性的提升，促进人工智能技术扩散。技术创新和技术应用的交互过程推动产业生态的形成，丰富和发展了人工智能创新的反馈结构，推动形成数据生态，进而促进人工智能创新演进。技术生态是产业生态发展的基础，产业生态推动技术生态不断丰富。技术生态和产业生态的交互作用可加快人工智能创新涌现。

第五节 开放式创新体系

一、开放式创新的进阶

人工智能创新表现出高度的开放性，主要表现在三个方面：一是创新主体。

前述章节实证表明了人工智能创新主体呈现多类别、跨领域的特点。人工智能创新主体不仅广泛分布在各产业领域的企业、高校和科研院所、政府机构，而且在新型基础设施的支持下超级个体同样是人工智能创新的重要参与者。随着开源生态的发展，个体开发者将成为人工智能创新的重要支持力量。二是时空范围。跨空间合作是人工智能创新的一个重要特征。物联网、移动互联网等虚拟技术构建的虚拟空间为创新资源提供了时空流动的通道，拓展了创新资源的可利用范围。三是技术领域。创新不仅产生于机器学习、机器人、自然语言处理等人工智能的核心技术领域，而且大数据、物联网、新材料、生物科学、系统科学等的发展也为人工智能创新提供了助力。正如本章前述内容所阐释的，人工智能创新表现出的技术体系化创新，是在更广领域范围的创新活动。

开放式创新是技术发展至今的本质要求。在技术领域方面，对于宇宙本质的探索加快了重要原创创新的产生，同时在微观物理世界和生命科学领域的研究推动基因技术等的快速发展，技术呈现融合发展态势。在应用领域方面，技术融合是实现场景落地、发挥技术价值的重要方式。无论是在研究端还是在应用端，融合已经成为创新的重要方式，跨领域的互联互通成为提升创新效率的重要途径。

开放创新生态成为继开放式创新 2.0 之后的重要发展趋向。如果说开放式创新 2.0 在于强调创新的无边界和跨组织合作，那么开放创新生态则注重创新主体之间相互作用形成的生态结构，即创新主体的相互作用持续改变着创新系统并推动创新生态系统内部的持续演化。

二、开源创新体系

开源是开放式创新体系的重要一环。开放式创新体系不仅是作为创新主体的高校和科研院所、创新企业、政府等之间构建的交互系统，而且是基于开源体系形成的广大开发者的交互网络。开源创新体系是创新扩散的重要支撑，成为推动互补性创新产生、流动和融合的重要依托。作为重要的人工智能基础技术，主流深度学习框架都是开源的，如 TensorFlow、Keras、PyTorch、Caffe、PaddlePaddle 等。众多企业和个体开发者基于开源框架开发了大量人工智能应用程序，丰富了人工智能技术生态，推动人工智能技术快速扩散。

第十五章　政策启示与研究展望

第一节　政策启示

第一，推动基础研究和应用研究深度融合。基础研究是技术创新的核心动力。加速前沿技术创新，需要推动基础研究和应用研究的深度融合，加快形成基础研究和应用研究之间的反馈循环，推动科学发现和技术创新同步提升。创新基础研究成果的商业化方式，促进基础研究与产业端对接。鼓励高校等公共研究机构加强与产业端的研究合作，形成有组织的基础研究。建立健全高校等科研单位科学成果转化机制，推动高校等科研单位深度参与产业基础技术研发。

第二，构建和发展创新端与应用端的反馈循环。推动形成以企业为主体、市场为导向的创新体系，畅通创新资源在高校、科研院所、企业之间的有序流动，构建和发展创新端与应用端的反馈循环。反馈循环关键在于以市场的力量推动创新系统形成内在发展驱动，实现创新和应用之间的螺旋上升式发展。尊重市场配置创新资源的基础作用，建立以企业需求、产业发展为核心的技术创新体系。构建和发展创新端和应用端的反馈循环，核心在于推动创新链中多元主体之间的非线性交互。

第三，建立健全技术分级体系，优化创新资源配置。形成基础技术、行业共性技术、市场竞争技术三级技术创新体系，如果以树比喻，则可分别称为根技术（基础技术）、干技术（行业共性技术）和枝技术（市场竞争技术）；一项根技术可能对应多项干技术，一项干技术也可能对应多项枝技术；枝技术直接面向产品（果实）。根技术是在多产业多领域拥有广泛影响的技术，是其他技术类型的技术底座。干技术是在某个或少数几个行业中拥有重要影响力的技术，是嵌入产业的基础技术。枝技术是直接面向产品开发的、具有市场竞争性的技术。市场竞争性表现为可通过公开市场购买直接获得（直接使用）或间接获得（低成本研发获得）。创新资源尤其是公共创新资源可以根据技术分级体系进行优化配置，公共研究部分首先需要在根技术研发上承担主要责任，其次是干技术。企业应该作为枝技术的创新主体，形成根技术、干技术和枝技术之间的创新循环，相互支持，共同促进。

第四，全面开展人工智能领域创新创业活动。复杂网络仿真模型揭示了人工智能创新企业的数量对创新涌现的影响。推动人工智能在细分领域应用的创新创业活动是一项重要举措。平台推动的人工智能通用化和专业领域人工智能创新企业推动的人工智能专用化均是推动人工智能创新涌现的核心力量。全面开展人工智能领域创新活动，主要在于激活潜在创新资源、丰富创新生态系统，推动创新资源的高效流动。

第五，促进广泛技术融合，加快通用人工智能发展。技术融合推动的技术复杂化是人工智能发展的重要特点。2022 年 12 月兴起的 ChatGPT 表明通用人工智能对经济社会发展具有巨大影响。通用人工智能表现出多种发展方式，行业通用人工智能是一个重要发展方向。中国需要利用全产业链的规模优势，推动重点行业领域通用人工智能的发展，实现通用人工智能软件服务、通用人工智能芯片的发展。多领域的技术进步是通用人工智能发展的前提。推动通用人工智能发展有利于以点带线、以线扩面式促进技术全面进步。

第六，推动平台构建开源创新体系。涌现往往发生在开放系统中，推动人工智能创新生态系统不断开放是人工智能技术发展的本质要求。开源是推动平台生态化、促进技术扩散的重要方式。生态环境的构建已经成为技术竞争的重要着力点。推动平台开源具有生态环境依赖性的技术，如操作系统、深度学习架构等。推动平台的相关技术以开源的方式面向高校、科研院所等科研单位进行教学研究使用。开源创新体系是数据、知识等创新要素的重要来源。推动开源平台建设，主要是促进各类数据资源集聚、形成数据生态，为人工智能技术进步提供支持。

第二节　研究展望

一、新型举国体制与自组织创新

新型举国体制和自组织创新是创新的两种组织方式。新型举国体制要发挥计划性、组织性作用，集中力量对重要领域的基础技术、核心技术进行攻关式创新。新型举国体制以有效市场与有为政府相结合为主要特征（蔡跃洲，2021），是在政府主导下以企业为核心、高校等公共研究机构为依托，发挥市场在创新资源配置中的决定性作用的新型科技创新体制。自组织创新是市场力量推动形成的技术创新内在驱动形式。两者在形式上是矛盾的，但其内核是统一的。正如本书指出的，自组织创新存在临界条件，政府在推动达成这样临界条件的过程中发挥着重要作用。

创新只有与产业实践融合才能真正实现价值创造，遵循市场规律才能形成持续发展的动力。新型举国体制摆脱了在人工智能等前沿核心技术未展现商业价值之前的创新困境，通过推动创新资源有序流动提升创新资源配置效率，对于中国这样各类创新资源尤其是基础创新资源紧缺的国家十分重要。同时，新型举国体制所关注的技术创新主要分布在对经济社会发展具有重要长远影响、具有一定公共品属性的一类技术上。新型举国体制不仅发挥着计划性作用，还通过优化创新资源的流动和配置推动自组织创新结构的形成，促进以市场力量驱动技术创新持续发展，形成良性反馈循环。

深度探讨新型举国体制和人工智能自组织创新之间的关系，阐释新型举国体制建设和人工智能自组织创新发展之间的交互作用，有利于优化创新组织结构，促进人工智能等一系列前沿核心技术的创新突破，加快社会主义现代化强国建设。

二、人工智能技术变革与经济社会发展

人工智能技术进步将深度影响经济社会发展。人工智能创新、经济、社会均可视为复杂系统，三个系统之间呈现相互嵌入的特征。三个系统均涉及个体的相互作用和资源流动，而很多资源往往同时具备技术属性、经济属性和社会属性，如人才流动。单纯从技术或经济角度考察人工智能创新是不全面的，还需要考察人工智能创新的社会属性。在自组织和涌现方面，三个系统拥有相似性。一方面，三个系统中，个体均具备高异质性；另一方面，在三个系统中，政府都是不可或缺的角色。

从"生产力决定生产关系，生产关系反作用于生产力"的历史唯物主义视角出发，人工智能技术进步带来的生产力发展必然引起经济和社会层面生产关系的变化，经济和社会层面生产关系的变化又为人工智能技术进步提供动力（王存刚，2023）。深度探讨人工智能技术变革和经济社会发展之间的关系，不仅有利于理解人工智能创新涌现，还有利于理解在"科技是一把双刃剑"的基础上将人工智能技术进步与经济社会发展相结合，真正意义上推动社会主义事业发展和人类社会进步（王维平、廖扬眉，2022）。

附　录

附录 A　复杂创新网络拓扑结构

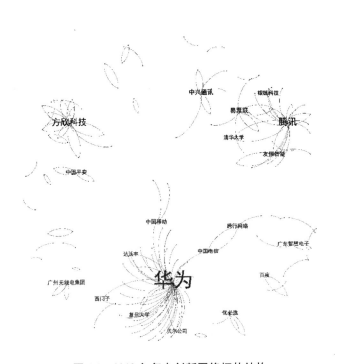

图 A1　2010 年复杂创新网络拓扑结构

资料来源：笔者自制。

图 A2　2011 年复杂创新网络拓扑结构

资料来源：笔者自制。

图 A3　2012 年复杂创新网络拓扑结构

资料来源：笔者自制。

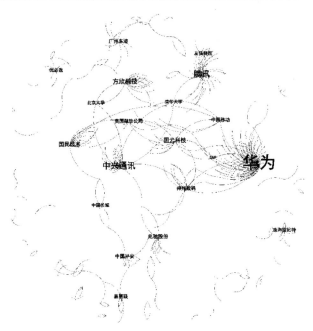

图 A4　2013 年复杂创新网络拓扑结构

资料来源：笔者自制。

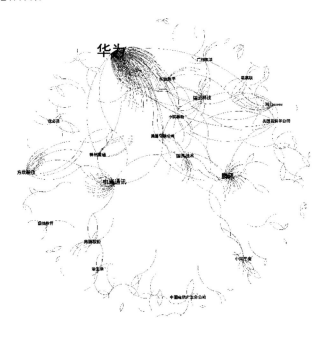

图 A5　2014 年复杂创新网络拓扑结构

资料来源：笔者自制。

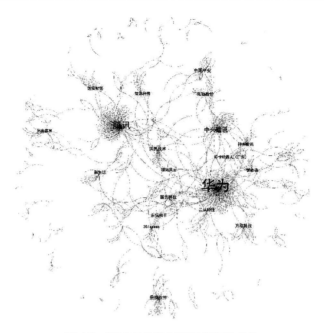

图 A6　2015 年复杂创新网络拓扑结构

资料来源：笔者自制。

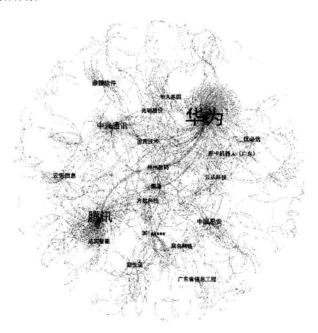

图 A7　2016 年复杂创新网络拓扑结构

资料来源：笔者自制。

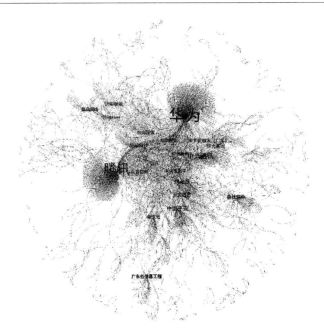

图 A8　2017 年复杂创新网络拓扑结构

资料来源：笔者自制。

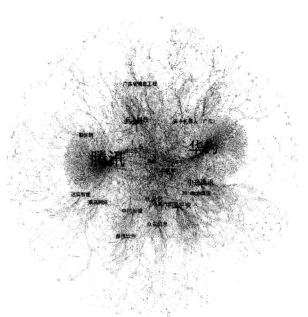

图 A9　2018 年复杂创新网络拓扑结构

资料来源：笔者自制。

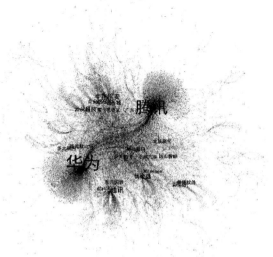

图 A10　2019 年复杂创新网络拓扑结构

资料来源：笔者自制。

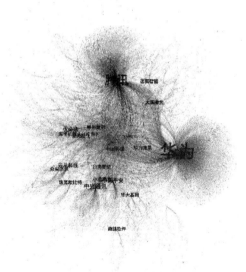

图 A11　2020 年复杂创新网络拓扑结构

资料来源：笔者自制。

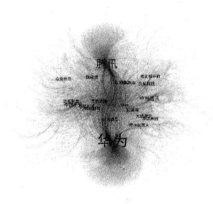

图 A12 2021 年复杂创新网络拓扑结构

资料来源：笔者自制。

附录 B 人工智能技术成熟度曲线

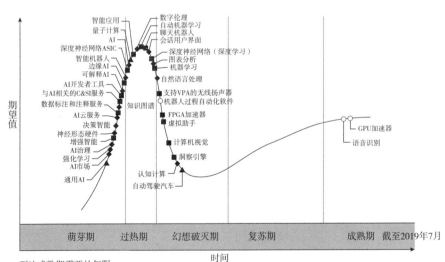

图 B1 2019 年人工智能技术成熟度曲线

资料来源：Gartner 发布的《2019 年人工智能技术成熟度曲线》报告。

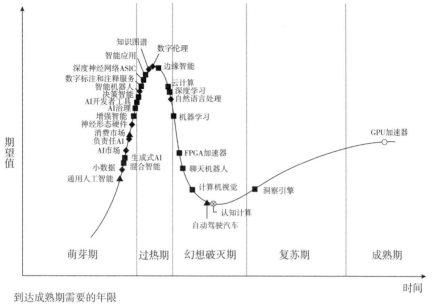

图 B2　2020 年人工智能技术成熟度曲线

资料来源：Gartner 发布的《2020 年人工智能技术成熟度曲线》报告。

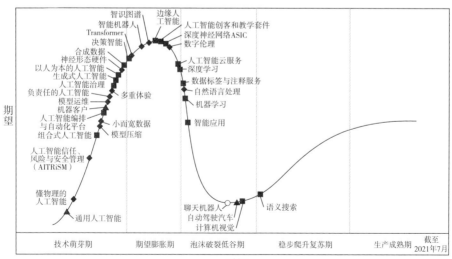

图 B3　2021 年人工智能技术成熟度曲线

资料来源：Gartner 发布的《2021 年人工智能技术成熟度曲线》报告。

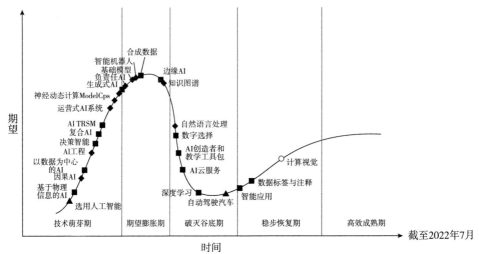

达到高峰期的时间：

○ 少于2年 ■ 2~5年 ◆ 5~10年 ▲ 10年以上 ⊗ 达到成熟期前即被淘汰

图 B4　2022 年人工智能技术成熟度曲线

资料来源：Gartner 发布的《2022 年人工智能技术成熟度曲线》报告。

附录 C　科技部认定平台目录

表 C1　15 家国家新一代人工智能开放创新平台

依托企业	企业简称	所属城市	平台领域
阿里巴巴（中国）网络技术有限公司	阿里巴巴	杭州市	城市大脑国家新一代人工智能开放创新平台
北京百度网讯科技有限公司	百度	北京市	自动驾驶国家新一代人工智能开放创新平台
北京京东世纪贸易有限公司	京东	北京市	智能供应链国家新一代人工智能开放创新平台
北京旷视科技有限公司	旷视科技	北京市	图像感知国家新一代人工智能开放创新平台
上海明略人工智能（集团）有限公司	明略科技	上海市	营销智能国家新一代人工智能开放创新平台
北京奇虎科技有限公司	奇虎360	北京市	安全大脑国家新一代人工智能开放创新平台
北京市商汤科技开发有限公司	商汤科技	北京市	智能视觉国家新一代人工智能开放创新平台
北京世纪好未来教育科技有限公司	好未来	北京市	智慧教育国家新一代人工智能开放创新平台

依托企业	企业简称	所属城市	平台领域
杭州海康威视数字技术股份有限公司	海康威视	杭州市	视频感知国家新一代人工智能开放创新平台
华为技术有限公司	华为	深圳市	基础软硬件国家新一代人工智能开放创新平台
科大讯飞股份有限公司	科大讯飞	合肥市	智能语音国家新一代人工智能开放创新平台
上海依图网络科技有限公司	依图科技	上海市	视觉计算国家新一代人工智能开放创新平台
深圳市腾讯计算机系统有限公司	腾讯	深圳市	医疗影像国家新一代人工智能开放创新平台
北京小米移动软件有限公司	小米	北京市	智能家居国家新一代人工智能开放创新平台
中国平安保险（集团）股份有限公司	中国平安	深圳市	普惠金融国家新一代人工智能开放创新平台

资料来源：根据网络公开资料整理。

附录 D　广东省认定平台目录

表 D1　16 家广东省新一代人工智能开放创新平台

依托企业	企业简称	所属城市	平台领域
深圳市腾讯计算机系统有限公司	腾讯	深圳市	智慧医疗广东省新一代人工智能开放创新平台
中国平安保险（集团）股份有限公司	中国平安	深圳市	智能金融广东省新一代人工智能开放创新平台
科大讯飞华南有限公司	科大讯飞华南	广州市	机器人智能交互广东省新一代人工智能开放创新平台
深圳市商汤科技有限公司	深圳商汤科技	深圳市	视觉智能处理广东省新一代人工智能开放创新平台
鹏城实验室	鹏程实验室	深圳市	基础理论与开源软硬件广东省新一代人工智能开放创新平台
佳都新太科技股份有限公司	佳都科技	广州市	智慧交通广东省新一代人工智能开放创新平台
云从科技集团股份有限公司	云从科技	广州市	人机协同广东省新一代人工智能开放创新平台
欧派家居集团股份有限公司	欧派家居	广州市	智能设计与制造广东省新一代人工智能开放创新平台
珠海云洲智能科技股份有限公司	云洲智能	珠海市	无人船艇广东省新一代人工智能开放创新平台

依托企业	企业简称	所属城市	平台领域
奥比中光科技集团股份有限公司	奥比中光	深圳市	3D视觉感知广东省新一代人工智能开放创新平台
广州金域医学检验集团股份有限公司	金域医学	广州市	临床检验与病理诊断广东省新一代人工智能开放创新平台
广州广电运通金融电子股份有限公司	广电运通	广州市	金融智能与服务广东省新一代人工智能开放创新平台
广东琴智科技研究院有限公司	琴智科技	珠海市	智能云服务广东省新一代人工智能开放创新平台
深圳市大疆创新科技有限公司	大疆创新	深圳市	智能无人系统广东省新一代人工智能开放创新平台
珠海格力电器股份有限公司	格力电器	珠海市	智能制造广东省新一代人工智能开放创新平台
美的集团股份有限公司	美的集团	佛山市	智能家居广东省新一代人工智能开放创新平台

资料来源：根据网络公开资料整理。

附录E　部分样本企业的统计分析

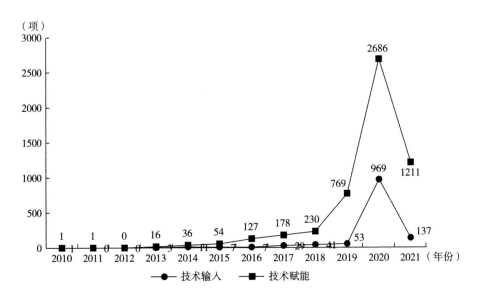

图 E1　2010~2021年华为的技术输入和技术赋能

资料来源：笔者自制。

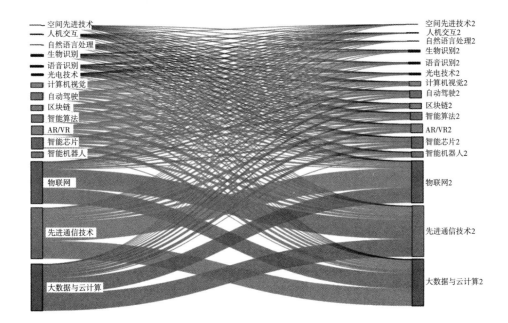

图 E2 华为技术生态

资料来源：笔者自制。

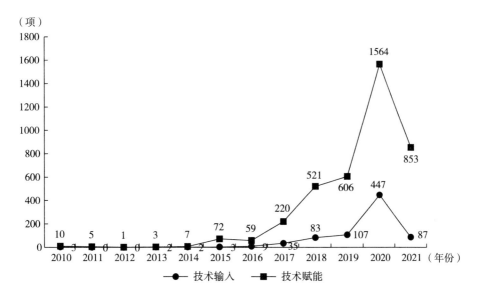

图 E3 2010~2021 年腾讯的技术输入和技术赋能

资料来源：笔者自制。

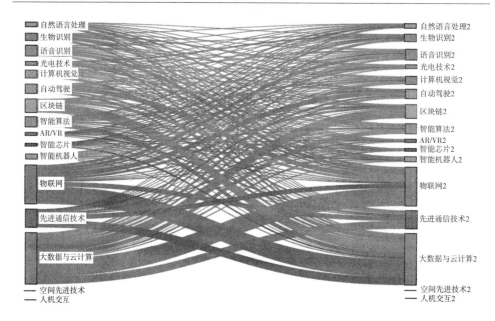

图 E4　腾讯技术生态

资料来源：笔者自制。

附录 F　复杂网络仿真模型结果

表 F1　总网络指标（n=10，m=1000）①

时期	节点数	边数	平均度	平均路径长度	网络直径	平均聚类系数	同配系数	模块化	网络效率
t0	0	0	0.000	0.000	0	0.000	0.000	0.000	0.000
t1	6	3	0.500	1.000	1	0.000	0.000	0.667	0.200
t2	21	13	0.619	1.316	2	0.000	−0.444	0.852	0.076
t3	55	46	0.836	1.764	3	0.000	−0.694	0.87	0.069
t4	90	83	0.922	2.336	5	0.000	−0.779	0.853	0.078
t5	158	158	1.000	3.428	6	0.012	−0.864	0.831	0.133

---

①　表中的边数为非加权边数，即两个节点之间的多次连边只计算一次，下同。

时期	节点数	边数	平均度	平均路径长度	网络直径	平均聚类系数	同配系数	模块化	网络效率
t6	217	231	1.065	3.847	6	0.018	−0.856	0.795	0.218
t7	290	332	1.145	3.789	6	0.032	−0.892	0.759	0.29
t8	360	436	1.211	3.563	5	0.031	−0.922	0.72	0.303
t9	454	589	1.297	3.435	4	0.089	−0.929	0.676	0.314
t10	523	731	1.398	3.366	4	0.127	−0.936	0.637	0.321
t11	603	907	1.504	3.261	4	0.162	−0.946	0.591	0.331
t12	682	1119	1.641	3.093	4	0.288	−0.947	0.546	0.348
t13	750	1361	1.815	2.991	4	0.349	−0.945	0.505	0.359
t14	806	1627	2.019	2.888	4	0.461	−0.954	0.463	0.372
t15	864	1932	2.236	2.801	4	0.519	−0.953	0.424	0.383
t16	905	2248	2.484	2.694	4	0.635	−0.956	0.392	0.397
t17	928	2594	2.795	2.581	4	0.744	−0.960	0.358	0.412
t18	958	3002	3.134	2.47	4	0.913	−0.960	0.326	0.427
t19	977	3446	3.527	2.388	4	0.976	−0.962	0.301	0.439
t20	985	3894	3.953	2.306	4	1.126	−0.961	0.28	0.452

资料来源：笔者自制。

表 F2 核心核心网络指标（n＝10，m＝1000）

时期	节点数	边数	平均度	平均路径长度	网络直径	平均聚类系数	同配系数	模块化	网络效率
t0	0	0	0.000	0.000	0	0.000	0.000	0.000	0.000
t1	0	0	0.000	0.000	0	0.000	0.000	0.000	0.000
t2	0	0	0.000	0.000	0	0.000	0.000	0.000	0.000
t3	2	1	0.500	1.000	1	0.000	0.000	0.000	1.000
t4	4	2	0.500	1.000	1	0.000	0.000	0.500	0.333
t5	5	3	0.600	1.250	2	0.000	−0.500	0.444	0.350
t6	5	3	0.600	1.250	2	0.000	−0.500	0.444	0.350
t7	6	4	0.667	1.571	3	0.000	0.000	0.406	0.356
t8	7	5	0.714	1.909	4	0.000	0.167	0.420	0.353
t9	8	7	0.875	2.571	5	0.000	0.000	0.357	0.517
t10	8	8	1.000	2.250	5	0.000	−0.429	0.281	0.570
t11	9	14	1.556	1.917	4	0.185	−0.242	0.237	0.618
t12	10	19	1.900	1.733	3	0.813	−0.291	0.187	0.663
t13	10	23	2.300	1.689	3	0.680	−0.215	0.197	0.678

时期	节点数	边数	平均度	平均路径长度	网络直径	平均聚类系数	同配系数	模块化	网络效率
t14	10	25	2.500	1.622	3	0.757	−0.324	0.170	0.696
t15	10	26	2.600	1.622	3	0.757	−0.336	0.211	0.696
t16	10	28	2.800	1.556	2	0.783	−0.371	0.173	0.722
t17	10	32	3.200	1.511	2	0.782	−0.377	0.186	0.744
t18	10	42	4.200	1.422	2	1.150	−0.402	0.188	0.789
t19	10	46	4.600	1.400	2	1.173	−0.349	0.185	0.800
t20	10	51	5.100	1.356	2	1.193	−0.200	0.179	0.822

资料来源：笔者自制。

表 F3　核心融合网络指标（n=10，m=1000）

时期	节点数	边数	平均度	平均路径长度	网络直径	平均聚类系数	同配系数	模块化	网络效率
t0	0	0	0.000	0.000	0	0.000	0.000	0.000	0.000
t1	6	3	0.500	1.000	1	0.000	0.000	0.667	0.200
t2	21	13	0.619	1.316	2	0.000	−0.444	0.852	0.076
t3	55	45	0.818	1.692	2	0.000	−0.662	0.878	0.064
t4	90	81	0.900	1.978	4	0.000	−0.751	0.875	0.064
t5	158	155	0.981	3.171	6	0.000	−0.898	0.849	0.091
t6	217	228	1.051	4.195	6	0.000	−0.889	0.807	0.204
t7	290	328	1.131	4.142	8	0.000	−0.912	0.770	0.272
t8	360	431	1.197	3.755	6	0.000	−0.938	0.729	0.290
t9	454	582	1.282	3.644	6	0.000	−0.957	0.685	0.296
t10	523	723	1.382	3.601	4	0.000	−0.960	0.645	0.300
t11	603	893	1.481	3.562	4	0.000	−0.972	0.602	0.305
t12	682	1100	1.613	3.509	4	0.000	−0.977	0.557	0.312
t13	750	1338	1.784	3.441	4	0.000	−0.978	0.515	0.321
t14	806	1602	1.988	3.352	4	0.000	−0.984	0.472	0.332
t15	864	1906	2.206	3.250	4	0.000	−0.977	0.431	0.345
t16	905	2220	2.453	3.141	4	0.000	−0.977	0.398	0.358
t17	928	2562	2.761	3.013	4	0.000	−0.981	0.364	0.375
t18	958	2960	3.090	2.878	4	0.000	−0.983	0.332	0.392
t19	977	3400	3.480	2.742	4	0.000	−0.984	0.307	0.409
t20	985	3843	3.902	2.612	4	0.000	−0.984	0.285	0.425

资料来源：笔者自制。

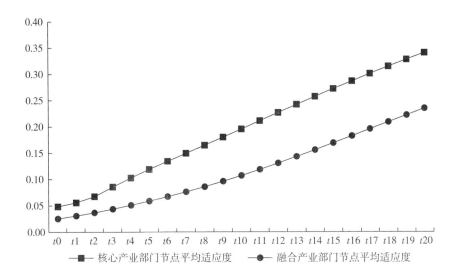

图 F1　核心产业部门和融合产业部门节点的平均适应度（n＝10，m＝1000）

资料来源：笔者自制。

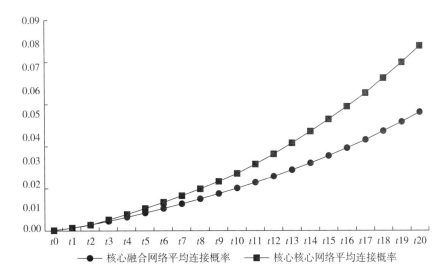

图 F2　核心核心网络和核心融合网络的平均连接概率（n＝10，m＝1000）

资料来源：笔者自制。

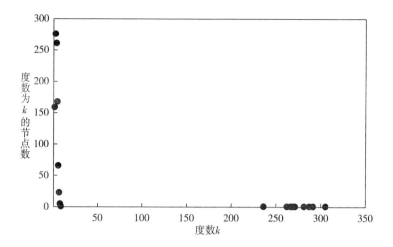

图 F3　度数中心度分布（n=10，m=1000）

资料来源：笔者自制。

表 F4　总网络指标（n=30，m=3000）

时期	节点数	边数	平均度	平均路径长度	网络直径	平均聚类系数	同配系数	模块化	网络效率
t0	0	0	0.000	0.000	0	0.000	0.000	0.000	0.000
t1	27	15	0.556	1.167	2	0.000	−0.250	0.907	0.047
t2	158	129	0.816	1.828	4	0.000	−0.765	0.958	0.021
t3	372	365	0.981	8.086	19	0.006	−0.847	0.912	0.073
t4	680	739	1.087	5.504	11	0.012	−0.913	0.853	0.204
t5	1097	1315	1.199	4.295	6	0.023	−0.915	0.785	0.248
t6	1515	2041	1.347	3.870	6	0.039	−0.936	0.705	0.271
t7	1920	2956	1.540	3.685	5	0.056	−0.951	0.619	0.284
t8	2235	4071	1.821	3.529	4	0.105	−0.956	0.530	0.299
t9	2513	5415	2.155	3.342	4	0.182	−0.963	0.449	0.318
t10	2728	7066	2.590	3.109	4	0.296	−0.963	0.379	0.342
t11	2875	9018	3.137	2.892	4	0.397	−0.964	0.321	0.366
t12	2959	11201	3.785	2.699	4	0.559	−0.964	0.273	0.390
t13	3000	13807	4.602	2.541	4	0.725	−0.964	0.235	0.412
t14	3019	16602	5.499	2.412	4	0.868	−0.965	0.209	0.433
t15	3023	19853	6.567	2.286	4	0.996	−0.965	0.188	0.454
t16	3029	23454	7.743	2.187	4	1.116	−0.965	0.171	0.470
t17	3030	27564	9.097	2.106	4	1.262	−0.966	0.157	0.484
t18	3030	32279	10.653	2.049	3	1.360	−0.966	0.144	0.494

续表

时期	节点数	边数	平均度	平均路径长度	网络直径	平均聚类系数	同配系数	模块化	网络效率
t19	3030	37375	12.335	2.017	3	1.467	-0.966	0.132	0.499
t20	3030	43182	14.251	2.001	3	1.601	-0.966	0.121	0.502

资料来源：笔者自制。

表 F5　核心核心网络指标（n=30，m=3000）

时期	节点数	边数	平均度	平均路径长度	网络直径	平均聚类系数	同配系数	模块化	网络效率
t0	0	0	0.000	0.000	0	0.000	0.000	0.000	0.000
t1	0	0	0.000	0.000	0	0.000	0.000	0.000	0.000
t2	0	0	0.000	0.000	0	0.000	0.000	0.000	0.000
t3	8	4	0.500	1.000	1	0.000	0.000	0.750	0.143
t4	18	10	0.556	1.167	2	0.000	-0.250	0.860	0.072
t5	24	19	0.792	2.705	7	0.000	0.122	0.744	0.118
t6	26	27	1.038	4.238	10	0.000	-0.231	0.591	0.268
t7	26	35	1.346	3.489	7	0.038	0.107	0.500	0.374
t8	28	48	1.714	2.841	6	0.188	0.000	0.442	0.433
t9	30	66	2.200	2.483	6	0.195	-0.012	0.367	0.480
t10	30	95	3.167	2.087	4	0.340	-0.114	0.296	0.553
t11	30	121	4.033	1.883	3	0.543	-0.107	0.255	0.601
t12	30	155	5.167	1.708	3	0.651	-0.108	0.209	0.655
t13	30	204	6.800	1.614	3	0.769	-0.076	0.170	0.694
t14	30	254	8.467	1.547	2	0.885	-0.013	0.153	0.726
t15	30	305	10.167	1.492	2	0.991	0.010	0.138	0.754
t16	30	371	12.367	1.432	2	1.113	0.004	0.132	0.784
t17	30	445	14.833	1.361	2	1.279	-0.030	0.123	0.820
t18	30	526	17.533	1.310	2	1.383	0.001	0.109	0.845
t19	30	610	20.333	1.257	2	1.482	0.020	0.095	0.871
t20	30	717	23.900	1.193	2	1.614	-0.016	0.092	0.903

资料来源：笔者自制。

表 F6　核心融合网络指标（n=30，m=3000）

时期	节点数	边数	平均度	平均路径长度	网络直径	平均聚类系数	同配系数	模块化	网络效率
t0	0	0	0.000	0.000	0	0.000	0.000	0.000	0.000
t1	27	15	0.556	1.167	2	0.000	-0.250	0.907	0.047
t2	158	129	0.816	1.828	4	0.000	-0.765	0.958	0.021
t3	372	361	0.970	8.385	20	0.000	-0.848	0.918	0.064

时期	节点数	边数	平均度	平均路径长度	网络直径	平均聚类系数	同配系数	模块化	网络效率
t4	680	729	1.072	6.076	12	0.000	−0.941	0.863	0.187
t5	1097	1296	1.181	4.731	6	0.000	−0.947	0.797	0.229
t6	1515	2014	1.329	4.135	6	0.000	−0.964	0.716	0.256
t7	1920	2921	1.521	3.852	6	0.000	−0.975	0.627	0.271
t8	2235	4023	1.800	3.768	6	0.000	−0.980	0.536	0.279
t9	2513	5349	2.129	3.699	4	0.000	−0.987	0.455	0.287
t10	2728	6971	2.555	3.597	4	0.000	−0.991	0.384	0.300
t11	2875	8897	3.095	3.457	4	0.000	−0.991	0.324	0.318
t12	2959	11046	3.733	3.279	4	0.000	−0.992	0.278	0.340
t13	3000	13603	4.534	3.058	4	0.000	−0.993	0.240	0.368
t14	3019	16348	5.415	2.831	4	0.000	−0.995	0.213	0.397
t15	3023	19548	6.466	2.591	4	0.000	−0.996	0.191	0.427
t16	3029	23083	7.621	2.393	4	0.000	−0.996	0.174	0.452
t17	3030	27119	8.950	2.231	4	0.000	−0.997	0.160	0.473
t18	3030	31753	10.480	2.118	4	0.000	−0.998	0.146	0.487
t19	3030	36765	12.134	2.053	4	0.000	−0.998	0.134	0.495
t20	3030	42465	14.015	2.021	4	0.000	−0.998	0.123	0.500

资料来源：笔者自制。

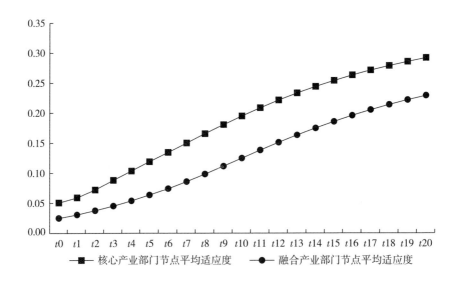

图 F4　核心产业部门和融合产业部门节点的平均适应度（n＝30，m＝3000）

资料来源：笔者自制。

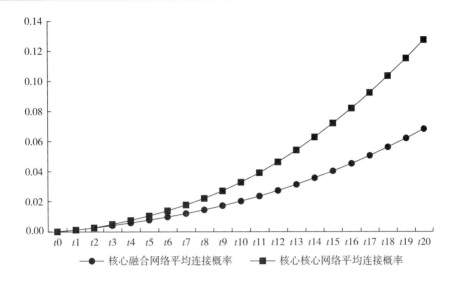

图 F5　核心核心网络和核心融合网络的平均连接概率（n=30，m=3000）

资料来源：笔者自制。

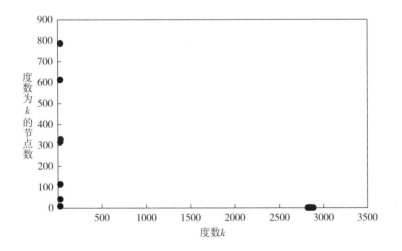

图 F6　度数中心度分布（n=30，m=1000）

资料来源：笔者自制。

表 F7　总网络指标（n=100，m=3000）

时期	节点数	边数	平均度	平均路径长度	网络直径	平均聚类系数	同配系数	模块化	网络效率
t0	0	0	0.000	0.000	0	0.000	0.000	0.000	0.000
t1	106	62	0.585	1.330	3	0.000	−0.170	0.970	0.013

时期	节点数	边数	平均度	平均路径长度	网络直径	平均聚类系数	同配系数	模块化	网络效率
t2	517	470	0.909	6.555	15	0.000	−0.617	0.954	0.018
t3	1096	1256	1.146	6.288	11	0.002	−0.813	0.825	0.174
t4	1779	2628	1.477	4.471	7	0.015	−0.841	0.662	0.236
t5	2396	4665	1.947	3.842	6	0.055	−0.861	0.517	0.271
t6	2789	7327	2.627	3.499	5	0.115	−0.878	0.391	0.299
t7	3004	11036	3.674	3.145	5	0.192	−0.881	0.290	0.334
t8	3083	15739	5.105	2.831	4	0.306	−0.880	0.219	0.368
t9	3097	21628	6.984	2.621	4	0.446	−0.879	0.171	0.399
t10	3100	29039	9.367	2.434	4	0.589	−0.878	0.142	0.430
t11	3100	38085	12.285	2.253	4	0.741	−0.877	0.119	0.460
t12	3100	48915	15.779	2.109	3	0.909	−0.878	0.105	0.485
t13	3100	61668	19.893	2.027	3	1.067	−0.880	0.092	0.499
t14	3100	76305	24.615	1.994	3	1.227	−0.879	0.080	0.506
t15	3100	93378	30.122	1.984	3	1.372	−0.879	0.070	0.508
t16	3100	112486	36.286	1.980	3	1.501	−0.880	0.062	0.510
t17	3100	134390	43.352	1.977	3	1.635	−0.879	0.056	0.511
t18	3100	158715	51.198	1.974	2	1.723	−0.879	0.051	0.513
t19	3100	185701	59.904	1.971	2	1.786	−0.879	0.046	0.514
t20	3100	215279	69.445	1.968	2	1.840	−0.879	0.042	0.516

资料来源：笔者自制。

表F8 核心核心网络指标（n=100，m=3000）

时期	节点数	边数	平均度	平均路径长度	网络直径	平均聚类系数	同配系数	模块化	网络效率
t0	0	0	0.000	0.000	0	0.000	0.000	0.000	0.000
t1	6	3	0.500	1.000	1	0.000	0.000	0.667	0.200
t2	40	24	0.600	1.474	4	0.000	−0.169	0.910	0.039
t3	76	64	0.842	6.387	15	0.061	−0.059	0.830	0.082
t4	96	135	1.406	4.230	10	0.025	−0.116	0.596	0.239
t5	100	245	2.450	3.104	6	0.073	0.043	0.415	0.367
t6	100	397	3.970	2.456	4	0.142	−0.002	0.300	0.452
t7	100	607	6.070	2.108	4	0.225	−0.038	0.257	0.521
t8	100	897	8.970	1.885	3	0.338	−0.044	0.193	0.574
t9	100	1294	12.940	1.768	3	0.461	−0.004	0.157	0.616
t10	100	1787	17.870	1.696	2	0.599	0.009	0.135	0.652

时期	节点数	边数	平均度	平均路径长度	网络直径	平均聚类系数	同配系数	模块化	网络效率
t11	100	2375	23.750	1.618	2	0.757	0.023	0.111	0.691
t12	100	3086	30.860	1.530	2	0.936	−0.001	0.102	0.735
t13	100	3863	38.630	1.448	2	1.094	−0.008	0.078	0.776
t14	100	4835	48.350	1.366	2	1.263	−0.019	0.069	0.817
t15	100	5936	59.360	1.292	2	1.415	−0.019	0.064	0.854
t16	100	7102	71.020	1.225	2	1.551	−0.013	0.058	0.887
t17	100	8535	85.350	1.157	2	1.688	−0.010	0.046	0.922
t18	100	10109	101.090	1.111	2	1.777	−0.010	0.042	0.944
t19	100	11823	118.230	1.079	2	1.842	−0.008	0.038	0.961
t20	100	13759	137.590	1.051	2	1.897	−0.011	0.035	0.974

资料来源：笔者自制。

表 F9　核心融合网络指标（n = 100，m = 3000）

时期	节点数	边数	平均度	平均路径长度	网络直径	平均聚类系数	同配系数	模块化	网络效率
t0	0	0	0.000	0.000	0	0.000	0.000	0.000	0.000
t1	105	59	0.562	1.224	2	0.000	−0.181	0.973	0.012
t2	516	446	0.864	2.979	8	0.000	−0.709	0.976	0.009
t3	1096	1192	1.088	8.020	14	0.000	−0.890	0.868	0.136
t4	1779	2493	1.401	5.178	8	0.000	−0.920	0.695	0.206
t5	2396	4420	1.845	4.279	6	0.000	−0.943	0.542	0.247
t6	2789	6930	2.485	3.853	6	0.000	−0.969	0.411	0.270
t7	3004	10429	3.472	3.709	6	0.000	−0.980	0.304	0.285
t8	3083	14842	4.814	3.531	6	0.000	−0.986	0.232	0.307
t9	3097	20334	6.566	3.265	4	0.000	−0.990	0.181	0.341
t10	3100	27252	8.791	2.923	4	0.000	−0.993	0.151	0.384
t11	3100	35710	11.519	2.567	4	0.000	−0.994	0.127	0.429
t12	3100	45829	14.784	2.282	4	0.000	−0.996	0.111	0.466
t13	3100	57805	18.647	2.117	4	0.000	−0.997	0.097	0.487
t14	3100	71470	23.055	2.053	4	0.000	−0.997	0.086	0.496
t15	3100	87442	28.207	2.032	4	0.000	−0.998	0.075	0.500
t16	3100	105384	33.995	2.025	4	0.000	−0.998	0.067	0.502
t17	3100	125855	40.598	2.019	4	0.000	−0.999	0.059	0.504
t18	3100	148606	47.937	2.013	3	0.000	−0.999	0.054	0.506
t19	3100	173878	56.090	2.006	3	0.000	−0.999	0.049	0.508
t20	3100	201520	65.006	2.000	3	0.000	−0.999	0.044	0.510

资料来源：笔者自制。

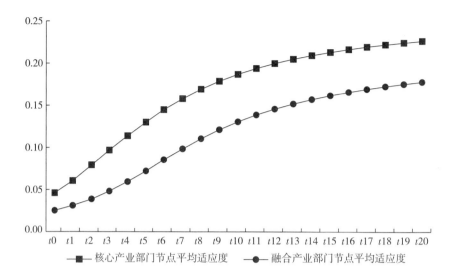

图 F7　核心产业部门和融合产业部门节点的平均适应度（n=100，m=3000）
资料来源：笔者自制。

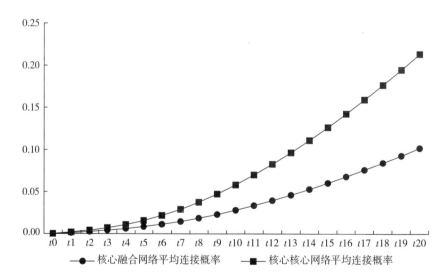

图 F8　核心核心网络和核心融合网络的平均连接概率（n=100，m=3000）
资料来源：笔者自制。

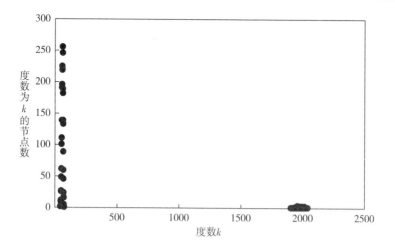

图 F9　度数中心度分布（n＝100，m＝3000）

资料来源：笔者自制。

附录 G　系统动力学仿真模型结果

表 G1　系统动力学仿真模型一仿真结果

时期	政府	高校和科研院所	创新企业	应用企业	基础创新	应用创新	应用创新增长率（％）
t0	30.00	0.00	30.00	0.00	0.00	0.00	0.00
t1	1.50	28.50	21.00	0.00	0.00	0.00	0.00
t2	1.05	1.71	15.38	1.10	0.00	1.62	0.00
t3	3.38	2.38	13.75	4.28	1.52	3.14	94.00
t4	5.19	5.43	15.10	9.17	1.67	4.23	34.71
t5	5.60	6.99	16.27	14.90	1.39	4.45	5.16
t6	5.49	7.14	16.71	20.76	1.25	4.43	−0.60
t7	5.49	7.00	16.91	26.65	1.27	4.49	1.50
t8	5.68	7.08	17.24	32.70	1.36	4.67	3.86
t9	5.95	7.38	17.76	39.00	1.44	4.88	4.69
t10	6.25	7.74	18.42	45.61	1.52	5.12	4.93

时期	政府	高校和科研院所	创新企业	应用企业	基础创新	应用创新	应用创新增长率（%）
t11	6.58	8.14	19.21	52.57	1.60	5.40	5.41
t12	6.98	8.60	20.14	59.93	1.71	5.74	6.29
t13	7.47	9.15	21.27	67.80	1.85	6.17	7.41
t14	8.10	9.84	22.67	76.30	2.02	6.70	8.69
t15	8.88	10.70	24.40	85.61	2.23	7.38	10.17
t16	9.89	11.80	26.58	95.96	2.50	8.26	11.91
t17	11.21	13.21	29.37	107.66	2.86	9.42	14.02
t18	12.98	15.07	33.01	121.16	3.34	10.99	16.59
t19	15.41	17.59	37.88	137.14	4.00	13.16	19.77
t20	18.87	21.08	44.58	156.63	4.96	16.28	23.75
t21	24.00	26.12	54.12	181.32	6.39	20.98	28.84
t22	32.00	33.70	68.35	214.07	8.63	28.43	35.50
t23	45.28	45.75	90.76	260.19	12.38	41.07	44.48
t24	69.26	66.30	128.73	330.34	19.17	64.50	57.07

资料来源：笔者自制。

表 G2　系统动力学仿真模型二仿真结果

时期	政府	高校和科研院所	创新企业	应用企业	基础创新	应用创新	应用创新增长率（%）
t0	30.00	0.00	30.00	0.00	0.00	0.00	0.00
t1	1.50	28.50	21.00	0.00	0.00	0.00	0.00
t2	1.73	1.71	15.38	0.42	0.00	1.62	0.00
t3	5.08	3.03	13.75	1.93	1.52	3.14	94.00
t4	7.71	7.05	15.10	4.39	1.67	4.23	34.71
t5	8.51	9.43	16.30	7.37	1.43	4.45	5.16
t6	8.53	10.05	16.87	10.43	1.37	4.44	−0.28
t7	8.73	10.19	17.40	13.53	1.52	4.55	2.58
t8	9.28	10.66	18.27	16.74	1.76	4.83	6.11
t9	10.09	11.52	19.58	20.18	2.01	5.24	8.33
t10	11.11	12.64	21.27	23.93	2.26	5.76	10.11
t11	12.43	14.01	23.39	28.09	2.57	6.47	12.31
t12	14.20	15.77	26.10	32.82	2.97	7.45	15.10

续表

时期	政府	高校和科研院所	创新企业	应用企业	基础创新	应用创新	应用创新增长率（%）
t13	16.66	18.15	29.67	38.31	3.52	8.82	18.37
t14	20.13	21.45	34.52	44.91	4.29	10.78	22.19
t15	25.21	26.15	41.32	53.10	5.42	13.67	26.87
t16	32.98	33.08	51.25	63.70	7.15	18.17	32.88
t17	45.57	43.85	66.52	78.17	9.97	25.60	40.91
t18	67.59	61.65	91.61	99.30	14.93	38.93	52.05
t19	110.16	93.58	136.56	133.07	24.48	65.49	68.23
t20	204.21	157.36	227.22	194.13	45.28	126.54	93.21
t21	454.88	304.96	443.53	325.92	98.90	297.62	135.20
t22	1334.27	726.32	1107.36	697.57	274.03	937.21	214.90
t23	6051.51	2374.78	4150.14	2308.01	1085.16	4643.97	395.51
t24	56567.48	13040.38	31654.73	16746.45	7532.64	47852.05	930.41

资料来源：笔者自制。

表 G3　系统动力学仿真模型三仿真结果

时期	政府	高校和科研院所	创新企业	应用企业	基础创新	应用创新	应用创新增长率（%）
t0	30.00	0.00	30.00	0.00	0.00	0.00	0.00
t1	1.50	28.50	21.00	0.00	0.00	0.00	0.00
t2	1.57	1.71	15.32	0.38	0.00	1.47	0.00
t3	4.34	2.64	13.24	1.71	1.26	2.66	81.48
t4	7.22	6.09	14.23	3.94	1.53	4.20	57.56
t5	8.83	8.86	15.69	7.01	1.40	4.87	16.11
t6	9.47	10.39	16.83	10.44	1.42	5.11	4.84
t7	10.11	11.26	18.07	14.04	1.69	5.41	5.95
t8	11.22	12.39	19.89	17.92	2.12	5.96	10.17
t9	12.86	14.10	22.51	22.25	2.63	6.80	14.04
t10	15.11	16.43	26.06	27.25	3.21	7.99	17.48
t11	18.22	19.53	30.75	33.21	3.96	9.69	21.31
t12	22.69	23.78	37.12	40.55	4.99	12.20	25.87
t13	29.35	29.89	46.09	49.95	6.50	16.01	31.21
t14	39.71	39.06	59.29	62.56	8.83	22.03	37.61

时期	政府	高校和科研院所	创新企业	应用企业	基础创新	应用创新	应用创新增长率（%）
t15	56.72	53.45	79.75	80.38	12.63	32.12	45.82
t16	86.86	77.50	113.66	107.32	19.34	50.47	57.16
t17	146.07	121.15	175.21	151.83	32.39	87.73	73.82
t18	279.85	209.69	301.60	235.19	61.25	175.50	100.04
t19	648.01	419.06	611.45	422.49	137.27	430.14	145.09
t20	2003.92	1036.19	1604.67	979.78	394.02	1432.04	232.92
t21	9867.42	3576.10	6509.04	3602.52	1649.67	7719.10	439.03
t22	105795.32	21473.47	57090.12	30607.39	12579.23	91098.68	1080.17
t23	4.19E+06	3.36E+05	1.93E+06	1.08E+06	2.55E+05	3.89E+06	4171.62
t24	1.37E+09	2.73E+07	5.83E+08	3.48E+08	2.58E+07	1.33E+09	34060.68

资料来源：笔者自制。

表 G4　系统动力学仿真模型四仿真结果

时期	政府	高校和科研院所	创新企业	应用企业	基础创新	应用创新	应用创新增长率（%）
t0	30.00	0.00	30.00	0.00	0.00	0.00	0.00
t1	1.50	24.00	25.50	0.00	0.00	0.00	0.00
t2	1.73	1.44	18.76	0.42	0.00	1.62	0.00
t3	5.66	2.70	16.56	2.10	1.44	3.76	132.25
t4	9.11	6.64	18.36	5.10	1.60	5.34	41.85
t5	10.41	9.31	20.60	8.89	1.38	5.75	7.77
t6	10.77	10.29	22.29	12.90	1.38	5.90	2.56
t7	11.49	10.83	23.99	17.08	1.66	6.34	7.46
t8	12.96	11.91	26.38	21.68	2.07	7.18	13.29
t9	15.15	13.72	29.82	26.95	2.55	8.41	17.12
t10	18.14	16.22	34.53	33.20	3.13	10.12	20.28
t11	22.36	19.62	40.95	40.82	3.93	12.58	24.36
t12	28.67	24.47	50.05	50.48	5.13	16.34	29.88
t13	38.65	31.82	63.60	63.33	7.04	22.39	36.99
t14	55.40	43.62	84.96	81.46	10.24	32.73	46.22
t15	85.88	63.86	121.10	109.06	16.10	52.01	58.89
t16	147.64	101.75	188.32	155.41	27.96	92.29	77.46

续表

时期	政府	高校和科研院所	创新企业	应用企业	基础创新	应用创新	应用创新增长率（％）
t17	292.83	181.72	330.75	244.69	55.57	190.75	106.69
t18	713.74	380.76	694.81	454.30	132.98	490.72	157.26
t19	2380.00	1009.37	1933.35	1121.55	416.37	1754.75	257.58
t20	13149.46	3867.63	8650.99	4620.89	1962.41	10556.92	501.62
t21	1.70E+05	2.74E+04	9.04E+04	4.79E+04	1.78E+04	1.49E+05	1312.80
t22	9.22E+06	5.68E+05	4.18E+06	2.36E+06	4.70E+05	8.66E+06	5706.11
t23	5.13E+09	7.38E+07	2.16E+09	1.30E+09	7.35E+07	4.98E+09	57444.55
t24	1.14E+14	1.98E+11	4.72E+13	2.91E+13	2.16E+11	1.12E+14	2245696.62

资料来源：笔者自制。

参考文献

［1］艾伯特-拉斯洛·巴拉巴西.巴拉巴西网络科学［M］.沈华伟，黄俊铭，译.郑州：河南科学技术出版社，2020.

［2］布莱恩·阿瑟.技术的本质：技术是什么，它是如何进化的［M］.曹东溟，王健，译.杭州：浙江人民出版社，2014.

［3］蔡宁，刘双，王节祥，等.平台生态系统战略更新的过程机制研究：相互依赖关系构建的视角［J/OL］.南开管理评论［2023-03-10］.http：//kns.cnki.net/kcms/detail/12.1288.f.20230308.0928.002.html.

［4］蔡跃洲.中国共产党领导的科技创新治理及其数字化转型——数据驱动的新型举国体制构建完善视角［J］.管理世界，2021，37（8）：30-46.

［5］陈劲.以新型举国体制优势强化国家战略科技力量［J］.人民论坛，2022（23）：24-28.

［6］陈伟，杨早立，张永超.网络结构与企业核心能力关系实证研究：基于知识共享与知识整合中介效应视角［J］.管理评论，2014，26（6）：74-82.

［7］陈彦光.中国城市发展的自组织特征与判据——为什么说所有城市都是自组织的？［J］.城市规划，2006（8）：24-30.

［8］陈子凤，官建成.合作网络的小世界性对创新绩效的影响［J］.中国管理科学，2009，17（3）：115-120.

［9］程强，石琳娜.基于自组织理论的产学研协同创新的协同演化机理研究［J］.软科学，2016，30（4）：22-26.

［10］D.E.司托克斯.基础科学与技术创新：巴斯德象限［M］.周春彦，谷春立，译.北京：科学出版社，1999.

［11］董春雨，熊华俊.论作为复杂系统演化推力的涨落及其意义［J］.自然辩证法研究，2021，37（11）：15-21.

［12］董林辉，段文斌.技术进步的原因和性质——基于分工和报酬递增的研究［J］.南开经济研究，2006（6）：41-49.

［13］董直庆，胡晟明.创新要素空间错配及其创新效率损失：模型分解与

中国证据［J］．华东师范大学学报（哲学社会科学版），2020，52（1）：162-178+200.

［14］杜志平，区钰贤．基于三方演化博弈的跨境物流联盟信息协同机制研究［J］．中国管理科学，2023，31（4）：228-238.

［15］方晓东，董瑜．法国国家创新体系的演化历程、特点及启示［J］．世界科技研究与发展，2021，43（5）：616-632.

［16］范明，汤学俊．企业可持续成长的自组织研究——一个一般框架及其对中国企业可持续成长的应用分析［J］．管理世界，2004（10）：107-113.

［17］冯根福，郑明波，温军，等．究竟哪些因素决定了中国企业的技术创新——基于九大中文经济学权威期刊和A股上市公司数据的再实证［J］．中国工业经济，2021（1）：17-35.

［18］高艳慧，万迪昉，蔡地．政府研发补贴具有信号传递作用吗？——基于我国高技术产业面板数据的分析［J］．科学学与科学技术管理，2012，33（1）：5-11.

［19］高霞，陈凯华．合作创新网络结构演化特征的复杂网络分析［J］．科研管理，2015，36（6）：28-36.

［20］郭凯明．人工智能发展、产业结构转型升级与劳动收入份额变动［J］．管理世界，2019，35（7）：60-77+202-203.

［21］郭玥．政府创新补助的信号传递机制与企业创新［J］．中国工业经济，2018（9）：98-116.

［22］韩阳．基于深度学习的中国宏观经济运行评估［J］．数量经济技术经济研究，2023，40（3）：189-212.

［23］洪永淼，汪寿阳．大数据如何改变经济学研究范式？［J］．管理世界，2021，37（10）：40-56+72.

［24］洪志生，秦佩恒，周城雄．第四次工业革命背景下科技强国建设人才需求分析［J］．中国科学院院刊，2019，34（5）：522-531.

［25］胡德良，马丁·柯利．开放式创新2.0的十二条原则［J］．世界科学，2016（7）：34-37.

［26］胡登峰，黄紫微，冯楠，等．关键核心技术突破与国产替代路径及机制——科大讯飞智能语音技术纵向案例研究［J］．管理世界，2022，38（5）：188-209.

［27］胡拥军，关乐宁．数字经济的就业创造效应与就业替代效应探究［J］．改革，2022（4）：42-54.

［28］黄欣卓，米加宁，章昌平，等．科学数据复用研究的演化、知识体系

与方法工具——兼论第四科研范式的影响 [J]. 科研管理, 2022 (8): 100-108.

[29] 黄润荣, 任光耀. 耗散结构与协同学 [M]. 贵阳: 贵州人民出版社, 1988.

[30] 黄玮强, 庄新田, 姚爽. 企业创新网络的自组织演化模型 [J]. 科学学研究, 2009, 27 (5): 793-800.

[31] 黄玮强, 庄新田. 网络结构与创新扩散研究 [J]. 科学学研究, 2007 (5): 1018-1024.

[32] 贾根良, 刘辉锋. 自组织创新网络与科技管理的变革 [J]. 天津社会科学, 2003 (1): 70-74.

[33] 贾根良. 理解演化经济学 [J]. 中国社会科学, 2004 (2): 33-41.

[34] 焦豪, 杨季枫. 数字技术开源社区的治理机制: 基于悖论视角的双案例研究 [J]. 管理世界, 2022 (11): 207-232.

[35] 江鸿, 吕铁. 政企能力共演化与复杂产品系统集成能力提升——中国高速列车产业技术追赶的纵向案例研究 [J]. 管理世界, 2019, 35 (5): 106-125+199.

[36] 江可申, 田颖杰. 动态企业联盟的小世界网络模型 [J]. 世界经济研究, 2002 (5): 84-89.

[37] 姜照华, 姜朝妮, 胡晓玮, 等. 基于行为经济学的自主创新决策驱动模式分析 [J]. 科技进步与对策, 2011, 28 (24): 1-4.

[38] 蒋廉雄, 朱辉煌. 品牌认知模式与品牌效应发生机制: 超越"认知—属性"范式的理论建构 [J]. 管理世界, 2010 (9): 95-115+188.

[39] 蒋兴华. 高校协同创新模式的新探索——2011 协同创新中心 [J]. 高等工程教育研究, 2016 (6): 75-80.

[40] 杰弗里·M. 霍奇逊. 演化与制度: 论演化经济学与经济学的演化 [M]. 任荣华, 等译, 北京: 中国人民大学出版社, 2007.

[41] 金芝, 周明辉, 张宇霞. 开源软件与开源软件生态: 现状与趋势 [J]. 科技导报, 2016, 34 (14): 42-48.

[42] 克里斯·弗里曼, 弗朗西斯科·卢桑. 光阴似箭: 从工业革命到信息革命 [M]. 沈宏亮, 译. 北京: 中国人民大学出版社, 2007.

[43] 雷静, 潘杰义. 企业技术创新能力的自组织机制研究 [J]. 科学学研究, 2009, 27 (9): 1403-1406.

[44] 雷星晖, 陈萍. 基于扩展沙堆模型的供应链竞争力研究 [J]. 商业经济与管理, 2009 (5): 13-18.

[45] 李春发, 李冬冬, 周驰. 数字经济驱动制造业转型升级的作用机

理——基于产业链视角的分析［J］.商业研究，2020（2）：73-82.

［46］李红林，曾国屏.基础研究的投入演变及其协调机制——以日本和韩国为例［J］.科学管理研究，2008（5）：89-93.

［47］李健，余悦.合作网络结构洞、知识网络凝聚性与探索式创新绩效：基于我国汽车产业的实证研究［J］.南开管理评论，2018，21（6）：121-130.

［48］李梦薇，高芳，徐峰.人工智能应用场景的成熟度评价研究［J］.情报杂志，2022，41（12）：176-183.

［49］李牧南，王良，赖华鹏.基于深度学习的我国科技政策属性识别［J］.科研管理，2024，45（2）：1-11.

［50］李万，常静，王敏杰，等.创新3.0与创新生态系统［J］.科学学研究，2014，32（12）：1761-1770.

［51］李文鹣，张洋，郭本海，等.二次孵化情景下新兴产业知识网络涌现［J］.科学学研究，2019，37（4）：643-650+663.

［52］李晓华，刘峰.产业生态系统与战略性新兴产业发展［J］.中国工业经济，2013（3）：20-32.

［53］李星，范如国.产业集群内创新行为涌现与创新决策过程演化分析［J］.现代财经（天津财经大学学报），2013，33（6）：112-119.

［54］理查德·R.纳尔逊，悉尼·G.温特.经济变迁的演化理论［M］.胡世凯，译.北京：商务印书馆，1997.

［55］梁丽娜，于渤，吴伟伟.企业创新链从构建到跃升的过程机理分析——资源编排视角下的典型案例分析［J］.研究与发展管理，2022，34（5）：32-47.

［56］刘刚.人工智能创新应用与平台经济的新发展［J］.上海师范大学学报（哲学社会科学版），2021，50（3）：84-93.

［57］刘刚，刘捷.需求和政策驱动的人工智能科技产业发展路径研究——以东莞市机器人智能装备产业发展为例［J］.中国科技论坛，2022（1）：94-103.

［58］刘刚，刘晨.人工智能科技产业技术扩散机制与实现策略研究［J］.经济纵横，2020（9）：109-119.

［59］刘和东，陈文潇.资源互补与行为协同提升合作绩效的黑箱解构——以高新技术企业为对象的实证分析［J］.科学学研究，2020，38（10）：1847-1857.

［60］刘洋，董久钰，魏江.数字创新管理：理论框架与未来研究［J］.管理世界，2020，36（7）：198-217+219.

［61］刘雨梦，郑䅰鹏.基础科学、技术科学及工程应用的"链合"演化研

究——国家级协同创新中心纵向案例 [J]. 科学学研究, 2022 (10): 1745-1755.

[62] 刘友金. 集群式创新与创新能力集成——一个培育中小企业自主创新能力的战略新视角 [J]. 中国工业经济, 2006 (11): 22-29.

[63] 刘元芳, 陈衍泰, 余建星. 中国企业技术联盟中创新网络与创新绩效的关系分析——来自江浙沪闽企业的实证研究 [J]. 科学学与科学技术管理, 2006 (8): 72-79.

[64] 刘云, 翟晓荣. 美国能源部国家实验室基础研究特征及启示 [J]. 科学学研究, 2022, 40 (6): 1085-1095.

[65] 刘哲雨, 郝晓鑫, 曾菲, 等. 反思影响深度学习的实证研究——兼论人类深度学习对机器深度学习的启示 [J]. 现代远程教育研究, 2019 (1): 87-95.

[66] 柳卸林. 市场和技术创新的自组织过程 [J]. 经济研究, 1993 (2): 34-37.

[67] 柳卸林, 何郁冰. 基础研究是中国产业核心技术创新的源泉 [J]. 中国软科学, 2011 (4): 104-117.

[68] 陆君安, 刘慧, 陈娟. 复杂动态网络的同步 [M]. 北京: 高等教育出版社, 2016.

[69] 路风. 论产品开发平台 [J]. 管理世界, 2018, 34 (8): 106-129+192.

[70] 路风, 何鹏宇. 举国体制与重大突破——以特殊机构执行和完成重大任务的历史经验及启示 [J]. 管理世界, 2021, 37 (7): 1-18.

[71] 罗家德, 李智超. 乡村社区自组织治理的信任机制初探——以一个村民经济合作组织为例 [J]. 管理世界, 2012 (10): 83-93+106.

[72] 罗家德, 孙瑜, 谢朝霞, 等. 自组织运作过程中的能人现象 [J]. 中国社会科学, 2013 (10): 86-101+206.

[73] 罗文军, 顾宝炎. 知识创新的自组织机制 [J]. 科学学研究, 2006 (S2): 606-611.

[74] 吕陈君, 邹晓辉. 通用人工智能的数学基础初探 [J]. 自然辩证法研究, 2020, 36 (3): 122-128.

[75] 吕明元, 程秋阳. 工业互联网平台发展对制造业转型升级的影响: 效应与机制 [J]. 人文杂志, 2022 (10): 63-74.

[76] 吕铁, 贺俊. 政府干预何以有效: 对中国高铁技术赶超的调查研究 [J]. 管理世界, 2019, 35 (9): 152-163+197.

[77] 马克思, 恩格斯. 马克思恩格斯文集: 第5卷 [M]. 中共中央马克思恩格斯列宁斯大林著作编译局, 译. 北京: 人民出版社, 2009a.

［78］马克思，恩格斯.马克思恩格斯文集：第7卷［M］.中共中央马克思恩格斯列宁斯大林著作编译局，译.北京：人民出版社，2009b.

［79］马克思，恩格斯.马克思恩格斯文集：第10卷［M］.中共中央马克思恩格斯列宁斯大林著作编译局，译.北京：人民出版社，2009c.

［80］马克思，恩格斯.马克思恩格斯全集：第23卷［M］.中共中央马克思恩格斯列宁斯大林著作编译局，译.北京：人民出版社，2016.

［81］马宽，王崑声，王婷婷，等.技术成熟度通用评价标准研究［J］.科学管理研究，2016，34（3）：12-15.

［82］马捷，张云开，蒲泓宇.信息协同：内涵、概念与研究进展［J］.情报理论与实践，2018，41（11）：12-19.

［83］毛荐其，刘娜.技术生态对技术生成的作用研究［J］.科研管理，2015，36（2）：19-25.

［84］毛荐其，徐艳红.基于技术生态的新技术涌现研究［J］.科学学与科学技术管理，2014，35（1）：42-47.

［85］梅可玉.论自组织临界性与复杂系统的演化行为［J］.自然辩证法研究，2004（7）：6-9+41.

［86］梅特卡夫.演化经济学与创造性毁灭［M］.冯健，译.北京：中国人民大学出版社，2007.

［87］孟溦，宋娇娇.新型研发机构绩效评估研究——基于资源依赖和社会影响力的双重视角［J］.科研管理，2019，40（8）：20-31.

［88］欧忠辉，朱祖平，夏敏，等.创新生态系统共生演化模型及仿真研究［J］.科研管理，2017，38（12）：49-57.

［89］潘云鹤.人工智能走向2.0［J］.Engineering，2016（4）：51-61.

［90］彭仕政，蔡绍洪，赵行知.系统协同与自组织过程原理及应用［M］.贵阳：贵州科技出版社，1998.

［91］戚聿东，徐凯歌.后摩尔时代数字经济的创新方向［J］.北京大学学报（哲学社会科学版），2021，58（6）：138-146.

［92］邱举良，方晓东.建设独立自主的国家科技创新体系——法国成为世界科技强国的路径［J］.中国科学院院刊，2018，33（5）：493-501.

［93］邱俊，梁正，顾心怡，等.美国新型类DARPA项目管理创新机构的若干进展及启示［J］.中国科学院院刊，2023，38（6）：907-916.

［94］沈能，赵增耀，周晶晶.生产要素拥挤与最优集聚度识别——行业异质性的视角［J］.中国工业经济，2014（5）：83-95.

［95］宋陆军，沙义金.投资组合构建与优化：投资者偏好和遗传算法视角

[J]. 经济问题，2023（8）：60-66.

[96] 宋姗姗，钟永恒，刘佳. 我国省实验室的运行机制分析与经验启示——基于浙江之江、广东鹏城、上海张江的案例分析 [J]. 科学管理研究，2022，40（6）：84-91.

[97] 孙薇，叶初升. 政府采购何以牵动企业创新——兼论需求侧政策"拉力"与供给侧政策"推力"的协同 [J]. 中国工业经济，2023（1）：95-113.

[98] 孙恩慧，王伯鲁. "技术生态"概念的基本内涵研究 [J]. 自然辩证法研究，2022，38（3）：36-43.

[99] 孙忠娟，张娜娜，谢伟. 中国后发企业能力积累机制研究——基于联想与华为国际化的案例对比分析 [J]. 科学学研究，2021，39（6）：1084-1093.

[100] 斯图尔特·罗素，彼得·诺维格. 人工智能：现代方法 [M]. 张博雅，等译. 北京：人民邮电出版社，2023.

[101] 唐震，汪洁，王洪亮. EIT产学研协同创新平台运行机制案例研究 [J]. 科学学研究，2015，33（1）：154-160.

[102] 谭铁牛. 人工智能的历史、现状和未来 [J]. 网信军民融合，2019（2）：10-15.

[103] Ted G. Lewis. 网络科学：原理与应用 [M]. 陈向阳，巨修练，等译. 北京：机械工业出版社，2011.

[104] 滕妍，王国豫，王迎春. 通用模型的伦理与治理：挑战及对策 [J]. 中国科学院院刊，2022，37（9）：1290-1299.

[105] 托尔斯坦·凡勃伦. 科学在现代文明中的地位 [M]. 张林，张天龙，译. 北京：商务印书馆，2008.

[106] 万劲波，张凤，潘教峰. 开展"有组织的基础研究"：任务布局与战略科技力量 [J]. 中国科学院院刊，2021，36（12）：1404-1412.

[107] 汪小帆，李翔，陈关荣. 网络科学导论 [M]. 北京：高等教育出版社，2012.

[108] 王佰川，杜创. 人工智能技术创新扩散的特征、影响因素及政府作用研究——基于A股上市公司数据 [J]. 北京工业大学学报（社会科学版），2022，22（3）：142-158.

[109] 王彬彬，李晓燕. 大数据、平台经济与市场竞争——构建信息时代计划主导型市场经济体制的初步探索 [J]. 马克思主义研究，2017（3）：84-95.

[110] 王存刚. 数字技术发展、生产方式变迁与国际体系转型——一个初步的分析 [J]. 人民论坛·学术前沿，2023（4）：12-24.

[111] 王华，杨曦，赵婷微，纪亚琨. 基于扎根理论的创新生态系统构建研

究——以中国人工智能芯片为例［J］.科学学研究，2023，41（1）：143-155.

［112］王美今，林建浩.计量经济学应用研究的可信性革命［J］.经济研究，2012，47（2）：120-132.

［113］王梦迪，郭菊娥，晏文隽.企业需求驱动下技术成果持续研发的合作博弈与投资决策［J］.管理学报，2022，19（11）：1703-1713.

［114］王韧，刘于萍，李志伟.货币调控宣示方式与商业银行经营效率：预期引导的异质性效应［J］.当代经济科学，2021，43（5）：71-85.

［115］王山，陈昌兵.中美人工智能技术创新的动态比较——基于人工智能技术创新大数据的多 S 曲线模型分析［J］.北京工业大学学报（社会科学版），2023，23（3）：54-67.

［116］王胜华.英国国家创新体系建设：经验与启示［J］.财政科学，2021（6）：142-148.

［117］王姝，陈劲，梁靓.网络众包模式的协同自组织创新效应分析［J］.科研管理，2014，35（4）：26-33.

［118］王维平，廖扬眉.《资本论》阐释科技伦理思想的三重维度：文本、逻辑和内涵［J］.自然辩证法通讯，2022，44（10）：87-93.

［119］王雪莹.未来产业研究所：美国版的"新型研发机构"［J］.科技智囊，2021（2）：12-17.

［120］王周焰，王浣尘.复杂适应系统［J］.科学学与科学技术管理，2000（11）：50-52.

［121］威廉·H.杜格，霍华德·J.谢尔曼.回到进化：马克思主义和制度主义关于制度变迁的对话［M］.张林，徐颖莉，毕洽，译.北京：中国人民大学出版社，2007.

［122］魏屹东.关于通用人工智能的哲学思考［J］.南京社会科学，2024（2）：10-19.

［123］吴大进.协同学原理和应用［M］.武汉：华中理工大学出版社，1990.

［124］吴文清，张海红，赵黎明.孵化器内创业企业知识网络涌现研究［J］.科学学与科学技术管理，2014，35（12）：109-118.

［125］习近平.瞄准世界科技前沿　引领科技发展方向　抢占先机迎难而上　建设世界科技强国［J］.党建，2018（6）：1.

［126］夏太寿，张玉赋，高冉晖，等.我国新型研发机构协同创新模式与机制研究——以苏粤陕 6 家新型研发机构为例［J］.科技进步与对策，2014，31（14）：13-18.

［127］约瑟夫·阿洛伊斯·熊彼特.经济发展理论［M］.叶华,译.北京:中国社会科学出版社,2009.

［128］熊航,鞠聪,李律成,等.计算经济学的学科属性、研究方法体系与典型研究领域［J］.经济评论,2022(3):146-160.

［129］徐浩,段继鹏,陈满,等.基于群体信息的行为预测机制［J］.应用心理学,2019,25(3):239-252.

［130］徐全军.企业理论新探:企业自组织理论［J］.南开管理评论,2003(3):37-42+53.

［131］徐泽水,温晶,王新鑫,等.改进制冷成本的冷链物流低碳车辆路径优化研究——基于ALNS遗传算法［J］.软科学,2024,38(1):92-100.

［132］薛澜,魏少军,李燕,等.美国《芯片与科学法》及其影响分析［J］.国际经济评论,2022(6):4-9.

［133］杨升曦,魏江.企业创新生态系统参与者创新研究［J］.科学学研究,2021,39(2):330-346.

［134］阳镇,贺俊.科技自立自强:逻辑解构、关键议题与实现路径［J］.改革,2023(3):15-31.

［135］叶金国,张世英.企业技术创新过程的自组织与演化模型［J］.科学学与科学技术管理,2002(12):74-77.

［136］依绍华,梁威.传统商业企业如何创新转型——服务主导逻辑的价值共创平台网络构建［J］.中国工业经济,2023(1):171-188.

［137］喻国明,苏健威.生成式人工智能浪潮下的传播革命与媒介生态——从ChatGPT到全面智能化时代的未来［J］.新疆师范大学学报(哲学社会科学版),2023,44(5):81-90.

［138］余东华,李云汉.数字经济时代的产业组织创新——以数字技术驱动的产业链群生态体系为例［J］.改革,2021(7):24-43.

［139］余江,刘佳丽,甘泉,等.以跨学科大纵深研究策源重大原始创新:新一代集成电路光刻系统突破的启示［J］.中国科学院院刊,2020,35(1):112-117.

［140］余明桂,范蕊,钟慧洁.中国产业政策与企业技术创新［J］.中国工业经济,2016(12):5-22.

［141］袁振邦,张群群.贸易摩擦和新冠疫情双重冲击下全球价值链重构趋势与中国对策［J］.当代财经,2021(4):102-111.

［142］约翰·H.霍兰.隐秩序:适应性造就复杂性［M］.周晓牧,韩晖,译.上海:上海科技教育出版社,2019.

［143］张朝辉，徐毓鸿，何新胜.我国人工智能产业发展路径研究［J］.科学学研究，2023，41（12）：2182-2192.

［144］张成岗.文明演进中的技术、社会与现代性重构［J］.人民论坛·学术前沿，2019（14）：51-57.

［145］张大斌，曾芷媚，凌立文，等.基于多特征融合深度神经网络的玉米期货价格预测［J/OL］.中国管理科学［2024-04-03］.https：//doi.org/10.16381/j.cnki.issn1003-207x.2022.1040.

［146］张得光，李兵，何鹏，等.基于软件生态系统的开源社区特性研究［J］.计算机工程，2015，41（11）：106-113.

［147］张桂蓉，雷雨，王秉，等.数智赋能的应急情报协同体系研究［J］.现代情报，2022，42（11）：150-157.

［148］张华胜.美国国家制造业创新网络建设及管理模式［J］.全球科技经济瞭望，2019，34（1）：15-25.

［149］张克群，张文，汪程.知识组合新颖性、网络特征与核心发明人关系研究［J］.情报杂志，2022，41（1）：185-191.

［150］张威.拥抱量子科技时代：量子计算的现状与前景［J］.人民论坛·学术前沿，2021（7）：64-75.

［151］张鑫，王明辉.中国人工智能发展态势及其促进策略［J］.改革，2019（9）：31-44.

［152］张生太，姬亚俊，仇泸毅，等.从科学到技术的知识传播机理研究：基于知识基因［J］.科研管理，2022，43（11）：21-31.

［153］张政文.以有组织科研推动高校哲学社会科学自立自强［J］.中国高校社会科学，2023（1）：87-104+159.

［154］章丹，胡祖光.网络结构洞对企业技术创新活动的影响研究［J］.科研管理，2013，34（6）：34-41.

［155］章芬，原长弘，郭建路.新型研发机构中产学研深度融合——体制机制创新的密码［J］.科研管理，2021，42（11）：43-53.

［156］章高敏，王腾，娄渊雨，等.基于LSTM神经网络的中国省级碳达峰路径分析［J/OL］.中国管理科学［2024-04-03］.https：//doi.org/10.16381/j.cnki.issn1003-207x.2022.0097.

［157］赵凯，李磊.政府多工具组合优惠对企业创新行为的影响研究［J］.中国管理科学，2024，32（2）：221-230.

［158］赵剑波.推动新一代信息技术与实体经济融合发展：基于智能制造视角［J］.科学学与科学技术管理，2020，41（3）：3-16.

[159] 赵蓉英，刘卓著，王君领.知识转化模型 SECI 的再思考及改进 [J].情报杂志，2020，39 （11）：173-180.

[160] 赵天一，王宏起，李玥，等.新兴产业创新生态系统综合优势形成机理——以新能源汽车产业为例 [J].科学学研究，2023 （12）：2267-2278.

[161] 赵泽斌，韩楚翘，王璐琪.国防科技产业联盟协同创新网络：结构与演化 [J].公共管理学报，2019，16 （4）：156-167+176.

[162] 曾德明，罗侦，文金艳，等.权变视角下知识重组对技术创新质量的影响——基于中国医药制造业企业的实证研究 [J].管理评论，2022，34 （9）：87-97.

[163] 钟榴，余光胜，潘闻闻，等.资产共同专用化下制造企业联盟的价值创造与价值捕获——以索尼爱立信合资企业为例 [J].南开管理评论，2020，23 （4）：201-212.

[164] 钟义信.范式革命：人工智能基础理论源头创新的必由之路 [J].人民论坛·学术前沿，2021 （23）：22-40.

[165] 钟伟，谢婷.美国持续量化宽松政策和主权债务困境 [J].国际经济评论，2011 （1）：40-49+4.

[166] 周程.日本诺贝尔科学奖出现"井喷"对中国的启示 [J].中国科技论坛，2016 （12）：128-133.

[167] 周冬梅，朱璇玮，陈雪琳，等.数字平台生态系统：概念基础、研究现状与未来展望 [J].科学学研究，2024 （2）：335-344.

[168] 周君璧，陈伟，于磊，等.新型研发机构的不同类型与发展分析 [J].中国科技论坛，2021 （7）：29-36.

[169] 邹国庆，郭天娇.制度分析与战略管理研究：演进与展望 [J].社会科学战线，2018 （11）：91-97.

[170] 朱建军，蔡静雯，刘思峰，等.江苏新型研发机构运行机制及建设策略研究 [J].科技进步与对策，2013，30 （14）：36-39.

[171] 朱晶.认知劳动分工视角下的科学合作与集体知识 [J].哲学动态，2020 （3）：111-118.

[172] 朱晓红，陈寒松，张腾.知识经济背景下平台型企业构建过程中的迭代创新模式——基于动态能力视角的双案例研究 [J].管理世界，2019，35 （3）：142-156+207-208.

[173] 朱志刚.耗散结构理论简介 [J].系统工程，1989 （3）：69-70.

[174] Ackoff R L. Towards a system of systems concepts [J]. Management Science, 1971, 17 （11）：661-671.

［175］ Adner R. Ecosystem as structure：An actionable construct for strategy ［J］. Journal of Management，2017，43（1）：39-58.

［176］ Adner R. Match your innovation strategy to your innovation ecosystem ［J］. Harvard Business Review，2006，84（4）：98.

［177］ Åhman M. Government policy and the development of electric vehicles in Japan ［J］. Energy Policy，2006，34（4）：433-443.

［178］ Ahuja G，Katila R. Where do resources come from? The role of idiosyncratic situations ［J］. Strategic Management Journal，2004，25（8/9）：887-907.

［179］ Alchian A A. Uncertainty，evolution，and economic theory ［J］. Journal of Political Economy，1950，58（3）：211-221.

［180］ Anderson P W. More is different：Broken symmetry and the nature of the hierarchical structure of science ［J］. Science，1972（177）：393-396.

［181］ Arthur W B. Competing technologies，increasing returns，and lock-in by historical events ［J］. The Economic Journal，1989，99（394）：116-131.

［182］ Asheim B T，Gertler M S. The Geography of Innovation：Regional Innovation Systems ［A］//Fagerberg J，Mowery D，Nelson R. The Oxford Handbook of Innovation ［M］. Cambridge：Oxford University Press，2005：291-317.

［183］ Astebro T B，Colombo M G，Seri R. The diffusion of complementary technologies：An empirical test ［R］. Working Paper，2005.

［184］ Avramov D，Cheng S，Metzker L. Machine learning vs. economic restrictions：Evidence from stock return predictability ［J］. Management Science，2023，69（5）：2587-2619.

［185］ Bae S J，Lee H. The role of government in fostering collaborative R&D projects：Empirical evidence from South Korea ［J］. Technological Forecasting and Social Change，2020（151）：119826.

［186］ Bag S，Dhamija P，Singh R K，et al. Big data analytics and artificial intelligence technologies based collaborative platform empowering absorptive capacity in health care supply chain：An empirical study ［J］. Journal of Business Research，2023（154）：113315.

［187］ Bak P，Tang C，Wiesenfeld K. Self-organized criticality：An explanation of the 1/f noise ［J］. Physical Review Letters，1987，59（4）：381-384.

［188］ Bak P，Tang C，Wiesenfeld K. Self-organized criticality ［J］. Physical Review A，1988，38（1）：364-374.

［189］ Barabási A L，Albert R，Jeong H. Mean-field theory for scale-free random networks ［J］. Physica A: Statistical Mechanics and its Applications, 1999, 272 (1/2): 173-187.

［190］Barahona M, Pecora L M. Synchronization in small-world systems ［J］. Physical Review Letters, 2002, 89 (5): 054101.

［191］Bekar C, Carlaw K, Lipsey R. General purpose technologies in theory, application and controversy: A review ［J］. Journal of Evolutionary Economics, 2018, 28 (5): 1005-1033.

［192］Belorgey N, Lecat R, Maury T P. Determinants of productivity per employee: An empirical estimation using panel data ［J］. Economics Letters, 2006, 91 (2): 153-157.

［193］Beraja M, Yang D Y, Yuchtman N. Data-intensive innovation and the state: Evidence from AI firms in China ［J］. The Review of Economic Studies, 2023, 90 (4): 1701-1723.

［194］Bessen J, Impink S M, Reichensperger L, et al. The role of data for AI startup growth ［J］. Research Policy, 2022, 51 (5): 104513.

［195］Boland R J Jr, Lyytinen K, Yoo Y. Wakes of innovation in project networks: The case of digital 3-D representations in architecture, engineering, and construction ［J］. Organization Science, 2007, 18 (4): 631-647.

［196］Breschi S, Malerba F. Sectoral Innovation Systems: Technological Regimes, Schumpeterian Dynamics, and Spatial Boundaries ［A］//Edquist C, Systems of Innovation: Technologies, Institutions and Organizations ［M］. London: Routledge, 1997: 130-156.

［197］Bresnahan T F, Trajtenberg M. General purpose technologies "Engines of growth"? ［J］. Journal of Econometrics, 1995, 65 (1): 83-108.

［198］Brooks H. The relationship between science and technology ［J］. Research Policy, 1994, 23 (5): 477-486.

［199］Brynjolfsson E, Rock D, Syverson C. The productivity J-curve: How intangibles complement general purpose technologies ［J］. Macroeconomics, 2021, 13 (1): 333-372.

［200］Buenstorf G. Self-organization and sustainability: Energetics of evolution and implications for ecological economics ［J］. Ecological Economics, 2000, 33 (1): 119-134.

［201］Bush V. Science: The endless frontier ［R］. National Science Foundation, 1945.

［202］Byerly H C, Michod R E. Fitness and evolutionary explanation ［J］. Biology and Philosophy, 1991, 6 (1): 1-22.

［203］Carayannis E G, Campbell D F J. "Mode 3" and "Quadruple Helix": toward a 21st century fractal innovation ecosystem ［J］. International Journal of Technology Management, 2009, 46 (3/4): 201-234.

［204］Carlaw K I, Lipsey R G. Externalities, technological complementarities and sustained economic growth ［J］. Research Policy, 2002, 31 (8/9): 1305-1315.

［205］Cassiman B, Veugelers R, Zuniga P. In search of performance effects of (in) direct industry science links ［J］. Industrial and Corporate Change, 2008, 17 (4): 611-646.

［206］Cavagna A, Cimarelli A, Giardina I, et al. Scale–free correlations in starling flocks ［J］. Proceedings of the National Academy of Sciences, 2010, 107 (26): 11865-11870.

［207］Cennamo C, Santalo J. Platform competition: Strategic trade-offs in platform markets ［J］. Strategic Management Journal, 2013, 34 (11): 1331-1350.

［208］Chaves C V, Moro S. Investigating the interaction and mutual dependence between science and technology ［J］. Research Policy, 2007, 36 (8): 1204-1220.

［209］Chen K, Zhang C, Feng Z, et al. Technology transfer systems and modes of national research institutes: Evidence from the Chinese academy of sciences ［J］. Research Policy, 2022, 51 (3): 104471.

［210］Chen W R. Determinants of firms' backward–and forward–looking R&D search behavior ［J］. Organization Science, 2008, 19 (4): 609-622.

［211］Cheng M Y, Cao M-T, Dao-Thi N-M. A novel artificial intelligence–aided system to mine historical high–performance concrete data for optimizing mixture design ［J］. Expert Systems with Applications, 2023 (212): 118605.

［212］Chesbrough H W. Open Innovation: The New Imperative for Creating and Profiting from Technology ［M］. Boston: Harvard Business Press, 2003.

［213］Chun H, Mun S B. Determinants of R&D cooperation in small and medium–sized enterprises ［J］. Small Business Economics, 2012 (39): 419-436.

［214］Ciriello R F, Richter A, Schwabe G. Digital innovation ［J］. Business & Information Systems Engineering, 2018, 60 (6): 563-569.

［215］Clarke G R G, Qiang C Z, Xu L C. The Internet as a general–purpose technology: Firm – level evidence from around the world ［J］. Economics Letters, 2015 (135): 24-27.

[216] Claussen J, Halbinger M. The role of pre-innovation platform activity for diffusion success: Evidence from consumer innovations on a 3D printing platform [J]. Research Policy, 2021, 50 (8): 103943.

[217] Coelho B F O, Massaranduba A B R, dos Santos Souza C A, et al. Parkinson's disease effective biomarkers based on hjorth features improved by machine learning [J]. Expert Systems with Applications, 2023 (212): 118772.

[218] Comer J M, O'Keefe R D, Chilenskas A A. Technology transfer from government laboratories to industrial markets [J]. Industrial Marketing Management, 1980, 9 (1): 63-67.

[219] Corning P A. The re-emergence of emergence, and the causal role of synergy in emergent evolution [J]. Synthese, 2012, 185 (2): 295-317.

[220] Costa L F, Rodrigues F A, Travieso G, et al. Characterization of complex networks: A survey of measurements [J]. Advances in Physics, 2007, 56 (1): 167-242.

[221] Cowan R, Jonard N, Zimmermann J B. Bilateral collaboration and the emergence of innovation networks [J]. Management Science, 2007, 53 (7): 1051-1067.

[222] Curran C-S, Leker J. Patent indicators for monitoring convergence-examples from NFF and ICT [J]. Technological Forecasting and Social Change, 2011, 78 (2): 256-273.

[223] Dahlander L, Gann D M. How open is innovation? [J]. Research policy, 2010, 39 (6): 699-709.

[224] Das T K, Teng B S. A resource-based theory of strategic alliances [J]. Journal of Management, 2000, 26 (1): 31-61.

[225] David E E Jr. An industry picture of US science policy [J]. Science, 1986, 232 (4753): 968-971.

[226] de Andrades R K, Dorn M, Farenzena D S, et al. A cluster-DEE-based strategy to empower protein design [J]. Expert Systems with Applications, 2013, 40 (13): 5210-5218.

[227] Deane P, Cole A. British Economic Growth (1688-1959) [M]. Cambridge: Cambridge University Press, 1962.

[228] Deveau A, Bonito G, Uehling J, et al. Bacterial-fungal interactions: Ecology, mechanisms and challenges [J]. FEMS Microbiology Reviews, 2018, 42 (3): 335-352.

[229] De Visser M, de Weerd-Nederhof P, Faems D, et al. Structural ambidexterity in NPD processes: A firm-level assessment of the impact of differentiated structures on innovation performance [J]. Technovation, 2010, 30 (5/6): 291-299.

[230] Dopfer K. The histonomic approach to economics: Beyond pure theory and pure experience [J]. Journal of Economic Issues, 1986, 20 (4): 989-1010.

[231] Dorogovtsev S N, Goltsev A V, Mendes J F F. Critical phenomena in complex networks [J]. Reviews of Modern Physics, 2008, 80 (4): 1275.

[232] Dosi G, Nelson R. An introduction to evolutionary theories in economics [J]. Journal of Evolutionary Economics, 1994, 4 (3): 153-172.

[233] Edquist C. Systems of Innovation Approaches: Their Emergence and Characteristics [A] //Edquist C. Systems of Innovation: Technologies, Institutions and Organizations [M]. London: Routledge, 1997: 1-35.

[234] Ehrenreich H. Strategic curiosity: Semiconductor physics in the 1950s [J]. Physics Today, 1995, 48 (1): 28-34.

[235] Eisenmann T, Parker G, Van Alstyne M. Platform envelopment [J]. Strategic Management Journal, 2011, 32 (12): 1270-1285.

[236] Endler J A, McLellan T. The processes of evolution: Toward a newer synthesis [J]. Annual Review of Ecology and Systematics, 1988 (19): 395-421.

[237] Filippetti F, Franceschini G, Tassoni C, et al. Recent developments of induction motor drives fault diagnosis using AI techniques [J]. IEEE Transactions on Industrial Electronics, 2000, 47 (5): 994-1004.

[238] Fleming L, Sorenson O. Science as a map in technological search [J]. Strategic Management Journal, 2004, 25 (8/9): 909-928.

[239] Freeman C. A hard landing for the "New Economy"? Information technology and the United States national system of innovation [J]. Structural Change and Economic Dynamics, 2001, 12 (2): 115-139.

[240] Freeman C, Robertson A B, Whittaker P J, et al. Chemical process plant: Innovation and the world market [J]. National Institute Economic Review, 1968 (45): 29-57.

[241] Freeman C. Networks of innovators: A synthesis of research issues [J]. Research Policy, 1991, 20 (5): 499-514.

[242] Friedman M. Essays in Positive Economics [M]. Chicago: University of Chicago Press, 1953.

[243] Gambardella A. Competitive advantages from in-house scientific research:

The US pharmaceutical industry in the 1980s [J]. Research Policy, 1992, 21 (5): 391-407.

[244] Garcia–Vega M. Does technological diversification promote innovation: An empirical analysis for european firms [J]. Research Policy, 2006, 35 (2): 230-246.

[245] Gawer A, Cusumano M A. Industry platforms and ecosystem innovation [J]. Journal of Product Innovation Management, 2014, 31 (3): 417-433.

[246] Gawer A. Bridging differing perspectives on technological platforms:Toward an integrative framework [J]. Research Policy, 2014, 43 (7): 1239-1249.

[247] Gay B, Dousset B. Innovation and network structural dynamics: Study of the alliance network of a major sector of the biotechnology industry [J]. Research Policy, 2005, 34 (10): 1457-1475.

[248] Gazis D C. Influence of technology on science: A comment on some experiences at IBM research [J]. Research Policy, 1979, 8 (3): 244-259.

[249] Ge S, Liu X L. The role of knowledge creation, absorption and acquisition in determining national competitive advantage [J]. Technovation, 2022, 112 (2): 102396.

[250] Ghoddusi H, Creamer G G, Rafizadeh N. Machine learning in energy economics and finance: A review [J]. Energy Economics, 2019, 81 (12): 709-727.

[251] Giannopoulou E, Barlatier P J, Pénin J. Same but different? Research and technology organizations, universities and the innovation activities of firms [J]. Research Policy, 2019, 48 (1): 223-233.

[252] Giardina I. Collective behavior in animal groups: Theoretical models and empirical studies [J]. HFSP Journal, 2008, 2 (4): 205-219.

[253] Gibbons M, Johnston R. The roles of science in technological innovation [J]. Research Policy, 1974, 3 (3): 220-242.

[254] Gilfillan S C. The Sociology of Invention [M]. Chicago: Follet, 1935.

[255] Goldstein J. Emergence as a construct: History and issues [J]. Emergence, 1999, 1 (1): 49-72.

[256] de Vasconcelos Gomes L A, Facin A L F, Salerno M S, et al. Unpacking the innovation ecosystem construct: Evolution, gaps and trends [J]. Technological Forecasting and Social Change, 2018, 136 (4): 30-48.

[257] Graetz G, Michaels G. Robots at work: The impact on productivity and jobs [R]. Centre for Economic Performance, 2015.

［258］ Graetz M J, Doud R. Technological innovation, international competition, and the challenges of international income taxation ［J］. Columbia Law Review, 2013, 113 (3): 347-445.

［259］ Granstrand O. Evolving Properties of Intellectual Capitalism: Patents and Innovations for Growth and Welfare ［M］. Cheltenham: Edward Elgar Publishing, 2018.

［260］ Granstrand O, Holgersson M. Innovation ecosystems: A conceptual review and a new definition ［J］. Technovation, 2020 (90/91): 102098.

［261］ Hagedoorn J. External sources of innovative capabilities: The preferences for strategic alliances or mergers and acquisitions ［J］. Journal of Management Studies, 2010, 39 (2): 167-188.

［262］ Hagiu A. Strategic decisions for multisided platforms ［J］. MIT Sloan Management Review, 2014, 55 (2): 92-93.

［263］ Halley J D, Winkler D A. Classification of emergence and its relation to self-organization ［J］. Complexity, 2008, 13 (5): 10-15.

［264］ Hamermesh D S. Six decades of top economics publishing: Who and how? ［J］. Journal of Economic Literature, 2013, 51 (1): 162-172.

［265］ Han J, Zhou H, Lowik S, et al. Enhancing the understanding of ecosystems under innovation management context: Aggregating conceptual boundaries of ecosystems ［J］. Industrial Marketing Management, 2022 (106): 112-138.

［266］ Hayter C S, Link A N. Why do knowledge-intensive entrepreneurial firms publish their innovative ideas? ［J］. Academy of Management Perspectives, 2018, 32 (1): 141-155.

［267］ Helpman E, Trajtenberg M. Diffusion of general purpose technologies ［R］. NBER Working Papers, 1996.

［268］ Etzkowitz H, Leydesdorff L. The dynamics of innovation: From national systems and "mode2" to a TriPle Helix of university-industry-government relations ［J］. Research Policy, 2000 (29): 109-123.

［269］ Higón D A. In-house versus external basic research and first-to-market innovations ［J］. Research Policy, 2016, 45 (4): 816-829.

［270］ Hobsbawm E J. The Age of Capital ［M］. London: Weidenfeld & Nicolson, 1975.

［271］ Hollander S. The Sources of Increased Efficiency: A Survey of Dupont Rayon Plants ［M］. Cambridge: MIT Press, 1965.

［272］ Hoppmann J, Wu G, Johnson J. The impact of demand-pull and technology-push policies on firms' knowledge search [J]. Technological Forecasting and Social Change, 2021, 170 (3): 120863.

[273] Hughes T P. Networkx of Power Electrification in Western Society (1800-1930) [M]. Baltimore: Johns Hopkins University Press, 1982.

[274] Jacobides M G, Cennamo C, Gawer A. Towards a theory of ecosystems [J]. Strategic Management Journal, 2018, 39 (8): 2255-2276.

[275] Jeyaseelan T, Samad T, Rajkumar S, et al. A techno-economic assessment of waste oil biodiesel blends for automotive applications in urban areas: Case of India [J]. Energy, 2023 (271): 127021.

[276] Jiang X B, He K, Chen Y R. Open-world link prediction via type-constraint embedding and hybrid attention for knowledge reuse of AI chip design [J]. Expert Systems with Applications, 2023 (213): 118936.

[277] Chen J, Han L H, Qu G N. Citizen innovation: Exploring the responsibility governance and cooperative mode of a "post-schumpeter" paradigm [J]. Journal of Open Innovation: Technology, Market, and Complexity, 2020, 6 (4): 1-11.

[278] Jovanovic B, Rousseau P L. General Purpose Technologies [A]//Aghion P, Durlauf S. Handbook of Economic Growth [M]. Amsterdam: North Holland, 2010: 1181-1224.

[279] Kadanoff L P. More is the same; Phase transitions and mean field theories [J]. Journal of Statistical Physics, 2009, 137 (5): 777-797.

[280] Kash D E, Rycroft R. Emerging patterns of complex technological innovation [J]. Technological Forecasting and Social Change, 2002, 69 (6): 581-606.

[281] Kenney M, Zysman J. The rise of the platform economy [J]. Issues in Science and Technology, 2016, 32 (3): 61-69.

[282] Kerr C, Phaal R. Technology roadmapping: Industrial roots, forgotten history and unknown origins [J]. Technological Forecasting and Social Change, 2020, 155: 119967.

[283] Kessler E H, Chakrabarti A K. Innovation speed: A conceptual model of context, antecedents, and outcomes [J]. Academy of Management Review, 1996, 21 (4): 1143-1191.

[284] Kim J, Lee C Y, Cho Y. Technological diversification, core-technology competence, and firm growth [J]. Research Policy, 2016, 45 (1): 113-124.

[285] Kim J. Emergence: Core ideas and issues [J]. Synthese, 2006, 151 (3): 547-559.

［286］ Kline S J, Rosenberg N. An Overview of Innovation ［A］//Rosenberg N. Studies on science and the innovation process ［M］. Hackensack: World Scientific Publishing, 2010: 173-203.

［287］ Kochugovindan S, Vriend N J. Is the study of complex adaptive systems going to solve the mystery of Adam Smith's "invisible hand"? ［J］. The Independent Review, 1998, 3 (1): 53-66.

［288］ Kogut B, Zander U. Knowledge of the firm, combinative capabilities, and the replication of technology ［J］. Organization Science, 1992, 3 (3): 383-397.

［289］ Lane C, Bachmann R. The social constitution of trust: Supplier relations in britain and germany ［J］. Organization Studies, 1996, 17 (3): 365-395.

［290］ Latora V, Marchiori M. Efficient behavior of small-world networks ［J］. Physical Review Letters, 2001, 87 (19): 198701.

［291］ Lee G S, Kim S, Bae S. Efficient design method for a forward-converter transformer based on a KNN-GRU-DNN model ［J］. IEEE Transactions on Power Electronics, 2022, 38 (1): 73-78.

［292］ Lei D, Hitt M A, Bettis R. Dynamic core competences through meta-learning and strategic context ［J］. Journal of Management, 1996, 22 (4): 549-569.

［293］ Leonard D, Sensiper S. The role of tacit knowledge in group innovation ［J］. California Management Review, 1998, 40 (3): 112-132.

［294］ Li M, Wang W, Zhou K. Exploring the technology emergence related to artificial intelligence: A perspective of coupling analyses ［J］. Technological Forecasting and Social Change, 2021, 172 (2): 121064.

［295］ Li P. A tale of two clusters: Knowledge and emergence ［J］. Entrepreneurship & Regional Development, 2018, 30 (7/8): 822-847.

［296］ Lo A Y. Agreeing to pay under value disagreement: Reconceptualizing preference transformation in terms of pluralism with evidence from small-group deliberations on climate change ［J］. Ecological Economics, 2013 (87): 84-94.

［297］ Lundvall B-Å. National Systems of Innovation: Towards a Theory of Innovation and Interactive Learning ［M］. London: Pinter Publishers, 1992.

［298］ Ma Y E, Wang Z Y, Yang H, et al. Artificial intelligence applications in the development of autonomous vehicles: A survey ［J］. IEEE/CAA Journal of Automatica Sinica, 2020, 7 (2): 315-329.

［299］ Marion T J, Fixson S K. The transformation of the innovation process: How digital tools are changing work, collaboration, and organizations in new product development [J]. Journal of Product Innovation Management, 2021, 38 (1): 192-215.

[300] Mayr E. The objects of selection [J]. Proceedings of the National Academy of Sciences, 1997, 94 (6): 2091-2094.

[301] McKelvey B. Complexity ingredients required for entrepreneurial success [J]. Entrepreneurship Research Journal, 2016, 6 (1): 53-73.

[302] Mendonça S. Brave old world: Accounting for "high-tech" knowledge in "low-tech" industries [J]. Research Policy, 2009, 38 (3): 470-482.

[303] Mercure J F, Pollitt H, Bassi A M, et al. Modelling complex systems of heterogeneous agents to better design sustainability transitions policy [J]. Global Environmental Change, 2016 (37): 102-115.

[304] Metcalfe J S. University and business relations: Connecting the knowledge economy [J]. Minerva, 2010, 48 (1): 5-33.

[305] Meyer-Krahmer F, Schmoch U. Science-based technologies: University-industry interactions in four fields [J]. Research Policy, 1998, 27 (8): 835-851.

[306] Mikalef P, Gupta M. Artificial intelligence capability: Conceptualization, measurement calibration, and empirical study on its impact on organizational creativity and firm performance [J]. Information & Management, 2021, 58 (3): 103434.

[307] Miotti L, Sachwald F. Co-operative R&D: why and with whom?: An integrated framework of analysis [J]. Research Policy, 2003, 32 (8): 1481-1499.

[308] Mitchell S D. Emergence: Logical, functional and dynamical [J]. Synthese, 2012 (185): 171-186.

[309] Moore J F. Predators and prey: A new ecology of competition [J]. Harvard Business Review, 1993, 71 (3): 75-86.

[310] McDermott J. R1: A rule-based configurer of computer systems [J]. Artificial Intelligence, 1982, 19 (1): 39-88.

[311] Nambisan S, Baron R A. Entrepreneurship in innovation ecosystems: Entrepreneurs' self-regulatory processes and their implications for new venture success [J]. Entrepreneurship Theory and Practice, 2013, 37 (5): 1071-1097.

[312] Nambisan S, Siegel D, Kenney M. On open innovation, platforms, and entrepreneurship [J]. Strategic Entrepreneurship Journal, 2018, 12 (3): 354-368.

[313] Nambisan S. Digital entrepreneurship: Toward a digital technology perspective of entrepreneurship [J]. Entrepreneurship Theory and Practice, 2017, 41 (6): 1029-1055.

［314］ Nelson R R, Nelson K. Technology, institutions, and innovation systems ［J］. Research Policy, 2002, 31 (2): 265-272.

［315］ Nelson R. The link between science and invention: The case of the transistor ［A］ //Universities-National Bureau Committee for Economic Research, The rate and direction of inventive activity: Economic and social factors ［M］. Princeton: Princeton University Press, 1962: 549-584.

［316］ Nelson R R. Reflections on "The simple economics of basic scientific research": Looking back and looking forward ［J］. Industrial and Corporate Change, 2006, 15 (6): 903-917.

［317］ Nightingale P. A cognitive model of innovation ［J］. Research Policy. 1998, 27 (7): 689-709.

［318］ Nikulainen T, Palmberg C. Transferring science-based technologies to industry—Does nanotechnology make a difference? ［J］. Technovation, 2010, 30 (1): 3-11.

［319］ Nosil P, Feder J L, Flaxman S M, et al. Tipping points in the dynamics of speciation ［J］. Nature Ecology & Evolution, 2017, 1 (2): 1-8.

［320］ Nylén D, Holmström J. Digital innovation in context: Exploring serendipitous and unbounded digital innovation at the church of Sweden ［J］. Information Technology & People, 2018, 32 (3): 696-714.

［321］ Pandza K, Wilkins T A, Alfoldi E A. Collaborative diversity in a nanotechnology innovation system: Evidence from the EU framework programme ［J］. Technovation, 2011, 31 (9): 476-489.

［322］ Pisano G P. The R&D boundaries of the firm: An empirical analysis ［J］. Administrative Science Quarterly, 1990, 35 (1): 153-176.

［323］ Powell W W, Brantley P. Competitive cooperation in biotechnology: Learning through networks? ［A］ //Thomas H, O'Neal D E, Alvarado K. Strategic Discovery: Competing in New Arenas ［M］. New York: John Wiley & Sons, 1992: 139-153.

［324］ Powell W W, Smith-Doerr K L. Interorganizational collaboration and the locus of innovation: Networks of learning in biotechnology ［J］. Administrative Science Quarterly, 1996, 41 (1): 116-145.

［325］ Prigogine I, Nicolis G. Self-organization in nonequilibrium system towards a dynamics of complexity ［A］ //Hazewinkel M, Jurkovich R, Paelinck J H P. Bifurcation Analysis: Principles, Applications and Synthesis ［M］. Berlin: Springer Dordrecht, 1977: 3-12.

[326] Nelson R R, Winter S G, An Evolutionary Theory of Economic Change [M]. Boston: Harvard University Press, 1982.

[327] Rigby D, Zook C. Open-market innovation [J]. Harvard Business Review, 2002, 80 (10): 80-89+129.

[328] Ritcher F-J. The emergence of corporate alliance networks-conversion to self-organization [J]. Human Systems Management, 1994 (13): 16-19.

[329] Roper S, Arvanitis S. From knowledge to added value: A comparative, panel-data analysis of the innovation value chain in irish and swiss manufacturing firms [J]. Research Policy, 2012, 41 (6): 1093-1106.

[330] Rosenberg N. Critical issues in science policy research [J]. Science and Public Policy, 1991, 18 (6): 335-346.

[331] Rothaermel F T. Complementary assets, strategic alliances, and the incumbent's advantage: An empirical study of industry and firm effects in the biopharmaceutical industry [J]. Research Policy, 2001, 30 (8): 1235-1251.

[332] Rothaermel F T, Hill C W L. Technological discontinuities and complementary assets: A longitudinal study of industry and firm performance [J]. Organization Science, 2005, 16 (1): 52-70.

[333] Rubens N, Still K, Huhtamäki J, et al. A network analysis of investment firms as resource routers in Chinese innovation ecosystem [J]. Journal Software, 2011, 6 (9): 1737-1745.

[334] Sahal D. Invention, innovation, and economic evolution [J]. Technological Forecasting and Social Change, 1983, 23 (3): 213-235.

[335] Schilling M A, Phelps C C. Interfirm collaboration networks: The impact of large-scale network structure on firm innovation [J]. Management Science, 2007, 53 (7): 1113-1126.

[336] Shah S. Sources and patterns of innovation in a consumer products field: Innovations in sporting equipment [R]. Sloan Working Paper, 2000.

[337] Stanley H E, Amaral L A N, Buldyrev S V, et al. Self-organized complexity in economics and finance [J]. Proceedings of the National Academy of Sciences, 2002, 99 (1): 2561-2565.

[338] Styczynski A B, Hughes L. Public policy strategies for next-generation vehicle technologies: An overview of leading markets [J]. Environmental Innovation and Societal Transitions, 2019 (31): 262-272.

［339］ Tassey G. The disaggregated technology production function: A new model of university and corporate research ［J］. Research Policy, 2005, 34 (3): 287-303.

［340］ Teece D J. Profiting from technological innovation: Implications for integration, collaboration, licensing and public policy ［J］. Research Policy, 1986, 15 (6): 285-305.

［341］ Tijssen R J W. Science dependence of technologies: Evidence from inventions and their inventors ［J］. Research Policy, 2002, 31 (4): 509-526.

［342］ Thomas L D W, Autio E, Gann D M. Architectural leverage: Putting platforms in context ［J］. Academy of Management Perspectives, 2014, 28 (2): 198-219.

［343］ Jensen U J, Harré R. The Philosophy of Evolution ［M］. New York: St. Martin's Press, 1981.

［344］ Unalan S, Ozcan S. Democratising systems of innovations based on Blockchain platform technologies ［J］. Journal of Enterprise Information Management, 2020, 33 (6): 1511-1536.

［345］ Vannuccini S, Prytkova E. Artificial intelligence's new clothes? From general purpose technology to large technical system ［Z］. 2021.

［346］ Van Rijnsoever F J, Van Den Berg J, Koch J, et al. Smart innovation policy: How network position and project composition affect the diversity of an emerging technology ［J］. Research Policy, 2015, 44 (5): 1094-1107.

［347］ Von Hippel E. The Sources of Innovation ［M］. New York: Oxford University Press, 2007.

［348］ Von Hippel E. Open User Innovation ［J］. Handbook of the Economics of Innovation, 2010 (1): 411-427.

［349］ Faulkner W, Senker J. Knowledge Frontiers: Public Sector Research and Industrial Innovation in Biotechnology, Engineering Ceramics, and Parallel Computing ［M］. New York: Oxford University Press, 1995.

［350］ Wang L, Lang Z M, Duan J Y, et al. Heterogeneous venture capital and technological innovation network evolution: Corporate reputation as mediating variable ［J］. Finance Research Letters, 2023, 51 (21): 103478.

［351］ Wareham J, Fox P B, Giner J L C. Technology ecosystem governance ［J］. Organization Science, 2014, 25 (4): 1195-1215.

［352］ Watts D J, Strogatz S H. Collective dynamics of "small-world" networks ［J］. Nature, 1998 (393): 440-442.

[353] Wen J, Yang D, Feng G-F, et al. Venture capital and innovation in China: The non-linear evidence [J]. Structural Change and Economic Dynamics, 2018, 46 (5): 148-162.

[354] West J, Bogers M. Leveraging external sources of innovation: A review of research on open innovation [J]. Journal of Product Innovation Management, 2014, 31 (4): 814-831.

[355] Weyl E G. A price theory of multi-sided platforms [J]. American Economic Review, 2010, 100 (4): 1642-1672.

[356] Whittington, K B, Owen-Smith J, Powell W W, et al. Networks, Propinquity and Innovation in Knowledge-intensive Industries [J]. Administrative Science Quarterly, 2009, 54 (1): 90-122.

[357] Witt U. Self-organization and economics—What is new? [J]. Structural Change and Economic Dynamics, 1997, 8 (4): 489-507.

[358] Winter S G. Toward a neo-Schumpeterian theory of the firm [J]. Industrial and Corporate Change, 2006, 15 (1): 125-141.

[359] Xie E, Huang Y, Stevens C E, et al. Performance feedback and outward foreign direct investment by emerging economy firms [J]. Journal of World Business, 2019, 54 (6): 101014.

[360] Xie X M, Wang H W. How can open innovation ecosystem modes push product innovation forward? An fsQCA analysis [J]. Journal of Business Research, 2020, 108 (4): 29-41.

[361] Xu J, Peng B, Cornelissen J. Modelling the network economy: A population ecology perspective on network dynamics [J]. Technovation, 2021, 102 (3): 102212.

[362] Yang H B, Lin Z A, Lin Y. A multilevel framework of firm boundaries: Firm characteristics, Dyadic differences and network attributes [J]. Strategic Management Journal, 2010, 31 (3): 237-261.

[363] Yoo Y, Boland R J Jr, Lyytinen K, et al. Organizing for innovation in the digitized world [J]. Organization Science, 2012, 23 (5): 1398-1408.

[364] Zhang Q M, Yu H Y, Barbiero M, et al. Artificial neural networks enabled by nanophotonics [J]. Light: Science & Applications, 2019, 8 (1): 1-14.

后 记

人工智能深刻影响着我们的生活。很难想象二十年前我们能与机器对话并让其帮我们做事，如今这类机器已经进入千家万户，科幻电影中的场景正慢慢走入现实！

本书是在博士学位论文的基础上修改完善而成的，书名只是因原博士学位论文题目《人工智能创新涌现机制研究》不太容易理解而借用了人工智能经济学领域知识取的，并没有要表达创建一门学科那么大的野心。为什么要研究涌现呢？涌现是复杂系统呈现出来的区别于简单系统的核心特征，人工智能复杂创新就体现在创新涌现之上。创新过程的非线性是创新结果非线性的根源。深入理解涌现就要深入理解复杂系统的运行机制。然而，这项工作并不容易，还远没有完成。

本书在博士学位论文的基础上调整补充了很多，这项工作比原想的复杂得多，起笔那一刻总觉得自己可以讲述得很清楚，以至于章节越来越多。

感谢南开大学经济研究所刘刚教授的指导，我的博士学位论文才得以顺利完成，现在才有了这本书的出版。这本书耗费了我不少心血，但是自己对其并不算满意。人工智能时代波澜壮阔，其中故事很多。我想把更多有关人工智能创新的内容都讲清楚，可鉴于个人水平有限，其中还有不少有待进一步探究、完善的地方，未来还需要较长时间的积累。

关于人工智能的书籍有很多，本书是为探求学问所做的一份微不足道的努力，本人才疏学浅，疏漏与错讹之处在所难免，还望批评指正。

席江浩

2024 年 4 月 11 日